高等学校计算机应用规划教材

大学计算机基础
(Win 7 + Office 2010)

主　编　王文发　马　燕

副主编　杨战海　许　淳

清华大学出版社

北　京

内 容 简 介

本书由浅入深、循序渐进地介绍了计算机的基础知识及其在办公和网络等方面的具体应用。本书共 8 章，分别介绍了计算机基础知识、计算机网络、操作系统、文字处理软件 Word 2010、电子表格软件 Excel 2010、演示软件 PowerPoint 2010、程序设计基础，以及目前计算机应用的新技术。

本书内容丰富，结构清晰，语言简练，图文并茂，具有很强的实用性和可操作性，可作为高等院校计算机应用基础课程的教材，可也作为其他各类计算机基础教学的培训教材和自学参考书。

本书对应的课件、实例源文件和习题参考答案可通过扫描前言中的二维码获取。

图书在版编目(CIP)数据

大学计算机基础：Win 7 + Office 2010 /王文发，马燕　主编. —北京：清华大学出版社，2019（2021.7重印）
(高等学校计算机应用规划教材)
ISBN 978-7-302-53193-7

Ⅰ. ①大…　Ⅱ. ①王…　②马…　Ⅲ. ①Windows 操作系统－高等学校－教材　②办公自动化－应用软件－高等学校－教材　Ⅳ. ①TP316.7 ②TP317.1

中国版本图书馆 CIP 数据核字(2019)第 128645 号

责任编辑：王　定
版式设计：思创景点
封面设计：孔祥峰
责任校对：牛艳敏
责任印制：宋　林

出版发行：清华大学出版社
　　　网　　址：http://www.tup.com.cn，http://www.wqbook.com
　　　地　　址：北京清华大学学研大厦 A 座　　　　　　邮　　编：100084
　　　社　总　机：010-62770175　　　　　　　　　　　邮　　购：010-62786544
　　　投稿与读者服务：010-62776969，c-service@tup.tsinghua.edu.cn
　　　质　量　反　馈：010-62772015，zhiliang@tup.tsinghua.edu.cn
印　装　者：三河市科茂嘉荣印务有限公司
经　　销：全国新华书店
开　　本：185mm×260mm　　　印　　张：22.25　　　字　　数：528 千字
版　　次：2019 年 8 月第 1 版　　　印　　次：2021 年 7 月第 5 次印刷
定　　价：58.00 元

产品编号：082072-01

前　　言

随着计算机科学的飞速发展，以计算思维为导向、以实际应用能力培养为抓手、以创新意识培养为目标的计算机基础教育改革已经成为人们的共识，"以学生为中心"的教学模式已成为当今人才培养的主旋律。"大学计算机基础"是一门针对在校大学生的计算机基础知识和基本技能培养的公共基础课程，如何让各专业学生在较短的时间内认识计算机、具有较强的实际应用能力和创新思维意识、理解计算机解决问题的基本思路是本书撰写的出发点和落脚点。

本书从教学实际需求出发，合理安排知识结构，以案例为牵引，以任务为载体，将计算思维、实际应用能力和创新意识融为一体。从零开始、由浅入深、循序渐进，在培养读者计算机应用能力的同时，提升读者的计算机文化素养和应用计算思维解决实际问题的基本能力。全书共8章，主要内容如下：

第1章介绍计算机的发展历程、特点、主要分类方法及应用领域，计算机系统的组成及基本工作原理，计算机信息的表示方法等。

第2章介绍计算机网络的发展历史、计算机网络的基础知识、计算机网络体系结构和网络协议、局域网的特点与组建、Internet 的应用等。

第3章介绍操作系统的基本功能与分类、Windows 7 系统的基本操作等。

第4章介绍文字处理软件 Word 2010 的用户操作界面与常用功能，文档的创建、编辑、排版等操作，设置页面、主题、对象、插图的方法，表格与图表的制作方法等。

第5章介绍电子表格软件 Excel 2010 的基本功能，工作簿、工作表、单元格的概念，使用 Excel 制作表格的方法，数据管理的基本操作等。

第6章介绍 PowerPoint 2010 的基本操作方法、演示文稿中常用的设计和制作技巧等。

第7章介绍算法的基础知识、结构化程序设计的基本思想、面向对象程序设计的基本思想等。

第8章介绍云计算的概念、特点和层次架构，大数据的概念、发展、特点及应用，物联网的概念、特点和应用，人工智能的概念、应用和发展等。

本书图文并茂，条理清晰，通俗易懂，内容丰富，在讲解每个知识点时都配有相应的实例，方便读者上机实践。同时在难以理解和掌握的部分内容上给出相关提示，让读者能够快速地提高操作技能。此外，本书配有大量综合实例和习题，让读者在实际操作中更加牢固地掌握书中讲解的内容。

本书是集体智慧的结晶，由王文发、马燕担任主编，杨战海、许淳担任副主编，参加编写和校对工作的还有刘逗逗、崔桓睿、张娜、王玮等人。

　　由于本书内容涉及面广，要将其很好地贯穿起来难度较大，加之创作时间仓促，不足之处在所难免，恳请专家、学者和广大读者多提宝贵意见。

　　本书提供课件、案例源文件、习题参考答案，下载地址如下：

课件　　　　　　案例源文件　　　　习题参考答案

作　者

2019 年 4 月

目 录

第1章 计算机基础知识……………………1

1.1 计算机概述……………………1

    1.1.1 计算机的发展……………………1

    1.1.2 计算机的特点……………………3

    1.1.3 计算机的分类……………………3

    1.1.4 计算机的应用领域……………………4

1.2 计算机系统的组成与基本工作
原理……………………4

    1.2.1 计算机系统的组成……………………4

    1.2.2 计算机的基本工作原理……………………5

1.3 微型计算机的基本知识……………………6

    1.3.1 微型计算机的发展……………………6

    1.3.2 微型计算机的组成……………………7

    1.3.3 微型计算机的主要设备……………………7

    1.3.4 总线与接口……………………9

    1.3.5 主要性能指标……………………11

1.4 计算机信息表示……………………12

    1.4.1 计数制和进位制……………………12

    1.4.2 数制转换……………………13

    1.4.3 信息存储……………………16

    1.4.4 数在计算机信息中的表示……………………16

    1.4.5 字符在计算机信息中的表示……………………18

    1.4.6 汉字在计算机信息中的表示……………………19

    1.4.7 多媒体信息在计算机信息中
的表示……………………19

1.5 计算机安全……………………21

    1.5.1 计算机病毒……………………22

    1.5.2 计算机黑客与网络犯罪……………………24

    1.5.3 网络使用与道德规范……………………25

    1.5.4 数据的安全性……………………25

1.6 课后习题……………………26

第2章 计算机网络……………………27

2.1 计算机网络基础知识……………………27

    2.1.1 计算机网络的发展……………………27

    2.1.2 计算机网络的定义与功能……………………28

    2.1.3 计算机网络的组成……………………29

    2.1.4 计算机网络的分类……………………29

    2.1.5 网络体系结构与网络协议……………………31

2.2 计算机局域网……………………33

    2.2.1 局域网的定义与特点……………………33

    2.2.2 局域网的类型……………………34

    2.2.3 以太网……………………34

    2.2.4 无线局域网……………………37

    2.2.5 局域网的组建……………………37

2.3 Internet 基础应用……………………41

    2.3.1 Internet 概述……………………42

    2.3.2 Internet 常用术语……………………42

    2.3.3 Internet 提供的基本服务……………………43

    2.3.4 Internet 的接入方式……………………44

2.4 IE 浏览器……………………46

2.5 搜索引擎……………………47

    2.5.1 搜索引擎的定义……………………47

    2.5.2 搜索引擎的分类……………………48

    2.5.3 搜索引擎的使用方法……………………49

2.6 电子商务……………………49

    2.6.1 电子商务的发展……………………49

    2.6.2 电子商务的特点……………………49

    2.6.3 电子商务的分类……………………50

    2.6.4 电子商务的安全技术……………………50

    2.6.5 电子商务的支付技术……………………51

2.7　电子邮件……………………52
　　2.7.1　申请电子邮箱…………52
　　2.7.2　添加电子邮件账户……52
　　2.7.3　收发电子邮件…………53
2.8　课后习题……………………55

第3章　操作系统…………………56
3.1　操作系统概述………………56
　　3.1.1　操作系统的基本概念…56
　　3.1.2　操作系统的功能………57
　　3.1.3　操作系统的分类………57
　　3.1.4　典型操作系统介绍……58
3.2　Windows 7 的基本操作……58
　　3.2.1　Windows 7 的启动和退出……58
　　3.2.2　使用 Windows 7 桌面…60
　　3.2.3　使用窗口………………65
　　3.2.4　使用对话框和向导……69
　　3.2.5　使用菜单………………70
　　3.2.6　使用 Windows 7 的系统帮助…72
3.3　管理软件资源………………74
　　3.3.1　安装软件………………74
　　3.3.2　运行软件………………75
　　3.3.3　卸载软件………………75
　　3.3.4　修复软件………………77
　　3.3.5　更新软件………………77
　　3.3.6　使用不兼容的软件……78
　　3.3.7　管理默认程序…………79
　　3.3.8　打开/关闭 Windows 7 功能……81
3.4　管理硬件设备………………82
　　3.4.1　启动设备管理器………82
　　3.4.2　查看硬件属性…………83
　　3.4.3　查看 CPU 速度和内存容量……83
　　3.4.4　启用和禁用硬件设备…83
　　3.4.5　安装和更新驱动程序…84
　　3.4.6　卸载硬件设备…………85
3.5　管理文件和文件夹…………86
　　3.5.1　计算机中的文件管理…86

　　3.5.2　使用资源管理器管理文件……88
　　3.5.3　使用库访问文件和文件夹……90
　　3.5.4　文件和文件夹的基本操作……90
3.6　使用控制面板………………93
　　3.6.1　用户管理………………93
　　3.6.2　设置显示属性…………96
　　3.6.3　设置屏幕保护程序……97
　　3.6.4　设置电源管理…………98
　　3.6.5　设置防火墙……………99
　　3.6.6　设置日期和时间………101
　　3.6.7　设置【开始】菜单和任务栏…102
3.7　使用 Windows 7 附件………104
　　3.7.1　使用命令提示符………104
　　3.7.2　使用画图程序…………104
　　3.7.3　使用截图工具…………107
　　3.7.4　使用计算器……………108
　　3.7.5　使用写字板……………110
3.8　课后习题……………………112

第4章　文字处理软件 Word 2010……113
4.1　制作“关于举办第十届学生运动会的通知”文档……113
　　4.1.1　Word 2010 概述………113
　　4.1.2　输入与编辑文本………118
　　4.1.3　文本与段落排版………127
　　4.1.4　输出与打印文档………137
4.2　制作“第十届学生运动会项目安排表”文档……139
　　4.2.1　在文档中快速绘制表格……139
　　4.2.2　制作表格标题…………140
　　4.2.3　输入表格数据…………140
　　4.2.4　设置行高与列宽………141
　　4.2.5　设置内容对齐方式……143
　　4.2.6　插入与删除/行列………144
　　4.2.7　合并与拆分单元格……146
　　4.2.8　设置边框与底纹………146
　　4.2.9　设置表格属性…………147

4.3 制作"第十届学生运动会成绩
　　统计表"文档 ················· 149
　　4.3.1 页面设置 ··············· 149
　　4.3.2 创建超大表格 ········· 151
　　4.3.3 绘制自选图形 ········· 152
　　4.3.4 使用文本框 ··········· 153
　　4.3.5 计算运动会竞赛总成绩 ··· 155
　　4.3.6 按总成绩高低排序表格 ··· 157
　　4.3.7 设置表格与文本转换 ··· 157
4.4 制作"第十届学生运动会专题"
　　文档 ··························· 158
　　4.4.1 设置封面 ··············· 158
　　4.4.2 设置页面背景 ········· 160
　　4.4.3 使用图片 ··············· 161
　　4.4.4 使用艺术字 ··········· 166
　　4.4.5 使用主题 ··············· 167
　　4.4.6 设置分栏 ··············· 169
　　4.4.7 设置首字下沉 ········· 169
　　4.4.8 设置图文混排 ········· 170
　　4.4.9 设置页眉页脚 ········· 171
　　4.4.10 设置页码 ············· 172
　　4.4.11 使用分页符和分节符 ··· 172
　　4.4.12 创建文档目录 ······· 173
4.5 使用"邮件合并"功能 ··· 175
　　4.5.1 创建主文档 ··········· 175
　　4.5.2 选择数据源 ··········· 176
　　4.5.3 编辑主文档 ··········· 177
　　4.5.4 合并文档 ··············· 178
4.6 课后习题 ··················· 179

第5章 电子表格软件 Excel 2010 ······· 180
5.1 表格制作 ··················· 180
　　5.1.1 Excel 概述 ············· 180
　　5.1.2 创建"学生基本信息表" ··· 182
　　5.1.3 输入表格数据 ········· 189
　　5.1.4 整理"学生基本信息表" ··· 201
　　5.1.5 设置表格页面效果 ··· 216

5.1.6 打印 Excel 工作表 ········· 218
5.2 公式与函数 ··············· 223
　　5.2.1 制作"学生成绩表" ··· 223
　　5.2.2 使用公式进行计算 ··· 225
　　5.2.3 统计人数 ··············· 233
　　5.2.4 划分等次 ··············· 234
5.3 数据管理 ··················· 235
　　5.3.1 制作"教师基本信息表" ···235
　　5.3.2 按"性别"排序数据 ··· 236
　　5.3.3 筛选出"计算机系"的
　　　　　教师 ··················· 236
　　5.3.4 筛选出"王"姓教师 ··· 237
　　5.3.5 筛选出基本工资最高的前 5 位
　　　　　教师 ··················· 237
　　5.3.6 筛选出基本工资大于 2000 且
　　　　　小于 3000 的教师 ········· 238
　　5.3.7 分类汇总各院系"基本工资"
　　　　　的平均值 ·············238
　　5.3.8 用"数据透视表"分析表格
　　　　　数据 ··················· 239
5.4 数据图表化 ··············· 240
　　5.4.1 制作"教师工资表" ··· 240
　　5.4.2 创建图表 ··············· 241
　　5.4.3 编辑图表 ··············· 242
　　5.4.4 修饰图表 ··············· 243
5.5 课后习题 ··················· 245

第6章 演示软件 PowerPoint 2010 ··· 246
6.1 制作"季度工作汇报"演示
　　文稿 ··························· 246
　　6.1.1 PowerPoint 2010 的概述 ··· 246
　　6.1.2 创建"季度工作汇报"演示
　　　　　文稿 ··················· 249
　　6.1.3 插入和删除幻灯片 ··· 250
　　6.1.4 复制和移动幻灯片 ··· 251
　　6.1.5 幻灯片版式设置 ······ 252
　　6.1.6 占位符设置 ··········· 255

6.1.7 文本框设置·············260

6.1.8 输出演示文稿··········264

6.2 制作"主题班会"演示文稿·····267

6.2.1 使用模板创建演示文稿···267

6.2.2 设置演示文稿主题······269

6.2.3 设置演示文稿背景······271

6.2.4 插入图片················272

6.2.5 使用表格················273

6.3 制作"学校宣传"演示文稿·····280

6.3.1 设置演示文稿尺寸······280

6.3.2 使用形状················282

6.3.3 使用 SmartArt 图形·····289

6.3.4 插入音频················290

6.3.5 插入视频················290

6.3.6 使用超链接············291

6.3.7 使用动作按钮··········292

6.3.8 自定义动画设置········293

6.3.9 幻灯片放映设置········297

6.3.10 放映演示文稿·········300

6.4 课后习题····················301

第7章 程序设计基础·············302

7.1 算法基础知识··············302

7.1.1 算法的概念············303

7.1.2 算法的特性············303

7.1.3 算法表示工具··········304

7.1.4 算法设计的基本方法···306

7.1.5 算法的复杂度··········307

7.2 结构化程序设计··········308

7.2.1 结构化程序设计的基本思想
及 3 种基本结构··········308

7.2.2 顺序结构················311

7.2.3 选择结构················314

7.2.4 循环结构················321

7.3 面向对象程序设计简介·····326

7.4 课后习题····················328

第8章 计算机应用新技术·········329

8.1 云计算······················329

8.1.1 云计算的概念··········329

8.1.2 云计算的发展··········330

8.1.3 云计算的特点与层次架构·····331

8.1.4 云计算系统的分类·····332

8.1.5 云计算的应用··········333

8.2 大数据······················334

8.2.1 大数据的概念··········334

8.2.2 大数据的发展··········335

8.2.3 大数据的特点··········336

8.2.4 大数据的应用··········337

8.3 物联网······················338

8.3.1 物联网的概念··········338

8.3.2 物联网的发展··········339

8.3.3 物联网的特征与关键技术·····339

8.3.4 物联网的应用··········340

8.4 人工智能··················342

8.4.1 人工智能的概念········342

8.4.2 人工智能的发展········342

8.4.3 人工智能的特点········343

8.4.4 人工智能的应用········344

8.5 课后习题····················344

参考文献·····················345

第1章　计算机基础知识

学习目标

通过本章的学习与实践，读者应掌握以下内容：

(1) 了解计算机的发展历程、特点、主要的分类方法及主要应用领域。

(2) 熟悉计算机系统的组成及基本工作原理。

(3) 熟悉微型计算机的基本组成及性能指标。

(4) 理解计算机信息的表示方法，掌握数制转换基本方法。

(5) 了解计算机安全的基本概念。

本章重点

(1) 计算机系统的组成及基本工作原理。

(2) 计算机信息的表示方法。

1.1　计算机概述

在信息技术飞速发展的今天，计算机已经成为人类工作和生活不可缺少的部分，掌握相应的计算机基础操作，也成为人们在各行各业必备的技能。

1946 年，世界上第一台电子计算机在美国宾夕法尼亚大学诞生。之后短短的几十年里，电子计算机经历了几代的演变，并迅速地渗透到人类生活和生产的各个领域，在科学计算、工程设计、数据处理及人们的日常生活中发挥着巨大的作用。电子计算机被公认为是 20 世纪最重大的工业革命成果之一。

计算机是一种能够存储程序，并按照程序自动、高速、精确地进行大量计算和信息处理的电子机器。科技的进步促使计算机产生和迅速发展，而计算机的产生和发展又反过来促进科学技术和生产水平的提高。电子计算机的发展和应用水平已经成为衡量一个国家科学技术水平和经济实力的重要标志。

1.1.1　计算机的发展

本书中所说的计算机，主要指微型计算机，也称个人计算机(Personal Computer，PC)。那么到底什么是计算机呢？简单地说，计算机就是一种能够按照指令对收集的各种数据和信息进行分析并自动加工和处理的电子设备。

计算机的发展阶段通常以构成计算机的电子器件来划分，至今已经历了四代，目前正在向第五代过渡。每一个发展阶段在技术上都是一次新的突破，在性能上都是一次质的飞跃。

1. 第一代计算机(1946－1957 年)

第一代计算机采用的主要元件是电子管,因此也称电子管计算机,其主要特征如下:

- 采用电子管元件,体积庞大、耗电量高、可靠性差、维护困难。
- 计算速度慢,一般为每秒钟一千次到一万次运算。
- 使用机器语言,几乎没有系统软件。
- 采用磁鼓、小磁芯作为存储器,存储空间有限。
- 输入输出设备简单,采用穿孔纸带或卡片。
- 主要用于科学计算。

2. 第二代计算机(1958－1964 年)

晶体管的发明给计算机技术的发展带来了革命性的变化。第二代计算机采用的主要元件是晶体管,因此也称晶体管计算机,其主要特征如下:

- 采用晶体管元件,体积大大缩小,可靠性增强,寿命延长。
- 计算速度加快,达到每秒几万次到几十万次运算。
- 提出了操作系统的概念,出现了汇编语言,产生了 FORTRAN 和 COBOL 等高级程序设计语言和批处理系统。
- 普遍采用磁芯作为内存储器,磁盘、磁带作为外存储器,容量大大提高。
- 计算机应用领域扩大,除科学计算外,还用于数据处理和实时过程控制。

3. 第三代计算机(1965－1969 年)

20 世纪 60 年代中期,随着半导体工艺的发展,已制造出了集成电路元件。集成电路可以在几平方毫米的单晶硅片上集成十几个甚至上百个电子元件。计算机开始使用中小规模的集成电路元件,因此第三代计算机也称集成电路计算机,其主要特征如下:

- 采用中小规模集成电路软件,体积进一步缩小,寿命更长。
- 计算速度加快,可达每秒几百万次运算。
- 高级语言进一步发展,操作系统的出现使计算机功能更强,计算机开始广泛应用在各个领域。
- 普遍采用半导体存储器,存储容量进一步提高,而且体积更小、价格更低。
- 计算机应用范围扩大到企业管理和辅助设计等领域。

4. 第四代计算机(1971 年至今)

随着 20 世纪 70 年代初集成电路制造技术的飞速发展,产生了大规模集成电路元件,使计算机进入了一个崭新的时代,即大规模和超大规模集成电路计算机时代。第四代计算机的主要特征如下:

- 采用大规模(Large Scale Integration,LSI)和超大规模集成电路(Very Large Scale Integration,VLSI)元件,体积与第三代相比进一步缩小,在硅半导体上集成了几十万甚至上百万个电子元器件,可靠性更好,寿命更长。
- 计算速度加快,可达每秒几千万次到几十亿次运算。
- 软件配置丰富,软件系统工程化、理论化,程序设计部分自动化。
- 发展了并行处理技术和多机系统,微型计算机大量进入家庭,产品更新速度加快。

● 计算机在办公自动化、数据库管理、图像处理、语言识别和专家系统等各个领域大显身手，计算机的发展进入了以计算机网络为特征的时代。

1.1.2　计算机的特点

现代计算机的特点主要体现在以下几方面。

(1) 运算速度快：计算机内部由电路组成，可以高速、准确地完成各种算术运算。当今计算机的运算速度已达到每秒万亿次以上，使大量复杂的科学计算问题得以解决。例如，卫星轨道的计算、大型水坝的计算、24 小时天气的计算，在过去需要几年甚至几十年，而在现代社会中用计算机计算只需要几分钟就可以完成。

(2) 计算精度高：科学技术的发展，特别是尖端科学技术的发展，需要高精度的计算。计算控制的导弹之所以能准确地击中预定目标，是与计算的精度密不可分的。一般计算机可以有十几位(二进制)有效数字，计算精度可由千分之几到百万分之几，是其他任何计算工具都无法比拟的。

(3) 逻辑运算能力强：计算机不仅能精确计算，还具有逻辑运算功能，能对信息进行比较和判断。计算机能把参加运算的数据、程序及中间结果和最后结果保存起来，并能根据判断的结果自动执行下一条指令以供用户随时调用。

(4) 存储容量大：计算机内部的存储器具有记忆特性，可以存储大量的信息，这些信息不仅包括各类数据信息，还包括加工这些数据的程序。

(5) 自动化程度高：由于计算机具有存储记忆能力和逻辑判断能力，所以人们可以将预先编好的程序存入计算机内存，在程序控制下，计算机可以连续、自动地工作，不需要人的干预。

1.1.3　计算机的分类

根据计算机的性能指标，如机器规模的大小、运算速度的高低、主存储容量的大小、指令系统性能的强弱及机器的价格等，可将计算机分为巨型机、大型机、中型机、小型机、微型机和工作站。

(1) 巨型机：巨型机是指运算速度在每秒亿次以上的计算机。巨型机运算速度快、存储量大、结构复杂、价格昂贵，主要用于尖端科学研究领域。巨型机目前在国内还不多，我国研制的"银河"计算机就属于巨型机。

(2) 大、中型机：大、中型机是指运算速度在每秒几千万次左右的计算机，通常用在国家级科研机构及重点理、工科类院校。

(3) 小型机：小型机的运算速度在每秒几百万次左右，通常用在一般的科研与设计机构及普通高校等。

(4) 微型机：微型机也称个人计算机(PC)，是目前应用最广泛的机型，如曾经的 386、486、586 及奔腾系列等机型都属于微型机。

(5) 工作站：工作站主要用于图形、图像处理和计算机辅助设计中。它实际上是一台性能更高的微型机。

1.1.4　计算机的应用领域

计算机的快速性、通用性、准确性和逻辑性等特点，使它不仅具有高速运算能力，而且还具有逻辑分析和逻辑判断能力，可以大大提高人们的工作效率。此外，现代计算机还可以部分替代人的脑力劳动，进行一定程度的逻辑判断和运算。如今计算机已渗透到人们生活和工作的各个层面中，主要体现在以下几个方面的运用。

(1) 科学计算(或数值计算)：是指利用计算机来完成科学研究和工程技术中提出的数学问题的计算。在现代科学技术工作中，科学计算问题是大量的和复杂的。利用计算机的高速计算、大存储容量和连续运算的能力，可以实现人工无法解决的各种科学计算问题。

(2) 信息处理(数据处理)：是指对各种数据进行收集、存储、整理、分类、统计、加工、利用、传播等一系列活动的统称。据统计，80%以上的计算机主要用于数据处理，这类工作量大面宽，决定了计算机应用的主导方向。

(3) 自动控制(过程控制)：是指利用计算机及时采集检测数据，按最优值迅速地对控制对象进行自动调节或自动控制。采用计算机进行自动控制，不仅可以大大提高控制的自动化水平，而且可以提高控制的及时性和准确性，从而改善劳动条件、提高产品质量及合格率。目前，计算机过程控制已在机械、冶金、石油、化工、纺织、水电、航天等部门得到广泛的应用。

(4) 计算机辅助技术：是指利用计算机帮助人们进行各种设计、处理等过程。它包括计算机辅助设计(CAD)、计算机辅助制造(CAM)、计算机辅助教学(CAI)和计算机辅助测试(CAT)等。另外，计算机辅助技术还有辅助生产、辅助绘图和辅助排版等。

(5) 人工智能(或智能模拟)：是指计算机模拟人类的智能活动，诸如感知、判断、理解、学习、问题求解和图像识别等。人工智能(Artificial Intelligence，AI)的研究目标是使计算机更好地模拟人的思维活动，完成更加复杂的控制任务。

(6) 网络应用：随着社会信息化的发展，通信业也发展迅速，计算机在通信领域的作用越来越大，特别是促进了计算机网络的迅速发展。目前全球最大的网络(Internet，国际互联网)，已把全球的大多数计算机联系在一起。除此之外，计算机在信息高速公路、电子商务、娱乐和游戏等领域也得到了快速的发展。

1.2　计算机系统的组成与基本工作原理

一个完整的计算机系统由硬件系统和软件系统两部分组成。现在的计算机已经发展成为一个庞大的家族，其中的每个成员尽管在规模、性能、结构和应用等方面存在着很大的差别，但是它们的基本结构和工作原理是相同的。

1.2.1　计算机系统的组成

计算机由许多部件组成，但总的来说，一个完整的计算机系统由两大部分组成，即硬件系统和软件系统，如图 1-1 所示。

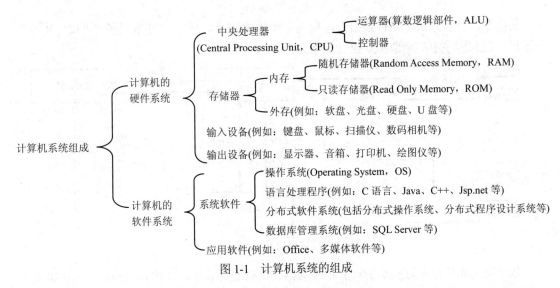

图 1-1　计算机系统的组成

　　计算机硬件系统是组成计算机系统的各种物理设备的总称，是计算机系统的物质基础，由运算器、控制器、存储器、输入设备和输出设备 5 部分组成。计算机硬件系统又称为"裸机"，裸机只能识别由 0、1 组成的机器代码。没有软件系统的计算机几乎是没有用的。

　　计算机软件系统指的是为使计算机运行和工作而编制的程序和全部文档的总和。硬件系统的发展给软件系统提供了良好的开发环境，而软件系统的发展又给硬件系统提出了新的要求。

1.2.2　计算机的基本工作原理

　　在介绍计算机的基本工作原理之前，先说明几个相关的概念。

　　所谓指令，是指挥计算机进行基本操作的命令，是计算机能够识别的一组二进制编码。通常一条指令由两部分组成：第一部分指出应该进行什么样的操作，称为操作码；第二部分指出参与操作的数据本身或该数据在内存中的地址。在计算机中，可以完成各种操作的指令有很多，计算机所能执行的全部指令的集合称为计算机的指令系统。把能够完成某一任务的所有指令(或语句)有序地排列起来，就组成程序，即程序是能够完成某一任务的指令的有序集合。

　　现代计算机的基本工作原理是存储程序和程序控制。这一原理是美籍匈牙利数学家冯·诺依曼于 1946 年提出的，因此又称为冯·诺依曼原理，其主要思想如下：

- 计算机硬件由运算器、控制器、存储器、输入设备和输出设备 5 个基本部分组成。
- 在计算机内采用二进制的编码方式。
- 程序和数据一样，都存放于存储器中(即存储程序)。
- 计算机按照程序逐条取出指令加以分析，并执行指令规定的操作(即程序控制)。

　　计算机的基本工作方式如图 1-2 所示。实线为数据和程序，虚线为控制命令。首先，在控制器的作用下，计算所需的原始数据和计算步骤的程序指令通过输入设备送入计算机的存储器中。接下来，控制器向存储器发送取指令命令，存储器中的程序指令被送入控制器。控制器对取出的指令进行译码，接着向存储器发送取数指令，存储器中的相关运算数据被送到运算器中。控制器向运算器发送运算指令，运算器执行运算，并得到结果，把运算结果存入存储器中。控制器向存储器发出取数指令，数据被送往输出设备。最后，控制器向输出设备发送输出指令，输出设备将计算机结果输出。一系列操作完成后，控制器再从存储器中取出下一条指令，进行分析，执行该指令，周而复始地重复"取指令""分析指令""执行指令"的过程，直到程序中的全部指令执行完毕为止。

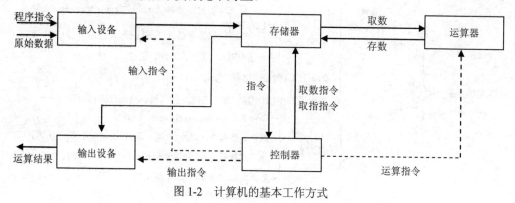

图 1-2　计算机的基本工作方式

按照冯·诺依曼原理构造的计算机称为冯·诺依曼计算机，其体系结构称为冯·诺依曼体系结构。冯·诺依曼计算机的基本特点如下：

- 程序和数据在同一个存储器中存储，二者没有区别，指令与数据一样可以送到运算器中进行运算，即由指令组成的程序是可以修改的。
- 存储器采用按地址访问的线性结构，每个单元的大小是一定的。
- 通过执行指令直接发出控制信号控制计算机操作。
- 指令在存储器中按顺序存放，但执行顺序也可以随外界条件的变化而改变。
- 整个计算过程以运算器为中心，输入输出设备与存储器间的数据传送都要经过运算器。

如今，计算机正在以难以置信的速度向前发展，但其基本原理和基本构架仍然没有脱离冯·诺依曼体系结构。

1.3　微型计算机的基本知识

微型计算机是指以大规模、超大规模集成电路为主要部件的微处理器(MPU)为核心，配以存储器、输入/输出接口电路、系统总线及其他支持逻辑电路组成的计算机。

1.3.1　微型计算机的发展

自 1946 年第一台计算机 ENIAC 在美国问世以后，人们接触最多的是微型计算机，它诞生于 20 世纪 70 年代，其发展以微处理器的发展为主要标志。

随着计算机技术、网络技术及软件行业的发展，微型计算机的发展已经进入了一个崭新的时代。目前，计算机正向巨型化、微型化、网络化和智能化方向发展。

1. 功能巨型化

巨型化指的是发展高速运算、大存储容量和强功能的巨型计算机，其运算能力一般在每秒千万亿次以上，内存容量在几万兆字节以上。巨型计算机主要用于尖端科学技术和军事国防系统的研究开发。巨型计算机的发展集中体现了计算机科学技术的发展水平，推动了计算机系统结构、硬件和软件的理论与技术、计算数学及计算机应用等多个科学分支的发展。因此，巨型机标志着一个国家的科学技术水平，可以衡量某个国家科技能力、工业发展水平和综合实力。

2. 体积微型化

随着微电子技术和超大规模集成电路的发展，计算机的体积趋向微型化。从 20 世纪 80 年代开始，计算机得到了普及。到了 20 世纪 90 年代，微机在家庭的拥有率不断升高。之后又出现了笔记本型计算机、掌上计算机、手表计算机等。微机的生产和应用体现了一个社会的科技现代化程度。

3. 资源网络化

现代信息社会的发展趋势就是实现资源的共享，在计算机的使用上表现为网络化，即利用计算机和现代通信技术把各个地区的计算机互联起来，形成一个规模巨大、功能强劲的计算机网络，从而使一个地区、国家甚至全世界的计算机共享信息资源。这样，信息就能得到快速、高效的传递。随着网络技术的发展，凭借一台计算机在家办公，就可以"足不出户而知天下事"。

4. 处理智能化

计算机的智能化指的是计算机技术(硬件和软件技术)发展的一个高目标。智能化是指计算机具有模仿人类较高层次智能活动的能力，即模拟人类的感觉、行为、思维过程，使计算机具备"视觉""听觉""话语""行为""思维""推理""学习""定理证明"及"语言翻译"等能力。机器人技术、计算机对弈、专家系统等就是计算机智能化的具体应用。计算机的智能化催促着第五代计算机的孕育和诞生。

1.3.2 微型计算机的组成

微型计算机主要由控制器、运算器、存储器、输入设备和输出设备 5 个部分组成。

(1) 控制器(Control)：是整个计算机的中枢神经，其功能是对程序规定的控制信息进行解释，根据其要求进行控制，调度程序、数据、地址，协调计算机各部分工作及内存与外设的访问等。

(2) 运算器(Datapath)：运算器的功能是对数据进行各种算术运算和逻辑运算，即对数据进行加工处理。

(3) 存储器(Memory)：存储器的功能是存储程序、数据和各种信号、命令等信息，并在需要时提供这些信息。

(4) 输入设备(Input system)：是计算机的重要组成部分，输入设备与输出设备合称为外部设备，简称外设。输入设备的作用是将程序、原始数据、文字、字符、控制命令或现场采集的数据等信息输入到计算机中。常见的输入设备有键盘、鼠标器、光电输入机、磁带机、磁盘机、光盘机等。

(5) 输出设备(Output system)：输出设备与输入设备同样也是计算机的重要组成部分，它把计算的中间结果或最后结果、机内的各种数据符号、文字、控制信号等信息输出。微机常用的输出设备有显示终端 CRT、打印机、激光印字机、绘图仪及磁带、光盘机等。

1.3.3 微型计算机的主要设备

微型计算机的主要设备指的是构成计算机的主要配件，简单地说，就是计算机主机中必不可少的主板、CPU、硬盘、内存、声卡、显卡及主机以外的显示器、鼠标和键盘等。

1. 主板和 CPU

计算机的主板是计算机主机的核心配件，它安装在机箱内。主板的外观一般为矩形的电路板，其上安装了组成计算机的主要电路系统，一般包括 BIOS 芯片、I/O 控制芯片、键盘和面板控制开关接口等，如图 1-3 所示。

CPU 是计算机解释和执行指令的部件，如图 1-4 所示，它控制整个计算机系统的操作，因此 CPU 也被称作是计算机的"心脏"。CPU 安装在计算机的主板上的 CPU 插座中，它由运算器、控制器和寄存器及实现它们之间联系的数据、控制与状态的总线构成，其运作原理大致可分为提取(Fetch)、解码(Decode)、执行(Execute)和写回(Writeback)4 个阶段。

图 1-3　主板外观图　　　　　　　　　　图 1-4　CPU 外观图

2. 硬盘和内存

硬盘是电脑的主要存储媒介之一，如图 1-5 所示，它由一个或者多个铝制或者玻璃制的碟片组成。这些碟片外覆盖有铁磁性材料。绝大多数硬盘都是固定硬盘，被永久性地密封固定在硬盘驱动器中。硬盘一般被安装在计算机机箱上的驱动器架内，通过数据线与计算机主板相连。

内存(Memory)也被称为内存储器，如图 1-6 所示，它是与 CPU 进行沟通的桥梁，其作用是暂时存放 CPU 中的运算数据，以及与硬盘等外部存储器交换的数据。内存被安装在计算机主板的内存插槽中，其运行情况决定了电脑能否稳定运行。

图 1-5　硬盘外观图　　　　　　　　　图 1-6　内存外观图

3. 声卡和显卡

显卡全称为显示接口卡(Video Card 或 Graphics Card)，又称为显示适配器，它是计算机最基本组成部分之一，如图 1-7 所示。显卡安装在计算机主板上的PCI Express(或 AGP、PCI)插槽中，其用途是将计算机系统所需要的显示信息进行转换驱动，并向显示器提供行扫描信号，控制显示器的正确显示。

　　声卡(Sound Card)也叫音频卡，它是多媒体技术中最基本的组成部分，是实现声波/数字信号相互转换的一种硬件，如图 1-8 所示。声卡的基本功能是把来自话筒、磁带、光盘的原始声音信号加以转换，输出到耳机、扬声器、扩音机、录音机等声响设备，或通过音乐设备数字接口(MIDI)使乐器发出美妙的声音。

图 1-7　显卡外观图　　　　　　　　图 1-8　声卡外观图

4. 鼠标和键盘

　　键盘是最常见和最重要的计算机输入设备之一，如图 1-9 所示，虽然如今鼠标和手写输入应用越来越广泛，但在文字输入领域中，键盘依旧有着不可动摇的地位，是用户向计算机输入数据和控制电脑的基本工具。

　　鼠标是 Windows 操作系统中必不可少的外设之一，如图 1-10 所示，用户可以通过鼠标快速地对屏幕上的对象进行操作。

图 1-9　键盘外观图　　　　　　　　图 1-10　鼠标外观图

5. 显示器

　　显示器通常也被称为监视器，它是一种将一定的电子文件通过特定的传输设备显示到屏幕上再反射到人眼的显示工具。目前常见的显示器为 LCD(液晶)显示器，如图 1-11 所示。

图 1-11　显示器外观图

1.3.4　总线与接口

1. 计算机总线

　　总线(Bus)是计算机内部传输指令、数据和各种控制信息的高速通道，是计算机中各组成部分在传输信息时共同使用的"公路"。计算机中的总线分为内部总线、系统总线和外部总线3个层次。

- 内部总线：位于 CPU 芯片内部，用于连接 CPU 的各个组成部件。
- 系统总线：指主板上连接计算机中各大部件的总线。
- 外部总线：是计算机和外部设备之间的总线，通过该总线和其他设备进行信息与数据交换。

如果按总线内传输的信息种类划分，总线有以下3类。

- 数据总线(Data Bus，DB)：用于 CPU 与内存或 I/O 接口之间的数据传输，它的条数取决于 CPU 的字长，信息传送是双向的(可送入 CPU，也可由 CPU 送出)。
- 地址总线(Address Bus，AB)：用于传送存储单元或 I/O 接口的地址信息，信息传送是单向的，它的条数决定了计算机内存空间的范围大小，即 CPU 能对多少个内存单元进行寻址。
- 控制总线(Control Bus，CB)：用于传送控制器的各种控制信息，它的条数由 CPU 的字长决定。

计算机采用开放的系统结构，由多个模块构成一个系统。一个模块往往就是一块电路板。为了方便总线与电路板的连接，总线在主板上提供了多个扩展槽与插座，任何插入扩展槽的电路板(如显示卡、声卡等)都可以通过总线与 CPU 连接，这为用户自己组装可选设备提供了方便。微处理器、总线、存储器、接口电路和外部设备的逻辑关系如图 1-12 所示。

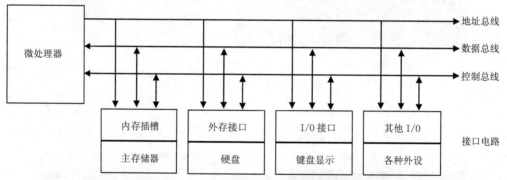

图 1-12　微处理器、总线、存储器、接口电路和外部设备的逻辑关系

目前，计算机常用的系统总线标准有以下两种。

- PCI(Peripheral Component Interconnect，外部设备互连)总线：PCI总线于1991年由Intel公司推出，它为CPU与外部设备之间提供了一条独立的数据通道，让每种设备都能与CPU直接联系，使图形、通信、视频、音频设备都能同时工作。PCI总线的数据传送宽度为32位，可以扩展到64位，工作频率为33MHz，数据传输可达133MB/s。
- AGP(Advanced Graphics Port，加速图形接口)总线：AGP总线是Intel公司配合Pentium处理器开发的总线标准，它是一种可自由扩展的图形总线结构，能增加图形控制器的可用带宽，并为图形控制器提供必要的性能，有效地解决了3D图形处理的瓶颈问题。AGP总线宽为32位，时钟频率有66MHz和133MHz两种。

2. 计算机接口

接口就是设备与计算机或其他设备连接的端口，主要用来传送信号。一部分是数据信号，另一部分是控制信号，它们都是为传输数据服务的。

数据传输方式可以分为串行、并行两种方式。

- 串行接口(Serial Port)。用于串行传输的接口被传送的数据排成一串，一次发送，其特点是传输稳定、可靠、传输距离长，但数据传输速率较低。
- 并行接口(Parallel Port)。用于并行传输的接口特点是数据传输速率较大、协议简单、易于操作。由于并行传输在传输时容易受到干扰、传输距离短、有时会发生数据丢失等问题，所以并行设备的连接电缆一般比较短，否则不能保证正常使用。

在计算机行业中最早出现的串行接口标准是 RS-232 标准，这个标准直到现在还在个人计算机上使用，如外接鼠标或调制解调器(Modem)的 COM1、COM2 接口。随着计算机技术的发展,之后又出现了许多新的接口标准,如 SCSI、USB 和 IEEE1394 等。USB(Universal Serial Bus)是一种通用串行总线接口，其最大的好处在于能支持多达 127 个外设，并且可以独立供电(可从主板上获得 500mA 的电流)和支持热插拔(开机状态下插拔)，真正做到即插即用。目前，可以通过 USB 接口连接的设备有扫描仪、打印机、鼠标、键盘、外置硬盘、数码相机、音箱等，接口具有很好的通用性。

1.3.5　主要性能指标

目前，微型计算机的主要性能指标包括运算速度、字长、内存储器容量、I/O 速度、显存性能、硬盘转速、CPU 主频等。

(1) 运算速度：是衡量计算机性能的一项重要指标。通常所说的计算机运算速度(平均运算速度)，指的是每秒所能执行的指令条数，一般用"百万条指令/秒"(mips，即 Million Instruction Per Second)来描述。同一台计算机，执行不同的运算所需时间可能不同，因而对运算速度的描述常采用不同的方法。常用的有 CPU 时钟频率(主频)、每秒平均执行指令数(ips)等。微型计算机一般采用主频来描述运算速度。一般来说，主频越高，运算速度也就越快。

(2) 字长：是指计算机能直接处理的二进制数据的位数，它决定了计算机的运算精度。字长越长，表示计算机的处理精度越高。

(3) 内存储器的容量：内存储器也简称主存，是 CPU 可以直接访问的存储器，需要执行的程序与需要处理的数据就存放在主存中。内存储器容量的大小反映了计算机即时存储信息的能力。随着操作系统的不断升级、应用软件的不断丰富及其功能的不断发展，人们对计算机内存容量的需求也将不断提高。

(4) 外存储器的容量：通常指硬盘容量(包括内置硬盘和移动硬盘)。外存储器的容量越大，可存储的信息就越多，可安装的应用软件就越丰富。

(5) I/O 速度：计算机主机 I/O 速度取决于 I/O 总线的设计。这对于慢速设备(如键盘、打印机)关系不大，但对于高速设备则效果十分明显。

(6) 显存：显存的性能由两个因素决定，一是容量，二是带宽。容量很好理解，它决定了能缓存多少数据。而带宽，可以理解为显存与核心交换数据的通道，带宽越大，数据交换越快。此外，带宽又由频率和位宽两个因素决定，即带宽=频率×位宽/8。

(7) 硬盘转速：转速(Rotational Speed)，指的是硬盘内电机主轴的旋转速度，也就是硬盘盘片在一分钟内能完成的最大转数。转速的快慢是硬盘性能优劣的一个重要指标,它是决定硬盘内部传输率的关键因素之一,在很大程度上影响硬盘上数据的存取效率。硬盘的转速越快,硬盘寻找文件的速度也就越快,相对的硬盘传输速度也就得到了提高。

1.4　计算机信息表示

数据是计算机处理的对象。在计算机内部,各种信息都必须经过数字化编码后才能被传送、存储和处理。而在计算机中采用什么数制,如何表示数的正负和大小,是学习计算机首先遇到的一个重要问题。

1.4.1　计数制和进位制

数制是用一组固定的符号和统一的法则来表示数值的方法。数制分为非进位计数制和进位计数制两种:按进位的原则进行计数,称为进位计数制,反之就是非进位计数制。

日常生活中大部分是进位计数制,其有几个重要的概念。

- 数码:一组用来表示某种数制的符号,如1、2、3、4、A、B、C、D、E、F等。
- 基数:数制所使用的数码个数称为"基数"或"基",常用R表示,称R进制。如二进制数码是0和1,基为2。
- 位权:指数码在不同位置上的权值。在进位计数制中,处于不同数位的数码,代表的数值不同。

1. 二进制(Binary Notation)

二进制的特点如下:

- 有两个数码:0、1。
- 基数:2。
- 逢二进一(加法运算);借一当二(减法运算)。
- 按权展开式。对于任意一个n位整数和m位小数的二进制数D,均可按权展开为:

$$D=B_{n-1}\cdot2^{n-1}+B_{n-2}\cdot2^{n-2}+\cdots+B_1\cdot2^1+B_0\cdot2^0+B_{-1}\cdot2^{-1}+\cdots+B_{-m}\cdot2^{-m}$$

【例 1-1】把$(1101.01)_2$按权展开,并写出其十进制数。

$$1\times2^3+1\times2^2+0\times2^1+1\times2^0+0\times2^{-1}+1\times2^{-2}=(13.25)_{10}$$

2. 十进制(Decimal Notation)

十进制的特点如下:

- 有10个数码:0、1、2、3、4、5、6、7、8、9。
- 基数:10。
- 逢十进一(加法运算);借一当十(减法运算)。
- 按权展开式。对于任意一个n位整数和m位小数的十进制数D,均可按权展开为:

$$D=D_{n-1}\cdot10^{n-1}+D_{n-2}\cdot10^{n-2}+\cdots+D_1\cdot10^1+D_0\cdot10^0+D_{-1}\cdot10^{-1}+\cdots+D_{-m}\cdot10^{-m}$$

【例 1-2】将十进制数 314.16 写成按权展开式形式。

$$314.16=3\times10^2+1\times10^1+4\times10^0+1\times10^{-1}+6\times10^{-2}$$

3. 八进制(Octal Notation)

八进制的特点如下：

- 有8个数码：0、1、2、3、4、5、6、7。
- 基数：8。
- 逢八进一(加法运算)；借一当八(减法运算)。
- 按权展开式。对于任意一个 n 位整数和 m 位小数的八进制数 D，均可按权展开为：

$$D=O_{n-1} \cdot 8^{n-1}+\cdots+O_1 \cdot 8^1+O_0 \cdot 8^0+O_{-1} \cdot 8^{-1}+\cdots+O_{-m} \cdot 8^{-m}$$

【例 1-3】将八进制数 $(317)_8$ 写成十进制数。

$$3 \times 8^2+1 \times 8^1+7 \times 8^0=(207)_{10}$$

4. 十六进制(Hexadecimal Notation)

十六进制的特点如下：

- 有 16 个数码：0、1、2、3、4、5、6、7、8、9、A、B、C、D、E、F。
- 基数：16。
- 逢十六进一(加法运算)；借一当十六(减法运算)。
- 按权展开式。对于任意一个 n 位整数和 m 位小数的十六进制数 D，均可按权展开为：

$$D=H_{n-1} \cdot 16^{n-1}+\cdots+H_1 \cdot 16^1+H_0 \cdot 16^0+H_{-1} \cdot 16^{-1}+\cdots+H_{-m} \cdot 16^{-m}$$

在 16 个数码中，A、B、C、D、E 和 F 这 6 个数码分别代表十进制的 10、11、12、13、14 和 15，这是国际上通用的表示法。

【例 1-4】将十六进制数 $(3C4)_{16}$ 写成十进制数。

$$3 \times 16^2+12 \times 16^1+4 \times 16^0=(964)_{10}$$

二进制数与其他数之间的对应关系如表 1-1 所示。

表 1-1　二进制数与其他数之间的对应关系

十进制	二进制	八进制	十六进制	十进制	二进制	八进制	十六进制
0	0	0	0	9	1001	11	9
1	1	1	1	10	1010	12	A
2	10	2	2	11	1011	13	B
3	11	3	3	12	1100	14	C
4	100	4	4	13	1101	15	D
5	101	5	5	14	1110	16	E
6	110	6	6	15	1111	17	F
7	111	7	7	16	10000	20	10
8	1000	10	8				

1.4.2　数制转换

不同进制之间进行转换应遵循转换原则，其转换原则是：如果两个有理数相等，则有理数的整数部分和分数部分一定分别相等。也就是说，若转换前两数相等，则转换后仍必须相等。

1. 十进制数与二进制数的相互转换

1) 二进制数转换成十进制数

将二进制数转换成十进制数，只要将二进制数用计数制通用形式表示出来，计算出结果，便得到相应的十进制数。

【例 1-5】将(100110.101)$_2$转换成十进制数。

$$(100110.101)_2 = 1\times2^5+1\times2^2+1\times2^1+1\times2^{-1}+1\times2^{-3}$$
$$=32+4+2+0.5+0.125$$
$$=(38.625)_{10}$$

2) 十进制数转换成二进制数

整数部分和小数部分分别用不同方法进行转换。

整数部分的转换采用的是除 2 取余法，其转换原则是：将该十进制数除以 2，得到一个商和余数(K_0)，再将商除以 2，又得到一个新的商和余数(K_1)，如此反复，直到商是 0 时得到余数(K_{n-1})，然后将所得到的各次余数，以最后余数为最高位，最初余数为最低位依次排列，即 $K_{n-1}K_{n-2}\cdots K_1K_0$。这就是该十进制数对应的二进制数。这种方法又称为"倒序法"。

【例 1-6】将(123)$_{10}$转换成二进制数，结果是(1111011)$_2$。

小数部分的转换采用的是乘 2 取整法，其转换原则是：将十进制数的小数乘 2，取乘积中的整数部分作为相应二进制数小数点后最高位 K_{-1}，反复乘 2，逐次得到 K_{-2}、K_{-3}、$\cdots K_{-m}$，直到乘积的小数部分为 0 或位数达到精确度要求为止。然后把每次乘积的整数部分由上而下依次排列起来($K_{-1}K_{-2}\cdots K_{-m}$)，即所求的二进制数。这种方法又称为"顺序法"。

在十进制转化为二进制的过程中，有的时候是转化不尽的，这时只能视情况转化到小数点后的第几位即可。

【例 1-7】将十进制数 0.3125 转换成相应的二进制数，结果是(0.0101)$_2$。

【例 1-8】将(25.25)$_{10}$转换成二进制数。

分析：对于这种既有整数又有小数部分的十进制数，可将其整数和小数部分分别转换成二进制数，然后再把两者连接起来。

转换过程如下：

$(25)_{10}=(11001)_2$　　　$(0.25)_{10}=(0.01)_2$

$(25.25)_{10}=(11001.01)_2$

十进制数与其他进制数的相互转换方法同十进制数与二进制数的相互转换方法一样，不同之处是具体数制的进位基数不同。

2. 十进制与八进制数的相互转换

八进制数转换为十进制数：以 8 为基数按权展开并相加。

十进制数转换为八进制数：整数部分，除 8 取余；小数部分，乘 8 取整。

3. 十进制数与十六进制数的相互转换

十六进制数转换为十进制数：以 16 为基数按权展开并相加。

十进制数转换为十六进制数：整数部分，除 16 取余；小数部分，乘 16 取整。

【例 1-9】将 $(525)_{10}$ 转换成十六进制数，结果是 $(20D)_{16}$。

```
16 |525 ......... 余D     ↑ 低位
  16 |32 ......... 余0
    16 |2 ......... 余2     高位
       0
```

4. 二进制数与八进制数的相互转换

1) 二进制数转换成八进制数

二进制数转换成八进制数所采用的转换原则是"三位并一位"，即以小数点为界，整数部分从右向左每 3 位为一组，若最后一组不足 3 位，则在最高位前面添 0 补足 3 位，然后将每组中的二进制数按权相加得到对应的八进制数；小数部分从左向右每 3 位分为一组，最后一组不足 3 位时，尾部用 0 补足 3 位，然后按照顺序写出每组二进制数对应的八进制数即可。

【例 1-10】将 $(11101100.01101)_2$ 转换为八进制数，结果是 $(354.32)_8$。

```
011 101 100 .011 010
 3   5   4   3  2
```

2) 八进制数转换成二进制数

八进制数转换成二进制数所使用的转换原则是"一位拆三位"，即把一位八进制数写成对应的 3 位二进制数，然后按顺序连接即可。

【例 1-11】将 $(541.67)_8$ 转换为二进制数，结果是 $(101100001.110111)_2$。

```
 5    4    1  .  6    7
 ↓    ↓    ↓     ↓    ↓
101  100  001 . 110  111
```

5. 二进制数与十六进制数的相互转换

1) 二进制数转换成十六进制数

二进制数转换成十六进制数所采用的转换原则是"四位并一位"，即以小数点为界，整数部分从右向左每 4 位为一组，若最后一组不足 4 位，则在最高位前面添 0 补足 4 位，然后从左边第一组起，将每组中的二进制数按权相加得到对应的十六进制数，并依次写出即可；小数部分从左向右每 4 位为一组，最后一组不足 4 位时，尾部用 0 补足 4 位，然后按顺序写出每组二进制数对应的十六进制数即可。

【例 1-12】将 $(11101100.01101)_2$ 转换成十六进制数，结果是 $(EC.68)_{16}$。

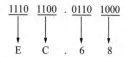

2) 十六进制数转换成二进制数

十六进制数转换成二进制数所采用的转换原则是"一位拆四位",即把 1 位十六进制数写成对应的 4 位二进制数,然后按顺序连接即可。

【例 1-13】将(B41.A7)₁₆ 转换为二进制数,结果是(101101100011.10100111)₂。

在程序设计中,为了区分不同进制数,常在数字后加一英文字母作为后缀以示区别。

- 十进制数:在数字后面加字母D或不加字母,如759D或759。
- 二进制数:在数字后面加字母B,如1101B。
- 八进制数:在数字后面加字母O,如175O。
- 十六进制数:在数字后面加字母H,如E7BH。

1.4.3 信息存储

信息存储是将经过加工整理序化后的信息,按照一定的格式和顺序存储在特定的载体中的一种信息活动,其目的是便于信息管理者和信息用户快速地、准确地识别、定位和检索信息。

在计算机中所有的数据都被存储为一连串的二进制信息(0 和 1)。

如图 1-13 所示,每一个圆圈是一个电池,当要存储一串二进制信息时,计算机会先选择一列进行充电,然后利用横向和纵向两条线确定当前要存储信息的位置。从这一列的第一个开始递归的选择,如果这一个电池代表 1 就进行充电(在图中显示实心圆),代表 0 就不充电(在图中显示空心圆)。这样就可以在计算机中存储二进制数了。

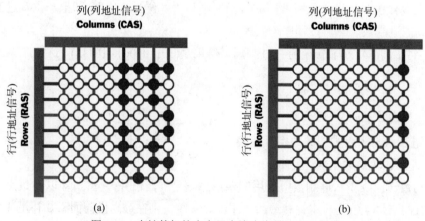

图 1-13   在计算机的内存里有许多存储 0 和 1 设置

1.4.4 数在计算机信息中的表示

数是指能够输入计算机并被计算机处理的数字、字母和符号的集合。平常所看到的景象和听到的事实，都可以用数来描述。数经过收集、组织和整理就能成为有用的信息。

1. 计算机中数的单位

在计算机内部，数都是以二进制的形式存储和运算的。计算机数的表示经常使用到以下几个概念。

(1) 位。位(bit)简写为 b，音译为比特，是计算机存储数的最小单位，是二进制数据中的一个位。一个二进制位只能表示 0 或 1 两种状态。若要表示更多的信息，就需要把多个位组合成一个整体，每增加一位，所能表示的信息量就增加一倍。

(2) 字节。字节(Byte)简记为 B，规定一个字节为 8 位，即 1B＝8bit。字节是计算机数处理的基本单位，并主要以字节为单位解释信息。每个字节由 8 个二进制位组成。通常，一个字节可存放一个 ASCII 码，两个字节存放一个汉字国际码。

(3) 字。字(Word)是计算机进行数处理时，一次存取、加工和传送的数据长度。一个字通常由一个或若干个字节组成，由于字长是计算机一次所能处理信息的实际位数，所以，它决定了计算机数据处理的速度，是衡量计算机性能的一个重要标识，字长越长，性能越好。

计算机型号不同，其字长是不同的，常用的字长有 8 位、16 位、32 位和 64 位。

计算机存储器容量以字节数来度量，经常使用的度量单位有 KB、MB 和 GB，其中 B 代表字节。各度量单位可用字节表示为：

$1KB＝2^{10}B＝1024B$

$1MB＝2^{10}×2^{10}B＝1024×1024B$

$1GB＝2^{10}×2^{10}×2^{10}B＝1024MB＝1024×1024KB＝1024×1024×1024B$

例如，一台计算机的内存标注为 2GB，外存硬盘标注为 500GB，则它实际可存储的内外存字节数分别为：

内存容量＝2×1024×1024×1024B

硬盘容量＝500×1024×1024×1024B

2. 计算机中数的表示

在计算机内部，任何信息都以二进制代码表示(即 0 与 1 的组合来表示)。一个数在计算机中的表示形式，称为机器数。机器数所对应的原来的数值称为真值，由于采用二进制，必须要把符号数字化，通常是用机器数的最高位作为符号位，仅用来表示数符。若该位为 0，则表示正数；若该位为 1，则表示负数。机器数也有不同表示法，常用的有 3 种：原码、补码和反码。下面以字长 8 位为例，介绍计算机中数的原码表示法。

原码表示法，即用机器数的最高位代表符号(若为 0，则代表正数；若为 1，则代表负数)，数值部分为真值的绝对值。例如，表 1-2 列出了几个十进制数的真值和原码。用原码表示时，数的真值及其用原码表示的机器数之间的对应关系简单，相互转换方便。

表 1-2　十进制、真值和原码

十进制	＋73	－73	＋127	－127	＋0	－0
二进制(真值)	＋1001001	－1001001	＋1111111	－1111111	＋0000000	－0000000
原码	01001001	11001001	01111111	11111111	0000000	10000000

1.4.5　字符在计算机信息中的表示

　　字符又称为符号数据，包括字母和符号等。计算机除处理数值信息外，还大量处理字符信息。例如，将高级语言编写的程序输入到计算机时，人与计算机通信时所用的语言就不再是一种纯数字语言，而是字符语言。由于计算机中只能存储二进制数据，这就需要对字符进行编码，建立字符数据与二进制数据之间的对应关系，以便于计算机识别、存储和处理。

　　目前，国际上使用的字母、数字和符号的信息、编码系统种类很多，但使用最广泛的是ASCII 码(American Standard Code for Information Interchange)。该码开始时是美国国家信息交换标准字符码，后来被采纳为一种国际通用的信息交换标准代码。

　　ASCII 码总共有 128 个元素，其中包括 32 个通用控制字符、10 个十进制数码、52 个英文大小写字母和 34 个专用符号。因为 ASCII 码总共为 128 个元素，故用二进制编码表示需用 7 位。任意一个元素由 7 位二进制数 $D_6D_5D_4D_3D_2D_1D_0$ 表示，从 0000000 到 1111111 共有 128 种编码，可用来表示 128 个不同的字符。ASCII 码是 7 位的编码，但由于字节(8 位)是计算机中常用单位，故仍以 1 字节来存放一个 ASCII 字符，每个字节中多余的最高位 D_7 取为 0。表 1-3 所示为 7 位 ASCII 编码表(省略了恒为 0 的最高位 D_7)。

表 1-3　7 位 ASCII 编码表

$D_3D_2D_1D_0$ ＼ $D_6D_5D_4$	000	001	010	011	100	101	110	111
0000	NUL	DLE	SP	0	@	P	、	p
0001	SOH	DC1	!	1	A	Q	a	q
0010	STX	DC2	"	2	B	R	b	r
0011	ETX	DC3	#	3	C	S	c	s
0100	EOT	DC4	$	4	D	T	d	t
0101	ENQ	NAK	%	5	E	U	e	u
0110	ACK	SYN	&	6	F	V	f	v
0111	BEL	ETB	'	7	G	W	g	w
1000	BS	CAN	(	8	H	X	h	x
1001	HT	EM	)	9	I	Y	i	y
1010	LF	SUB	*	:	J	Z	j	z
1011	VT	ESC	+	;	K	[	k	{
1100	FF	FS	,	<	L	\	l		
1101	CR	GS	-	=	M	]	m	}
1110	SO	RS	.	>	N	^	n	~
1111	SI	US	/	?	O	_	o	DEL

　　要确定某个字符的 ASCII 码，在表中可先查到它的位置，然后确定它所在位置相应的列和行，最后根据列确定高位码($D_6D_5D_4$)，根据行确定低位码($D_3D_2D_1D_0$)，把高位码与低位码合在一起就是该字符的 ASCII 码(高位码在前，低位码在后)。例如：字母 A 的 ASCII 码是 1000001，符号＋的 ASCII 码是 0101011。ASCII 码的特点如下：

- 编码值0~31(0000000~0011111)不对应任何可印刷字符，通常为控制符，用于计算机通信中的通信控制或对设备的功能控制；编码值32(0100000)是空格字符，编码值127(1111111)是删除控制DEL码；其余94个字符为可印刷字符。
- 字符0~9这10个数字字符的高3位编码(D6D5D4)为011，低4位为0000~1011。当去掉高3位的值时，低4位正好是二进制形式的0~9。这既满足正常的排序关系，又有利于完成ASCII码与二进制码之间的转换。

● 英文字母的编码是正常的字母排序关系，且大、小写英文字母编码的对应关系相当简便，差别仅表现在D5位的值为0或1，有利于大、小写字母之间的编码转换。

1.4.6　汉字在计算机信息中的表示

汉字的存储有两个方面的含义：一是字型码的存储，一是汉字内码的存储。

为了能显示和打印汉字，必须存储汉字的字型。目前普遍使用的汉字字型码是用点阵方式表示的，称为"点阵字模码"。所谓"点阵字模码"，就是将汉字以图像的方式置于网状方格上，每格是存储器中的一个位。按照 16×16 点阵方式在纵向 16 点、横向 16 点的网状方格上写一个汉字，有笔画的格对应 1，无笔画的格对应 0。这种用点阵形式存储的汉字字型信息的集合称为汉字字模库，简称汉字字库。

在 16×16 点阵字库中，每一个汉字以 32 个字节存放，存储一、二级汉字及符号共 8836个，需要 282.5KB 磁盘空间。而用户的文档假定有 10 万个汉字，却只需要 200KB 的磁盘空间，这是因为用户文档中存储的只是每个汉字(符号)的内码。

一个汉字用两个字节的内码表示，计算机显示一个汉字的过程是：首先根据其内码找到该汉字在字库中的地址，然后将该汉字的点阵字型在屏幕上输出。

汉字是我国表示信息的主要手段，常用汉字有 3000~5000 个，汉字通常用两个字节编码。为了与 ASCII 码相区别，规定汉字编码的两个字节最高位为 1。采用双 7 位汉字编码，最多可表示 128×128＝16384 个汉字。

国标码(GB 码)即中华人民共和国国家标准信息交换汉字编码，代号为 GB2312-80。国标码中有 6763 个汉字和 628 个其他基本图形字符，共计 7445 个字符。其中一级汉字 3775个，二级汉字 3008 个，图形符号 682 个。

国标码是一种机器内部编码，其主要用于统一不同系统之间所用的不同编码，将不同系统使用的不同编码统一转换成国标码，以实现不同系统之间的汉字信息交换。

除了 GB 码外，还有 BIG5 码和 GBK 码。BIG5 码即大五码，是我国港台地区广泛使用的汉字编码。GBK 码是汉字扩展内码规范，它与 GB 码体系标准完全兼容，是当前收录汉字最全面的编码标准，涵盖了经过国际化的 20902 个汉字，对于解决古籍整理、医药名称、法律文献和百科全书编纂等行业的用字问题起到了极大的作用。

1.4.7　多媒体信息在计算机信息中的表示

在计算机中只能识别二进制数码信息，因此，一切字母、数字、符号、图像、声音等信息都必须转换为二进制来编码，信息才能传送、存储和处理。

1. 图像

被计算机接受的数字图像有位图图像和矢量图形两种。通常，我们把位图图像称为图像(Image)，而把矢量图形称为图形(Graphic)。

1) 位图图像

位图图像是由像素构成的，适用于逼真照片或要求精细细节的图像，如图 1-14 所示，位图图像像素之间没有内在的联系，而且它们的分辨率是固定的，如果在计算机屏幕上对位图图像进行缩放，或以低于创建时的分辨率来打印它们，将失去其中的细节。

(a)

(b)

图 1-14　位图图像

图像分辨率指的是图像水平方向和垂直方向的像素个数。图像量化位数指的是图像中每个像素点记录颜色所用二进制数的位数。

位图图像文件的大小可以通过以下公式来计算：文件的字节数＝图像分辨率×图像量化位数÷8。例如，一幅分辨率为 640×480 的量化位数为 8 的图像，文件大小为 640×480×8÷8＝307200(B)。

2) 矢量图形

矢量图形是使用直线或曲线来表示的图形，如直线、圆、弧线、矩形等，它们都是通过数学公式计算获得的，其最大的优点是无论放大、缩小或旋转都不会失真；其最大的缺点是难以表现色彩层次丰富的逼真图像效果，如图 1-15 所示。矢量图形也可以用更为复杂的形式表示图形中的曲面、光照、材质等效果，其需要的存储量较小，常用格式为wmf、dwc、dxf 等。

(a)

(b)

图 1-15　矢量图形

2. 音频

从连续的声波上，每隔一定时间取一个点，就可以把连续的曲线分割成离散的小单元。计算机用二进制数值来表现这些小单元，声音就被数字化，并可以被计算机处理。

(1) 模拟音频的数字化。连续的模拟音频信号转化为离散的数字音频信号，主要包括信号采样、量化、编码 3 个过程。

- 信号采样是把声波分割成多个时间段。采样频率常用的有44.1kHz、22.05kHz和11.025kHz 3种。
- 量化是把声波分割成若干量化等级，例如8位、16位或32位。
- 编码是将量后的采样值用二进制的数码来表示，并转换成由许多称为位(bit，比特)的二进制编码0和1组成的数字信号。例如，在采用8个量化级，码字字长为3位时，即3位二进制数，可表示为000、001、010、011、100、101、110、111。采用的位数越多，则数据量越大。

(2) 存储空间。声音的质量越高，则量化级数和采样频率越高，保存一段声音的相应存储空间也就越大。声音存储空间＝采样频率×量化位数×声道数×时间÷8。

(3) 音频信号的压缩编码。为了进一步提高计算机处理音频信号的效率，使音频信息能更有效地存储和传输，就必须对数字声音信号进行压缩编码处理。较常用的有脉冲编码调制(PCM)、差分脉冲编码调制(DPCM)和自适应差分编码调制(ADPCM)等。

3. 动画

动画是通过人工或计算机绘制出来的连续图像，包括帧动画和造型动画。

(1) 帧动画。帧动画是一幅一幅连续的图像或图形序列，其中需要动作的地方做微小变化，这是产生各种动画的基本方法。

(2) 造型动画。造型动画是一种矢量动画，它由计算机实时生产并演播，也叫实时动画。造型动画对每一个活动对象分别进行设计，并构造每一对象的特征，然后分别对这些对象进行时序状态设计，最后在演播时这些对象在设计要求下实时组成完整的画面，并可以实时变换，从而实时生产视觉动画。

4. 视频

视频泛指将一系列静态影像以电信号的方式加以捕捉、纪录、处理、储存、传送与重现的各种技术。连续的图像变化每秒超过 24 帧(Frame)画面以上时，根据视觉暂留原理，人眼无法辨别单幅的静态画面，看上去是平滑连续的视觉效果，这样连续的画面叫作视频。视频包括数字化视频和非数字化视频。

(1) 数字化视频：由数字摄像机直接拍摄的，可直接导入计算机中进行处理的视频。

(2) 非数字化视频：利用专用的硬件设备和软件，转换成数字信号的视频。

在计算机中，常见的视频文件格式有 AVI、MPEG、Divx、MOV 等，为了与互联网更好地结合，还有流媒体文件格式 ASF、WMV、RM、RMVB、SWF、FLV 等。常见的数字视频编辑工具有 Ulead VideoStudio、RealMedia Editor 等。

1.5　计算机安全

国际标准化组织对计算机安全的定义是：为数据处理系统建立和采取的技术和管理的安全保护，保护计算机硬件、软件、数据不因偶然的或恶意的原因而遭到破坏、更改、泄露。中国公安部计算机管理监察司对计算机安全的定义是：计算机安全是指计算机资产安全，即计算机信息系统资源和信息资源不受自然和人为有害因素的威胁和危害。

下面将从计算机病毒、计算机黑客与网络犯罪、网络使用与道德规范、数据的安全性等几个方面,介绍计算机的安全知识。

1.5.1　计算机病毒

在计算机网络日益普及的今天,几乎所有的计算机用户都受过计算机病毒的侵害。有时,计算机病毒会对人们的日常工作造成很大的影响,因此,了解计算机病毒的特征以及学会如何预防、消除计算机病毒是非常必要的。

1. 计算机病毒的概念

计算机病毒(Computer Virus)在《中华人民共和国计算机信息系统安全保护条例》中被明确定义,是指编制者在计算机程序中插入的破坏计算机功能或者破坏数据,影响计算机使用并且能够自我复制的一组计算机指令或者程序代码。因此确切地说,计算机病毒就是能够通过某种途径潜伏在计算机存储介质(或程序)里,当达到某种条件时即被激活的、具有对计算机资源进行破坏作用的一组程序或指令集合。

2. 计算机病毒的传播途径

传染性是病毒最显著的特点,归结起来病毒的传播途径主要有以下几种。

(1) 不可移动的计算机硬件设备:这种类型的病毒较少,但通常破坏力极强。

(2) 移动存储设备:例如 U 盘、移动硬盘、MP3、存储卡等。

(3) 计算机网络:网络是计算机病毒传播的主要途径,这种类型的病毒种类繁多,破坏力大小不等。它们通常通过网络共享、FTP 下载、电子邮件、文件传输、WWW 浏览等方式传播。

(4) 点对点通信系统和无线通道:目前,这种传播方式还不太广泛,但在未来的信息时代这种传播途径很可能会与网络传播成为病毒扩散最主要的两大渠道。

3. 计算机病毒的特点

凡是计算机病毒,一般来说都具有以下特点。

(1) 传染性:病毒通过自身复制来感染正常文件,达到破坏计算机正常运行的目的,但是它的感染是有条件的,也就是病毒程序必须被执行之后它才具有传染性,才能感染其他文件。

(2) 破坏性:任何病毒侵入计算机后,都会或大或小地对计算机的正常使用造成一定的影响,轻者降低计算机的性能,占用系统资源,重者破坏数据导致系统崩溃,甚至会损坏计算机硬件。

(3) 隐藏性:病毒程序一般都设计得非常小巧,当它附带在文件中或隐藏在磁盘上时,不易被人觉察,有些更是以隐藏文件的形式出现,不经过仔细地查看,一般用户很难发现。

(4) 潜伏性:一般病毒在感染文件后并不是立即发作,而是隐藏在系统中,在满足条件时才被激活。一般都是某个特定的日期,例如"黑色星期五",也就是在每逢 13 号的星期五才会发作。

(5) 可触发性:病毒如果没有被激活,它就像其他没执行的程序一样,安静地待在系统中,没有传染性也不具有杀伤力,但是一旦遇到某个特定的文件,它就会被触发,具有传染性和破坏力,对系统产生破坏作用。这些特定的触发条件一般都是病毒制造者设定的,它可能是时间、日期、文件类型或某些特定数据等。

(6) 不可预见性：病毒种类多种多样，病毒代码千差万别，而且新的病毒制作技术也不断涌现，因此，用户对于已知病毒可以检测、查杀，而对于新的病毒却束手无策，尽管这些新式病毒有某些病毒的共性，但是它采用的技术将更加复杂，更不可预见。

(7) 寄生性：病毒嵌入载体中，依靠载体而生存，当载体被执行时，病毒程序也就被激活，然后进行复制和传播。

4. 计算机感染病毒后的症状

如果计算机感染上了病毒，用户如何才能得知呢？一般来说感染上了病毒的计算机会有以下几种症状。

(1) 程序载入的时间变长。

(2) 平时运行正常的计算机变得反应迟钝，并会出现蓝屏或死机现象。

(3) 可执行文件的大小发生不正常的变化。

(4) 对于某个简单的操作，可能会花费比平时更多的时间。

(5) 硬盘指示灯无缘无故持续处于点亮状态。

(6) 开机出现错误的提示信息。

(7) 系统可用内存突然大幅减少，或者硬盘的可用磁盘空间突然减小，而用户却并没有放入大量文件。

(8) 文件的名称或扩展名、日期、属性被系统自动更改。

(9) 文件无故丢失或不能正常打开。

如果计算机出现了以上几种症状，那就很有可能是感染上了病毒。

5. 计算机病毒的预防

在使用计算机的过程中，如果用户能够掌握一些预防计算机病毒的小技巧，那么就可以有效降低计算机感染病毒的概率。这些技巧主要包含以下几个方面。

(1) 最好禁止可移动磁盘和光盘的自动运行功能，因为很多病毒会通过可移动存储设备进行传播。

(2) 最好不要在一些不知名的网站上下载软件，病毒很有可能会随着软件一同下载到计算机上。

(3) 尽量使用正版杀毒软件。

(4) 经常从所使用的软件供应商处下载和安装安全补丁。

(5) 对于游戏爱好者，尽量不要登录一些外挂类的网站，很有可能在登录的过程中，病毒已经悄悄侵入了你的计算机系统。

(6) 使用较为复杂的密码，尽量使密码难以猜测，以防止钓鱼网站盗取密码。不同的账号应使用不同的密码，避免雷同。

(7) 如果病毒已经进入计算机，应该及时将其清除，防止其进一步扩散。

(8) 共享文件要设置密码，共享结束后应及时关闭。

(9) 要对重要文件形成习惯性备份，以防遭遇病毒的破坏，造成意外损失。

(10) 可在计算机和网络之间安装防火墙，提高系统的安全性。

(11) 定期使用杀毒软件扫描计算机中的病毒，并及时升级杀毒软件。

1.5.2　计算机黑客与网络犯罪

黑客(Hacker)通常是指对计算机科学、编程和设计方面具有高度理解，热衷于研究系统和计算机(特别是网络)内部运作的人，也可以有以下理解。

(1) 在信息安全里，"黑客"指研究智取计算机安全系统的人员。利用公共通信网络，如互联网和电话系统，在未经许可的情况下，载入对方系统的被称为黑帽黑客(英文: Black hat，另称 Cracker)；调试和分析计算机安全系统的被称为白帽黑客(英语：White hat)。"黑客"一词最早用来称呼研究盗用电话系统的人士。

(2) 在业余计算机方面，"黑客"指研究修改计算机产品的业余爱好者。20 世纪 70 年代，其聚焦在硬件研究，20 世纪八九十年代，很多聚焦在软件更改(如编写游戏模组、攻克软件版权限制)。

计算机网络犯罪主要指运用计算机技术，借助网络实施的具有严重社会危害性的行为。网络的普及程度越高，网络犯罪的危害也就越大，而且网络犯罪的危害性远非一般的传统犯罪所能比拟。

科技的发展使得计算机日益成为百姓化的工具，网络的发展形成了一个与现实世界相对独立的虚拟空间，网络犯罪就滋生于此。由于计算机网络犯罪可以不亲临现场实施犯罪，因此计算机网络犯罪表现出的形式具有多样性，具体如下。

(1) 网络入侵，散布破坏性病毒、逻辑炸弹或者放置后门程序犯罪：这种计算机网络犯罪行为以造成最大的破坏性为目的，入侵的后果往往非常严重，轻则造成系统局部功能失灵，重则导致计算机系统全部瘫痪，经济损失大。

(2) 网络入侵，偷窥、复制、更改或者删除计算机信息犯罪：网络的发展使得用户的信息库实际上如同向外界敞开了一扇大门，入侵者可以在受害人毫无察觉的情况下侵入信息系统，进行偷窥、复制、更改或者删除计算机信息，从而损害正常使用者的利益。

(3) 网络诈骗、教唆犯罪：由于网络具有传播快、散布广、匿名性的特点，而有关在互联网上传播信息的法规远不如传统媒体监管严格与健全，这为虚假信息与误导广告的传播开了方便之门，也为利用网络传授犯罪手法、散发犯罪资料、鼓动犯罪开了方便之门。

(4) 网络侮辱、诽谤与恐吓犯罪：出于各种目的，向各电子信箱、公告板发送大量有人身攻击性的文章或散布各种谣言，更有恶劣者利用各种图像处理软件进行人像合成，将攻击目标的头像与某些黄色图片拼合形成所谓的"写真照"加以散发。由于网络具有开放性的特点，发送成千上万封电子邮件是轻而易举的事情，其影响和后果绝非传统手段所能比拟。

(5) 网络色情传播犯罪：由于互联网支持图片的传输，于是大量色情资料横行其中，随着网络速度的提高和多媒体技术的发展及数字压缩技术的完善，色情资料越来越多地以声音和影片等多媒体方式出现在互联网上。

2011 年 8 月 1 日，最高人民法院和最高人民检察院联合发布《关于办理危害计算机信息系统安全刑事案件应用法律若干问题的解释》。该司法解释规定，黑客非法获取支付结算、证券交易、期货交易等网络金融服务的身份认证信息 10 组以上，可判处 3 年以下有期徒刑，获取上述信息 50 组以上的，可判处 3 年以上 7 年以下有期徒刑。

1.5.3　网络使用与道德规范

在信息技术日新月异的今天，人们无时无刻不在享受着信息技术给人们带来的便利与好处。然而，随着信息技术的深入发展和广泛应用，网络中已出现许多不容回避的道德与法律问题。因此，我们在充分利用网络提供的历史机遇的同时，抵御其负面效应，大力进行网络道德建设已刻不容缓。

1. 网络使用的基本规范

网络使用的规范要求如下。

(1) 不应该用计算机去伤害他人。

(2) 不应干扰别人的计算机工作。

(3) 不应窥探别人的文件。

(4) 不应用计算机进行偷窃。

(5) 不应用计算机作伪证。

(6) 不使用或复制没有付费的软件。

(7) 不应未经许可而使用别人的计算机资源。

(8) 要公正并且不采取歧视性行为。

(9) 尊重包括版权和专利在内的财产权。

(10) 不应盗用别人的智力成果。

(11) 用户应该考虑自己编写程序的社会后果。

(12) 用户应该以深思熟虑和慎重的方式来使用计算机。

(13) 为社会和人类做出贡献。

(14) 避免伤害他人。

(15) 诚实可靠。

(16) 尊重知识产权。

(17) 尊重他人的隐私。

(18) 保守秘密。

2. 不道德的网络行为

在使用网络时，用户应警惕以下几种不道德的网络行为。

(1) 有意地造成网络交通混乱或擅自闯入网络及其相连的系统。

(2) 商业性或欺骗性地利用大学计算机资源。

(3) 偷窃资料、设备或智力成果。

(4) 未经许可而接近他人的文件。

(5) 在公共用户场合做出引起混乱或造成破坏的行动。

(6) 伪造电子邮件信息。

1.5.4　数据的安全性

数据(Data)是事实或观察的结果，是对客观事物的逻辑归纳，是用于表示客观事物的未经加工的原始素材。数据安全性是指数据库中为保护数据而具备的防御能力，它用以防止对数据未经授权的泄露、修改或对数据有意与无意的破坏。

数据安全性是数据的拥有者和使用者都十分关心的问题，它涉及法律、道德及计算机系统等诸多因素。这些因素可以分为两大类：一类是与数据库系统本身无直接关系的外部条件，另一类则是数据库系统本身的防御能力。就外部条件而言，它包括将数据按密级分类，控制接触数据的人员，对数据进行检验等一系列恰当的管理方针与保密措施；也包括对计算机物理环境、设备的安全保卫与防辐射等手段。就数据库系统本身的防御能力而言，它包括数据库系统本身为数据安全提供的各种措施。这些措施主要有用户标识和鉴定、存取控制、审计、数据加密和视图的保护等。

1.6 课后习题

1. 组装一台高性价比的计算机，并给出设备购置清单(包括价格)，撰写硬件组装流程和软件安装步骤，简要说明软、硬件之间的关系。

2. 简要论述计算机采用二进制的好处。

3. 简要论述计算机安全策略。

第2章 计算机网络

学习目标

通过本章的学习与实践，读者应掌握以下内容：

(1) 了解计算机网络的发展历史与基本功能。

(2) 了解计算机网络体系结构和通信协议的概念。

(3) 了解局域网的特点与组建。

(4) 了解 Internet 及其常用的相关概念和使用方法。

(5) 熟悉 IE 浏览器的应用。

(6) 熟悉搜索引擎和 Outlook 的应用。

(7) 了解电子商务的概念和分类。

本章重点

本章主要介绍计算机网络的基本知识和使用方法，主要知识点如下：

(1) 计算机网络的基础知识。

(2) 计算机网络体系结构和通信协议。

(3) 局域网的特点与组建。

(4) Internet 的应用。

(5) 电子商务。

2.1 计算机网络基础知识

计算机技术与通信技术的紧密结合和迅速发展，形成了计算机网络技术，诞生了计算机网络。计算机网络的应用非常广泛，大到国际互联网 Internet，小到几台电脑组成的工作组，都可以根据需要实现资源共享及信息传输，计算机网络已经渗透到人类社会的各个角落，成为一种新的工作和生活方式。

2.1.1 计算机网络的发展

计算机网络的发展经历了以下 4 个阶段。

(1) 萌芽阶段(20 世纪 50 年代)：以单个计算机为中心的远程联机系统，构成面向终端的计算机通信网，如图 2-1 所示。

(2) 形成阶段(20 世纪 60 年代末)：多个具有自主功能的主机通过通信线路互联，形成资源共享的计算机网络，如图 2-2 所示。

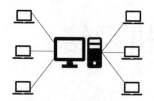

图 2-1　以单个主机为中心的网络

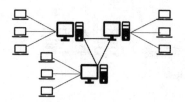

图 2-2　计算机-计算机的网络

(3) 互联互通阶段(20 世纪 70 年代末)：形成具有统一的网络体系结构、遵循国际标准化协议的计算机网络，如图 2-3 所示。

(4) Internet 时代(20 世纪 80 年代末)：网络技术更加成熟，向互联、高速、智能化方向发展，覆盖全世界的大型互联网络 Internet 诞生，并广泛应用。三级结构的互联网如图 2-4 所示。

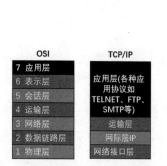

图 2-3　OSI 体系结构和 TCP/IP 体系结构

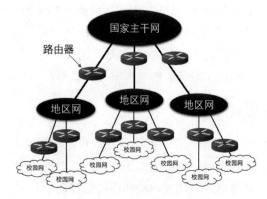

图 2-4　三级结构的互联网

2.1.2　计算机网络的定义与功能

计算机网络是利用计算机通信设备和通信线路，将分布在不同地理位置、具有独立功能的多台计算机、终端及其附属设备相互连接起来，在网络软件(网络协议、网络操作系统等)的支持下，实现相互之间的资源共享与信息传输的计算机系统的集合。

计算机网络的连接对象是计算机、数据终端等，连接介质是通信线路、通信设备，实现传输控制的是网络协议、网络软件。计算机网络组成示意图如图 2-5 所示。

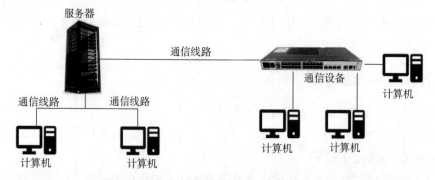

图 2-5　计算机网络组成示意图

计算机网络是 20 世纪最伟大的科技成就之一，其核心是信息交换、资源共享、数据通信及分布式处理的功能与技术，提高了计算机的可靠性和可用性。

(1) 信息交换：计算机与计算机之间快速、可靠地互相传送信息，是计算机网络的基本功能。利用网络进行通信，是当前计算机网络主要的应用之一。人们可以在网上传送电子邮件、发布新闻消息，还可以进行电子商务、远程教育、远程医疗等活动。

(2) 资源共享：计算机网络最主要的功能是实现了资源共享。资源共享包括共享硬件、软件以及存储在公共数据库中的各种数据资源，用户可根据需要使各种资源互通有无，提高资源的利用率。

(3) 数据通信：网络中计算机与计算机之间可以通过网络快速可靠地传送和交换各种数据和信息，使分散在不同地点的单位或部门可以根据需要对这些信息进行分散、分级或集中处理，这是计算机网络提供的最基本功能。

(4) 分布式处理：利用计算机网络的技术，将一个大型复杂的计算问题分配给网络中的多台计算机，在网络操作系统的调度和管理下，由这些计算机分工协作来完成，此时的网络就像是一个具有高性能的大中型计算机系统。

(5) 提高了计算机的可靠性和可用性：在网络中，当一台计算机出现故障无法继续工作时，可以调度另一台计算机来接替完成计算任务；当一台计算机的工作任务过重时，可以将部分任务转交给其他计算机处理，使整个网络各计算机负担比较均衡。

随着计算机技术的发展，未来计算机网络将具有以下特点。

(1) 开放式的网络体系结构，使不同软硬件环境、不同网络协议之间的网络可以互联，真正达到资源共享、数据通信和分布处理的目标。

(2) 向更高性能、更安全和更智能化发展，采用多媒体技术，提供文本、声音图像等综合性服务。

2.1.3　计算机网络的组成

计算机网络是计算机应用的高级形式，它充分体现了信息传输与分配手段、信息处理手段的有机结合。从构件上讲，计算机网络由网络硬件和网络软件组成。从逻辑上讲，计算机网络由通信子网和资源子网两部分组成，如图 2-6 所示。

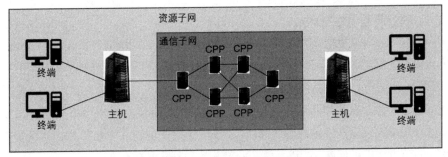

图 2-6　通信子网和资源子网

2.1.4　计算机网络的分类

根据计算机网络的特点，可以按照地理范围、拓扑结构、传输介质和传输速率对其进行分类。

1. 按地理范围分类

计算机网络常见的分类依据是网络覆盖的地理范围，按照这种分类方法，可以将计算机网络分为局域网、广域网和城域网。

(1) 局域网(Local Area Network)，简称 LAN，是连接近距离计算机的网络，覆盖范围从几米到数千米，例如办公室或实验室网络、同一建筑物内的网络及校园网等。

(2) 广域网(Wide Area Network)，简称 WAN，其覆盖的地理范围从几百千米到几千千米，可以覆盖一个国家、地区或横跨几个大洲，形成国际性的远程网络，例如我国的共用数字数据网(China DDN)、电话交换网(PSDN)等。

(3) 城域网(Metropolitan Area Network)，简称 MAN，是介于广域网和局域网之间的一种高速网络，其覆盖范围为几十千米，大约是一个城市的范围。

在网络技术不断更新的今天，一种用网络互联设备将各种类型的广域网、城域网和局域网互联起来，形成了互联网的网中网。互联网的出现，使计算机网络从局部到全国进而将世界连接在一起，这就是 Internet。

2. 按拓扑结构分类

拓扑学是几何学的一个分支，它是把实体抽象成与其大小、形状无关的点，将点与点之间的连接抽象成线段，进而研究它们之间的关系。计算机网络也借用这种方法，将网络中的计算机和通信设备抽象成节点，将节点与节点之间的通信线路抽象成链路，计算机网络抽象成由一组节点和若干链路组成。这种由节点和链路组成的几何图形，被称为计算机网络拓扑结构或网络结构。

拓扑结构是区分局域网类型和特性的一个重要因素。不同拓扑结构的局域网，采用的信号技术、协议及所能达到的网络性能差别很大。

(1) 总线型拓扑结构：总线型拓扑结构采用单根传输线(总线)连接网络中所有节点(工作站和服务器)，任一站点发送的信号都可以沿着总线传播，并被其他所有节点接收，如图 2-7 所示。总线结构的小型局域网工作站和服务器，常采用 BNC 接口网卡，利用 T 型 BNC 接口连接器和 50 欧姆同轴电缆串行连接各站点，总线两个端头需安装终端电阻器。由于不需要额外的通信设备，因此可以节约联网费用。但是，其缺点也很明显，即只要网络中有一个节点出现故障，将导致整个网络瘫痪。

(2) 星型拓扑结构：星型结构网络中有一个唯一的转发节点(中央节点)，每一台计算机都通过单独的通信线路连接到中央节点，信息传送方式、访问协议十分简单，如图 2-8 所示。

(3) 环型拓扑结构：环型拓扑中各节点首尾相连形成一个闭合的环，环中的数据沿着一个方向绕环逐站传输，如图 2-9 所示。环型拓扑的抗故障性能好，但网络中的任意一个节点或一条传输介质出现故障都将导致整个网络故障。因为用来创建环型拓扑结构的设备能轻易地定位出故障的节点或电缆问题，所以环型拓扑结构比总线型拓扑结构容易管理，这种结构非常适合于 LAN 中长距离传输信号。然而，环型拓扑结构在实施时比总线型拓扑结构要昂贵，而且环型拓扑结构的应用不像总线型拓扑结构那样广泛。

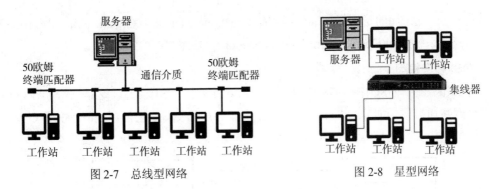

图 2-7　总线型网络　　　　　　　　图 2-8　星型网络

(4) 树型拓扑结构：树型拓扑由总线型拓扑演变而来，其结构图看上去像一棵倒挂的树，如图 2-10 所示。树最上端的节点叫根节点，一个节点发送信息时，根节点接收该信息并向全树广播。树型拓扑易于扩展与故障隔离，但对根节点依赖性太大。

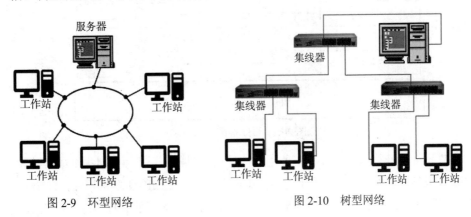

图 2-9　环型网络　　　　　　　　图 2-10　树型网络

3. 按传输介质分类

传输介质指的是用于网络连接的通信线路。目前常用的传输介质有同轴电缆、双绞线、光纤、微波等有线或无线传输介质，相应地可以将网络分为同轴电缆网、双绞线网、光纤网及无线网等。

4. 按传输速率分类

传输速率指的是每秒钟传输的二进制位数，通常使用的计量单位为 b/s(bps)、Kb/s、Mb/s。按传输速率可以分为低速网、中速网和高速网。

2.1.5　网络体系结构与网络协议

网络体系结构和网络协议是计算机网络中两个非常重要的概念。本节主要介绍这两个概念的含义和在网络中的作用。

1. 网络体系结构的基本概念

一个功能完备的计算机网络需要制定一整套复杂的网络协议集。网络协议是按层次结构组织的，大多数网络在设计时是将网络划分为若干个相互联系而又各自独立的层次，然后针对每个层次及层次间的关系制定相应的协议。像这样的计算机网络层次结构模型及各层协议的集合，称为计算机网络体系结构(Network Architecture)。

网络体系结构是指通信系统的整体设计，它为网络硬件、软件、协议、存取控制和拓扑提供标准。它广泛采用的是国际标准化组织(International Standards Organization，ISO)在 1979 年提出的开放系统互连(Open System Interconnection，OSI)的参考模型。

2. OSI 参考模型

国际标准化组织(ISO)在 1978 年制定了开放系统互连(OSI)模型。这是一个层次网络模型，它将网络通信按功能分为 7 个层次，并定义了各层的功能、层与层之间的关系以及位于相同层次的两端如何通信等，如图 2-11 所示。

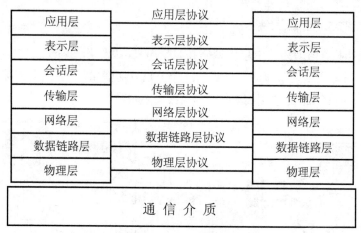

图 2-11　OSI 标准通信协议

在开放系统互连模型中，每一层使用下一层所提供的服务来实现本层的功能，并直接对上一层提供服务。例如，TCP 是传输层服务，使用非可靠的 IP 服务(即网络层服务)，保证了对其上一层的可靠连接；而模型中的数据传输则是由上层向下层进行。每一层软件在传递数据前先为其加上相关信息，在产生新的数据包后才向下一层传递。重复这些步骤，直到将数据传到最底层(物理层)。

3. 网络协议

网络协议是计算机网络中所有设备(网络服务器、计算机及交换机、路由器、防火墙等)之间通信规则、标准或约定的集合。它规定了通信时信息必须采用的格式和这些格式的意义。大多数网络都采用分层的体系结构，每一层都建立在它的下层之上，向它的上一层提供一定的服务，而把如何实现这一服务的细节对上一层加以屏蔽。一台设备上的第 n 层与另一台设备上的第 n 层进行通信的规则就是第 n 层协议。在网络的各层中存在着许多协议，接收方和发送方同层的协议必须一致，否则一方将无法识别另一方发出的信息。

网络协议使网络上各种设备能够相互交换信息。常见的协议有 TCP/IP 协议、IPX/SPX 协议、NetBEUI 协议等。

4. TCP/IP 参考模型

TCP/IP 是一组用于实现网络互联的通信协议，Internet 网络体系结构以 TCP/IP 为核心。基于 TCP/IP 的参考模型是将多个网络进行无缝连接的体系结构。TCP/IP 参考模型将协议分成 4 个层次：应用层、网络层、传输层和网络接口层。

(1) 应用层(Application layer)：应用层是 TCP/IP 参考模型的最高层，负责为用户提供常用应用程序接口。应用层包括了所有的高层协议，而且不断有新的协议加入。

(2) 网络层(Internet layer)：网络层负责处理互联网中计算机之间的通信，向传输层提供统一的数据包。网络层包括 IP、ARP、RARP、ICMP 等协议，其中最重要的是 IP 协议，主要功能有以下 3 个方面，即处理来自传输层的分组发送请求，处理接收的数据包，处理互联的路径。

(3) 传输层(Transport layer)：传输层主要负责应用进程之间的端-端通信。传输层定义了两种协议，即传输控制协议 TCP 与用户数据包协议 UDP。

(4) 网络接口层(Host-to-Network layer)：网络接口层负责把 IP 包放到网络传输介质上和从网络传输介质上接收 IP 包。通过这种方法，TCP/IP 可以用来连接不同类型的网络，包括局域网、广域网及无线网等，并可独立于任何特定网络拓扑结构，使 TCP/IP 能适应新的拓扑结构。

2.2　计算机局域网

局域网(LAN)是在一个局部的地理范围内(如一个学校、工厂和机关内)，一般是方圆几千米以内，将各种计算机、外部设备和数据库等互相连接起来组成的计算机通信网。它可以通过数据通信网或专用数据电路，与远方的局域网、数据库或处理中心相连接，构成一个较大范围的信息处理系统。局域网可以实现文件管理、应用软件共享、打印机共享、扫描仪共享、工作组内的日程安排、电子邮件和传真通信服务等功能。

2.2.1　局域网的定义与特点

1. 局域网的定义

为了完整地给出局域网的定义，必须使用两种方式：一种是功能性定义，另一种是技术性定义。

(1) 功能性定义：将 LAN 定义为一组台式计算机和其他设备，在物理地址上彼此相隔不远，以允许用户相互通信和共享诸如打印机和存储设备之类的计算资源的方式互连在一起的系统。这种定义适用于办公环境下的局域网、工厂和研究机构中使用的局域网。

(2) 技术性定义：由特定类型的传输媒体(如电缆、光缆和无线媒体)和网络适配器(亦称为网卡)互连在一起的计算机，并受网络操作系统监控的网络系统。

功能性定义和技术性定义之间的差别是很明显的，功能性定义强调的是外界行为和服务；技术性定义强调的则是构成局域网所需的物质基础和构成的方法。

2. 局域网的特点

局域网一般为一个部门或单位所有，建网、维护及扩展等较容易，系统灵活性高，其主要有以下特点。

(1) 覆盖的地理范围较小，只在一个相对独立的局部范围内联。

(2) 使用专门铺设的传输介质进行联网，数据传输速率高(10Mb/s~10Gb/s)。

(3) 通信延迟时间短，可靠性较高。

(4) 局域网可以支持多种传输介质。

2.2.2　局域网的类型

局域网的类型很多,按网络使用的传输介质分类,可分为有线网和无线网;按网络拓扑结构分类,可分为总线型、星型、环型、树型、混合型等;按传输介质所使用的访问控制方法分类,又可分为以太网、令牌环网、FDDI 网和无线局域网等。其中,以太网是当前应用最普遍的局域网技术。

2.2.3　以太网

以太网最早是指由 DEC(Digital Equipment Corporation)、Intel 和 Xerox 组成的 DIX(DEC-Intel-Xerox)联盟开发并于 1982 年发布的标准。经过长期的发展,以太网已成为目前应用最为广泛的局域网,包括标准以太网(10Mb/s)、快速以太网(100Mb/s)、千兆以太网(1000Mb/s)和万兆以太网(10Gb/s)等。

以太网是目前最通用的局域网通信协议标准。该标准定义了在局域网中采用的电缆类型和信号处理方法。

1. 以太网的网络层次

以太网采用无源的介质,按广播方式传播信息。它制定了物理层和数据链路层协议,规定了物理层和数据链路层的接口以及数据链路层与更高层的接口。

1) 物理层

物理层规定了以太网的基本物理属性,如数据编码、时标、电频等。物理层位于 OSI 参考模型的最底层,直接面向实际承担数据传输的物理媒体(即通信通道)。物理层的传输单位为比特(bit),即一个二进制位(0 或 1)。

实际的比特传输必须依赖传输设备和物理媒体,但是,物理层不是指具体的物理设备,也不是指信号传输的物理媒体,而是指在物理媒体之上、为上一层(数据链路层)提供一个传输原始比特流的物理连接。

2) 数据链路层

数据链路层是 OSI 参考模型中的第二层,介于物理层和网络层之间。数据链路层在物理层提供服务的基础上,向网络层提供服务,最基本的服务是将源设备网络层转发过来的数据,可靠地传输到相邻节点的目的设备网络层。

由于以太网的物理层和数据链路层是相关的,针对物理层的不同工作模式,需要提供特定的数据链路层来访问。为此,一些组织和厂家提出把数据链路层再进行分层,分为媒体接入控制子层(MAC)和逻辑链路控制子层(LLC)。这样,不同的物理层对应不同的 MAC 子层,LLC 子层则可以完全独立,如图 2-12 所示。

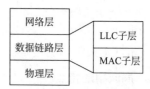

图 2-12　以太网链路层的分层结构

2. 以太网的线缆标准

从以太网诞生到目前为止,成熟应用的以太网物理层标准主要有以下几种:

- 10BASE-2
- 10BASE-5
- 1000BASE-SX
- 1000BASE-LX

- 10BASE-T
- 10BASE-F
- 100BASE-T4
- 100BASE-TX
- 100BASE-FX

- 1000BASE-TX
- 10GBASE-T
- 10GBASE-LR
- 10GBASE-SR

在以上标准中，前面的 10、100、1000、10G 分别代表运行速率，中间的 BASE 指传输的信号是基带方式。

(1) 10 兆以太网的线缆标准。10 兆以太网的线缆标准在 IEEE 802.3 中定义，线缆类型如表 2-1 所示。

表 2-1　10 兆以太网的线缆类型

名称	线缆	最长有效距离/m
10BASE-5	粗同轴电缆	500
10BASE-2	细同轴电缆	200
10BASE-T	双绞线	100
10BASE-F	光纤	2000

同轴电缆的致命缺陷是：电缆上的设备是串联的，单点故障就能导致整个网络崩溃。10BASE-2 和 10BASE-5 是同轴电缆的物理标准，现在已经基本被淘汰。

(2) 100 兆以太网的线缆标准。100 兆以太网又叫快速以太网(Fast Ethernet，FE)，在数据链路层上跟 10 兆以太网没有区别，仅在物理层上提高了传输的速率。100 兆以太网的线缆类型如表 2-2 所示。

表 2-2　100 兆以太网的线缆类型

名称	线缆	最长有效距离/m
100BASE-T4	4 对 3 类双绞线	100
100BASE-TX	2 对 5 类双绞线	100
100BASE-FX	单模光纤或多模光纤	100

10BASE-T 和 100BASE-TX 都是运行在 5 类双绞线上的以太网标准，所不同的是线路上信号的传输速率不同，10BASE-T 只能以 10Mb/s 的速度工作，而 100BASE-TX 则以 100Mb/s 的速度工作。100BASE-T4 现在很少使用。

(3) 千兆以太网的线缆标准。千兆以太网是对 IEEE 802.3 以太网标准的扩展。在基于以太网协议的基础之上，将快速以太网的传输速率从 100Mb/s 提高了 10 倍，达到了 1Gb/s。千兆以太网的线缆标准如表 2-3 所示。

表 2-3　千兆以太网的线缆类型

名称	线缆	最长有效距离/m
1000BASE-LX	多模光纤和单模光纤	316
1000BASE-SX	多模光纤	316
1000BASE-TX	超 5 类双绞线或 6 类双绞线	100

用户可以采用千兆以太网技术，在原有的快速以太网系统中，实现从 100Mb/s 到 1000Mb/s

的升级。千兆以太网物理层使用 8B10B 编码。在传统的以太网传输技术中，数据链路层把 8 位数据组提交到物理层，物理层经过适当的变换后发送到物理链路上传输，变换的结果还是 8 比特。

但在光纤千兆以太网上，数据链路层把 8 比特的数据提交给物理层时，物理层把这 8 比特的数据进行映射，变换成 10 比特发送出去。

(4) 万兆以太网的线缆标准。万兆以太网当前使用附加标准 IEEE 802.3ae 用以说明，将来会合并进 IEEE 802.3 标准。万兆以太网的线缆标准如表 2-4 所示。

表 2-4　万兆以太网的线缆类型

名称	线缆	最长有效距离/m
10GBASE-T	CAT-6A 或 CAT-7	100
10GBASE-LR	单模光纤	10 千
10GBASE-SR	多模光纤	几百

(5) 100Gb/s 以太网线缆标准

40G/100G 以太网标准在 2010 年制定完成，当前使用附加标准 IEEE 802.3ba 用以说明。随着网络技术的发展，100Gb/s 以太网在未来会有大规模应用。

3. CSMA/CD

根据以太网的最初设计目标，计算机和其他数字设备是通过一条共享的物理线路连接起来的。这样连接起来的计算机和数字设备必须采用一种半双工的方式来访问该物理线路，而且还必须有一种检测、避免冲突的机制，以避免多个设备在同一时刻抢占线路，这种机制就是所谓的 CSMA/CD(Carrier Sense Multiple Access/Collision Detection)。

用户可以从以下 3 点来理解 CSMA/CD。

- CS(载波侦听)：在发送数据之前进行侦听，以确保线路空闲，减少冲突的机会。
- MA(多址访问)：每个站点发送的数据，可以同时被多个站点接收。
- CD(冲突检测)：由于两个站点同时发送信号，信号叠加后，会使线路上电压的摆动值超过正常值一倍，据此可判断冲突的产生。边发送边检测，发现冲突就停止发送，然后延迟一个随机时间之后继续发送。

CSMA/CD 的工作过程是：终端设备不停地检测共享线路的状态，线路空闲则发送数据，线路不空闲则一直等待。如果有另外一个设备同时发送数据，两个设备发送的数据必然产生冲突，导致线路上的信号不稳定。终端设备检测到这种不稳定之后，马上停止发送自己的数据。终端设备发送一连串干扰脉冲，然后等待一段时间之后再进行发送数据。

发送干扰脉冲的目的是通知其他设备，特别是跟自己在同一个时刻发送数据的设备，线路上已经产生了冲突。

4. 最小帧长

由于 CSMA/CD 算法的限制，以太网帧不能小于某个最小长度。以太网中的最小帧长为 64 字节，这是由最大传输距离和冲突检测机制共同决定的。

规定最小帧长是为了避免如下情况发生：A 站点已经将一个数据包的最后一个比特发送完毕，但这个报文的第一个比特还没有传送到距离很远的 B 站点。B 站点认为线路空闲继续发送数据，导致冲突。

2.2.4　无线局域网

无线局域网络英文全名是 Wireless Local Area Networks(简称 WLAN)，是便利的数据传输系统。它利用射频技术，使用电磁波取代绞铜线构成局域网络，在空中进行通信连接。无线局域网络能利用简单的存取架构，使用户真正实现随时、随地、随意的宽带网络接入，让用户体验"信息随身化"的理想应用环境。

1. 无线局域网的定义

无线局域网广义上是指以无线电波、激光、红外线等，代替有线局域网中部分或全部传输介质所构成的网络。WLAN 技术是基于 IEEE 802.11 标准系列的，即利用高频信号(例如2.4GHz 或 5GHz)作为传输介质的无线局域网。

IEEE 802.11 标准是 IEEE 在 1997 年为 WLAN 定义的一个无线网络通信的工业标准。此后这一标准不断补充和完善，形成 IEEE 802.11 的标准系列，例如 IEEE 802.11、IEEE 802.11a、IEEE 802.11b、IEEE 802.11e、IEEE 802.11g、IEEE 802.11i、IEEE 802.11n 等。

2. 无线局域网的优势

相比于有线局域网，无线局域网的优势体现在以下两个方面。

(1) 网络使用自由：凡是自由空间均可连接网络，不受限于线缆和端口位置。在办公大楼、机场候机厅、度假村、商务酒店、体育场馆、咖啡店等场所尤为适用。

(2) 网络部署灵活：对于地铁、公路交通监控等难于布线的场所，采用 WLAN 进行无线网络覆盖，免去或减少了繁杂的网络布线，实施简单，成本低，扩展性好。

2.2.5　局域网的组建

局域网的结构决定了网络的管理方式，确定局域网的结构是构建局域网的过程中非常重要的一环。目前在小型局域网中应用较为广泛的主要有对等网(Peer-to-Peer)和客户端/服务器网(Client/Server)这两种网络结构。对于大部分家庭用户和小型局域网环境来说，对等网能够满足需求，而且在实现和管理方面要简单很多。所以，本节重点介绍对等局域网。

1. 对等局域网的接入方式

将计算机接入对等局域网时，应先选择接入局域网的方式。根据网络中计算机的数量，用户可选择以下 3 种接入方式。

(1) 对于具有 3 台以上计算机的对等网，可以选择集线器或路由器进行连接，使用直通双绞线组成星型网络，如图 2-13 所示。这种接入方式是目前最为广泛的局域网连接方式，可以实现多台计算机共享上网，安全性能高，不会因其中的某台计算机瘫痪而使整个网络崩溃。

(2) 如果网络中只有 3 台计算机，可在其中一台计算机上安装两块网卡，另外两台计算机各安装一块网卡，用交叉双绞线进行连接，如图 2-14 所示。

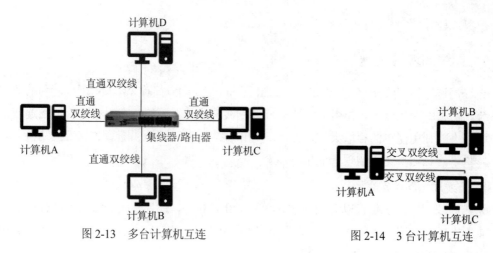

图 2-13　多台计算机互连　　　　　　　图 2-14　3 台计算机互连

(3) 如果网络中只有两台计算机，只需要在每台计算机上安装一块网卡，使用交叉双绞线的方式将两台计算机的网卡连接，如图 2-15 所示。

2. 双绞线的接线标准

双绞线(Twisted Pair，TP)是最常见的一种电缆传输介质，使用一对或多对按规则缠绕在一起的绝缘铜芯电线传输信号。

在局域网中最常见的是如图 2-16 所示的由 4 对 8 股不同颜色的铜线缠绕在一起的 5 类双绞线，线的最外层是绝缘外套。

图 2-15　两台计算机互连　　　　　　　图 2-16　5 类双绞线

双绞线的接法有两种标准。

- 568B标准，即正线：橙白，橙，绿白，蓝，蓝白，绿，棕白，棕。
- 568A标准，即反线：绿白，绿，橙白，蓝，蓝白，橙，棕白，棕。

根据网线两端连接设备的不同，双绞线的制作方法分为两种：直通线和交叉线。

直通线两端的线序如下。

- A端从左到右依次为：橙白，橙，绿白，蓝，蓝白，绿，棕白，棕。
- B端从左到右依次为：橙白，橙，绿白，蓝，蓝白，绿，棕白，棕。

可以看出，直通线两端的线序是相同的，都采用 568B 标准。

交叉线两端的线序如下。

- A端从左到右依次为：橙白，橙，绿白，蓝，蓝白，绿，棕白，棕。
- B端从左到右依次为：绿白，绿，橙白，蓝，蓝白，橙，棕白，棕。

可以看出，交叉线的一端采用 568B 标准，另一端采用 568A 标准。

3. 双绞线的制作方法

制作双绞线前，需要准备好相应的工具，如斜口钳、剥线钳、压线钳和网络测试仪等。

制作双绞线的具体方法如下。

(1) 使用斜口钳剪取所需长度的双绞线，在其两端套上护套，如图 2-17 所示。

(2) 使用剥线钳剥去一定长度的护套，露出相互缠绕的 4 对芯线，如图 2-18 所示。将 4 对芯线呈扇形拨开，然后将每一对芯线分开，如图 2-19 所示。

图 2-17　套上护套

图 2-18　剥去护套

图 2-19　分开芯线

(3) 将 8 根芯线捋直，按照顺序排列好后，用剥线钳剪齐，插入 RJ-45 水晶头中，如图 2-20 所示。

(4) 将 RJ-45 接头放入压线钳的压接槽，将水晶头顶紧后，用力压紧，然后将护套推向接头，将其套住，如图 2-21 和图 2-22 所示。

图 2-20　插入水晶头

图 2-21　使用压线钳压紧

图 2-22　套上护套线

4. 连接集线器/路由器

集线器的英文名称为 Hub，是"中心"的意思。集线器是网络集中管理的最基本单元，如图 2-23 所示。

与集线器相比，路由器拥有更加强大的数据通道功能和控制功能，而且价格便宜，因此，越来越多的用户在组建局域网时会选择路由器，如图 2-24 所示。

图 2-23　集线器

图 2-24　路由器

连接集线器与连接路由器的方法相同，将网线一端插入集线器/路由器上的接口，另一端插入计算机网卡接口即可，如图 2-25 和图 2-26 所示。

图 2-25　连接集线器或路由器

图 2-26　连接计算机网卡

5. 配置计算机 IP 地址

IP 地址是计算机在网络中的身份识别码，只有为计算机配置了正确的 IP 地址，计算机才能够接入网络。

【例2-1】为网络中的计算机配置 IP 地址。

(1) 右击桌面上【网络】图标，在弹出的快捷菜单中选择【属性】命令，打开【网络和共享中心】窗口，如图 2-27 所示。

(2) 在【网络和共享中心】窗口中单击【本地连接】链接，打开【本地连接状态】对话框，单击【属性】按钮，如图 2-28 所示。

图 2-27　【网络和共享中心】窗口　　　图 2-28　【本地连接状态】对话框

(3) 在【本地连接属性】对话框中，双击【Internet 协议版本 4(TCP/IPv4)】选项，如图 2-29 所示。

(4) 由于现在创建的是对等局域网，因此没有专用的 DHCP 服务器为客户机分配动态 IP 地址，用户必须手动指定一个 IP 地址。例如，可以输入一个标准的局域网 IP 地址为 192.168.1.88、子网掩码为 255.255.255.0，默认网关 192.168.1.1，如图 2-30 所示。

图 2-29　【本地连接属性】对话框　　　图 2-30　设置 IP 地址

(5) 在客户端/服务器局域网中，如果网络中的服务器配置有 DHCP 服务，则该服务可以自动为该计算机分配动态 IP 地址，用户只需选择【自动获得 IP 地址】单选按钮即可。

按照上述步骤，也可对网络中的其他计算机进行 TCP/IP 协议的设置。需要注意的是，其余计算机的 IP 地址也应设置为 192.168.0.X，即所有的 IP 地址必须在一个网段中，X 的范围是 1~254，并且最后一位 IP 地址不能重复。

6. 测试网络连通性

网络协议配置完成后，需要使用 Ping 命令测试网络连通性，查看计算机是否已经成功接入局域网。

【例2-2】在 Windows 系统中使用 Ping 命令测试网络的连通性。

(1) 单击【开始】按钮，在【开始】菜单下面的搜索框中输入命令 cmd，如图 2-31 所示。

(2) 按下 Enter 键，打开命令提示符窗口。如果网络中有一台计算机(非本机)的 IP 地址是 192.168.138.1，可在该窗口中输入命令 ping 192.168.138.1，然后按下 Enter 键，如果显示图 2-32 所示的测试结果，说明网络已经正常连通。

図 2-31　【开始】菜单　　　　　　　　　図 2-32　测试网络连通性

7. 设置计算机名称

为了让局域网中的其他用户方便地访问自己的计算机，可以为计算机设置一个简单易记的名称，而且不能与网络中其他计算机重名。

【例2-3】在 Windows 7 系统中设置电脑在网络中的名称。

(1) 右击【我的电脑】图标，在弹出的菜单中选择【属性】命令，打开【系统】窗口，如图 2-33 所示。

(2) 单击【更改设置】，打开【系统属性】对话框。在【计算机描述】文本框中输入计算机的新名称，如图 2-34 所示。

图 2-33　【系统】窗口　　　　　　　　　图 2-34　【系统属性】对话框

(3) 单击【确定】按钮，在打开的对话框中将提示用户要重新启动计算机才能使设置生效。再次单击【确定】按钮，重新启动计算机，完成计算机名称的更改。

2.3　Internet 基础应用

Internet，中文译名为因特网，又称作国际互联网。它是由使用公用语言互相通信的计算机连接而成的全球性网络，是一组全球信息资源的总汇。简单地说，Internet 是由许多小的网络(子网)互联而成的一个逻辑网，每个子网中连接着若干台计算机(主机)。Internet 以相互交流信息资源为目的，基于一些共同的协议，是一个信息资源和资源共享的集合。

2.3.1　Internet 概述

Internet 最早来源于由美国国防部高级研究计划局(Defense Advanced Research Projects Agency，DARPA)的前身 ARPA 建立的 ARPAnet，主要用于军事研究。这个项目基于以下主导思想：当网络的某一部分遭受攻击失去工作能力时，网络的其他部分仍然能够维持正常通信。ARPAnet 有以下 5 个特点：

- 支持资源共享。
- 采用分布式控制技术。
- 采用分组交换技术。
- 使用通信控制处理机。
- 采用分层的网络通信协议。

随着通信技术、微电子技术、计算机技术等高速发展，Internet 技术也日臻完善，由最初的面向专业领域发展到现在的面向千家万户，Internet 真正走入了寻常百姓家。

2.3.2　Internet 常用术语

1. TCP/IP 协议

TCP/IP 协议是 Internet 的基础协议，是维护、管理和调整网络系统之间通信的一种通信协议，也是计算机数据打包和寻址的标准方法。TCP/IP 协议规范网络上所有通信设备之间的数据往来格式及传送方式。

2. IP 地址

Internet 上的每一台机器(PC 机、服务器、路由器等)都由一个独有的 IP 地址来唯一识别。一个 IP 地址含 32 个二进制(Bit)位，分为 4 段，每段 8 位(1Byte)。例如：202.97.30.181 为 Internet 上的 IP 地址，所在的网络为小型网(即 C 类网络)。202.97.30 表示该主机所在的网号，181 表示该主机的主机号。

3. 域名与主机名

IP 地址可读性差、难以记忆，于是诞生了主机名和域名。Internet 应用"标准名称"寻址方案，为每台机器分配一个独有的"标准名称"，并由分布式命名体系自动翻译成 IP 地址，这种翻译称为"主机名/域名解析"或"名称解析"。

标准名称包括域名和主机名，也采取多段表示方法，段之间用圆点分开，例如：xatu.edu.cn。标准名称的命名规则与 IP 地址相反，自右向左级别越来越低。例如，最右边的名称 cn 是最高层次的域名，表示中国的网络；edu 是 cn 的下一层域名，表示教育网；xatu 是最低层次的域名，表示教育网下的一所学校。

域名应该尽可能通俗易懂，从域名就能够判断出该主机的工作性质等信息。最高层次域名中的常用名及含义如表 2-5 所示。

表 2-5　常用域名及含义

域　名	机 构 类 型	域　名	机 构 类 型
.gov	政府机构	.firm	商业或公司
.edu	教育机构	.store	供应商品的业务部门
.int	国际组织	.web	与万维网有关的实体
.mil	军事机构	.arts	文艺机构
.com	商业机构	.net	网络中心
.info	信息服务实体	.org	社会组织、专业协会

国家和专区的域名常用两个字母表示。例如 AU 表示澳大利亚，BE 表示比利时，CN 表示中国，DE 表示德国，DK 表示丹麦，FL 表示芬兰等。

4．URL

URL 是 Uniform Resource Location 的缩写，译为"统一资源定位符"，是 Internet 上描述信息资源的字符串，主要用于各种 WWW 客户程序和服务器程序。采用 URL 可以用统一的格式描述各种信息资源，包括文件、服务器地址和目录等。

URL 的格式由下列 3 个部分组成：
- 第 1 部分是协议(或称为服务方式)。
- 第 2 部分是存有该资源的主机 IP 地址(有时也包括端口号)。
- 第 3 部分是主机资源的具体地址，如目录和文件名等。

其中，第 1 部分和第 2 部分之间用"://"符号隔开，第 2 部分和第 3 部分用"/"符号隔开。第 1 部分和第 2 部分是不可缺少的，第 3 部分有时可以省略，例如 http://mp3.baidu.com/。

2.3.3　Internet 提供的基本服务

Internet 提供了丰富的信息资源和应用服务，目前最基本的服务有信息查询服务、电子邮件服务、文件传输服务、电子公告牌、娱乐与会话服务等。

(1) 信息查询服务：Internet 不但提供了基本的查找工具，而且开发了若干功能完善、用户界面良好的信息搜索引擎，为用户提供检索服务。

(2) 电子邮件服务：电子邮件服务是 Internet 上使用最为广泛的一种服务，可以传输各种文本、声音、图像、视频等信息。用户只需在网络上申请一个虚拟的电子信箱，就可以通过电子信箱收发邮件。

(3) 文件传输服务：Internet 允许用户将一台计算机上的文件传送给网络上的另一台计算机，传输的文件内容包括程序、图片、音乐和视频等各类信息。通过文件传输服务，用户不但可以获取 Internet 上丰富的资源，还可以将自己计算机中的文件复制到其他计算机中。

(4) 电子公告牌：电子公告牌又称为 BBS，是一种电子信息服务系统。用户可以在电子公告牌上面发表意见，并利用 BBS 进行网上聊天、网上讨论、组织沙龙、为别人提供信息等。

(5) 娱乐与会话服务：通过 Internet，用户可以使用专门的软件或设备与世界各地的用户进行实时通话和视频聊天，还可以参与各种娱乐游戏，如网上下棋、玩网络游戏、看电影等。

2.3.4 Internet 的接入方式

Internet 的常见接入方式有 3 种，分别是 ADSL 接入、无线接入和 4G 无线上网卡接入。

1. ADSL 接入

ADSL 是目前使用最多的网络接入方式，它采用频分复用技术把普通的电话线分成了电话、上行和下行 3 个相对独立的信道，从而避免了相互之间的干扰，即使边打电话边上网，也不会发生上网速率和通话质量下降的情况。通常 ADSL 在不影响正常电话通信的情况下可以提供最高 3.5Mb/s 的上行速度和最高 24Mb/s 的下行速度。

(1) 家庭中若有两台或是更多的计算机，可用路由器加网线连接共享网络(两个设备之间线长不超过 100m)，无线路由器一般有 4 个有线接口，若有笔记本内置无线网卡，也可以考虑用无线路由器，组成有线无线混合网络，无线可以覆盖 40m~60m 半径范围，移动方便。

(2) 在星级酒店、会场、机场等场所，会提供无线接入点(无线信号发射点)，此时，只要笔记本有无线网卡就可以接入。若计算机没有内置无线网卡，可以买一个 USB 外置"无线网卡"，建议用 150Mbps 或更高的速率。

【例 2-4】使用用户名和密码进行 ADSL 上网。

(1) 单击【开始】按钮，选择【控制面板】选项，打开【控制面板】窗口，单击【网络和共享中心】链接，打开【网络和共享中心】窗口，如图 2-35 所示。

(2) 单击【设置新的连接或网络】选项，打开【设置连接或网络】对话框，选择【连接到 Internet】选项，单击【下一步】按钮，如图 2-36 所示。

图 2-35 【网络和共享中心】窗口　　　　图 2-36 【设置连接或网络】对话框

(3) 在打开的对话框中单击【仍要设置新连接】选项，如图 2-37 所示。

(4) 在打开的对话框中，单击【宽带 PPPoE】选项，如图 2-38 所示。

图 2-37 【连接到 Internet】对话框　　　　图 2-38 选择【宽带 PPPoE】选项

(5) 在打开的对话框中，在【用户名】文本框中输入电信运营商提供的用户名，在【密码】文本框中输入提供的密码，然后单击【连接】按钮，如图 2-39 所示。

(6) 此时，系统开始连接到网络，连接成功后用户即可上网，如图 2-40 所示。

图 2-39　输入用户名和密码　　　　　　　　图 2-40　开始连接网络

如果创建的 PPPoE 拨号宽带连接创建成功，则可以创建一个快捷连接方式。用户下次使用时只需从该连接方式登录即可，不用每次都进行网络设置。

2. 无线接入

无线上网是指使用无线连接登录互联网的上网方式。它使用无线电波作为数据传送的媒介，具有方便快捷的特性，深受广大用户喜爱。

【例 2-5】在 Windows 7 系统中使用无线网络上网。

(1) 单击【开始】按钮，选择【控制面板】选项，打开【控制面板】窗口，单击其中的【网络和共享中心】选项，如图 2-41 所示。

(2) 在打开的窗口中，单击【设置新的连接或网络】链接，如图 2-42 所示。

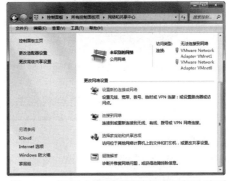

图 2-41　【控制面板】窗口　　　　　　　图 2-42　选择【设置新的连接或网络】选项

(3) 在打开的对话框中，选择【连接到 Internet】选项，然后单击【下一步】按钮。

(4) 在打开的对话框中，单击【无线】链接，如图 2-43 所示。

(5) 此时，在桌面的右下角自动弹出一个窗口，窗口中显示所有可用的无线网络信号，并按照信号强度从高到低排列，比如，单击 qhwknj 无线连接，然后单击【连接】按钮，如图 2-44 所示。

(6) 开始连接当前的无线网络，连接成功后，在【网络和共享中心】窗口中可查看网络的连接状态。

图 2-43　选择【无线】选项　　　　　　图 2-44　选择无线网络连接

为了防止他人盗用无线网络，大多数家庭用户都会给无线路由设置接入密码；有些场所，如茶社、咖啡厅等场所，则会提供免费的无线网络接入点，用户可以自由免费接入。

3. 4G 无线上网卡接入

4G 无线上网卡是一个外置或内置的调制解调器，插入电脑或有线连接电脑后，通过调制解调设备接入 2G/3G/4G 无线蜂窝数据网络，从而使电脑设备连接上网。

2.4　IE 浏览器

浏览器是指可以显示网页服务器或者文件系统的 HTML 文件内容、并让用户与这些文件交互的一种应用软件。网页浏览器主要通过 HTTP 协议与网页服务器交互并获取网页，这些网页由 URL 指定，文件格式通常为 HTML，并由 MIME 在 HTTP 协议中指明。一个网页中可以包括多个文档，每个文档都是分别从服务器获取的。大部分的浏览器本身支持除了 HTML 之外的广泛格式，例如 JPEG、PNG、GIF 等图像格式，并且能够扩展支持众多插件。

Internet Explorer 是微软公司推出的一款网页浏览器，原称 Microsoft Internet Explorer(6 版本以前)和 Windows Internet Explorer(7、8、9、10、11 版本)，简称 IE。在 IE 7 以前，中文直译为"网络探路者"，但在 IE7 以后官方便直接俗称"IE 浏览器"。

在 Windows 7 操作系统中集成了 IE 浏览器，双击桌面上的 IE 浏览器图标，即可打开 IE 浏览器，如图 2-45 所示。IE 浏览器的操作界面主要由标题栏、地址栏、搜索栏、选项卡、菜单栏、状态栏等几个部分组成。

(1) 标题栏：位于窗口界面的最上端，用来显示打开的网页名称和窗口控制按钮。

(2) 地址栏：用来输入网站的网址，当用户打开网页时显示正在访问的页面地址。单击地址栏右侧的按钮，可以在弹出的下拉列表中选择曾经访问过的网址；单击右侧的【刷新】按钮，可以重新载入当前网页；单击右侧的【停止】按钮，将停止当前网页的载入。

(3) 搜索栏：用户可以在搜索文本框中输入要搜索内容，按 Enter 键或单击按钮，即可搜索相关信息。

(4) 选项卡：IE 支持在同一个浏览器窗口中打开多个网页，每打开一个网页对应增加一个选项卡标签，单击相应的选项卡标签可以在打开的网页之间进行切换，单击【新选项卡】按钮 打开一个空白选项卡标签。

(5) 菜单栏：位于浏览器界面右上方，用于显示浏览器的各种设置命令。

(6) 状态栏：位于浏览器的底部，显示网页下载进度和当前网页的相关信息。

图 2-45　IE 浏览器

使用 IE 浏览器浏览网页方法如下：

(1) 单击【开始】按钮，在弹出的菜单中选择【所有程序】|【Internet Explorer】命令，启动 IE 浏览器。

(2) 在浏览器地址栏中输入网址(例如 www.baidu.com)，然后按 Enter 键，即可打开相应的网页。

2.5　搜索引擎

搜索引擎(Search Engine)是指根据一定的策略，运用特定的计算机程序从互联网上搜集信息，在对信息进行组织和处理后，为用户提供检索服务，将用户检索的相关信息展示给用户的系统。

2.5.1　搜索引擎的定义

一个搜索引擎由搜索器、索引器、检索器和用户接口 4 部分组成。

(1) 搜索器的功能是在互联网中漫游，发现和搜集信息。

(2) 索引器的功能是理解搜索器所搜索的信息，从中抽取出索引项，用于表示文档以及生成文档库的索引表。

(3) 检索器的功能是根据用户的查询，在索引库中快速检出文档，进行文档与查询之间的相关度评价，对检索输出结果进行排序，并实现某种用户相关性反馈机制。

(4) 用户接口的作用是输入用户查询、显示查询结果、提供用户相关性反馈机制。

2.5.2　搜索引擎的分类

搜索引擎分为全文索引、目录索引、元搜索引擎、垂直搜索引擎、集合式搜索引擎等类型。

1. 全文索引

全文搜索引擎从网站提取信息建立网页数据库。全文检索是对大数据文本进行索引，在建立的索引中对要查找的单词进行搜索和定位，其自动信息搜集功能分以下两种。

(1) 定期搜索，即每隔一段时间(比如 Google 一般是 28 天)，搜索引擎主动派出"蜘蛛"程序，对一定 IP 地址范围内的互联网网站进行检索，并沿着网络上的链接采集网页资料，一旦发现新的网站，它会自动提取网站的信息和网址加入自己的数据库。

(2) 用户提交网站搜索，即网站拥有者主动向搜索引擎提交网址，它在一定时间内(2 天到数月不等)定向向用户提交的网站派出"蜘蛛"程序，扫描网站并将有关信息存入数据库，以备其他用户查询。

当用户以关键词查找信息时，搜索引擎会在数据库中进行搜寻，如果找到与其要求内容相符的网站，便采用特殊的算法计算出各网页的相关度及排名等级，然后根据关联度高低，按顺序将这些网页链接反馈给用户。

2. 目录索引

目录索引也称为"分类检索"，是因特网上最早提供 WWW 资源查询的服务，整个工作过程分为收集信息、分析信息和查询信息 3 部分。通过搜集和整理互联网的资源，将其网址和网页内容分配到相关分类主题目录的不同层次的类目下，形成像图书馆目录一样的分类树形结构索引。目录索引无须输入任何文字，只要根据网站提供的主题分类目录，层层点击进入，便可查到所需的网络信息资源。

虽然目录索引有搜索功能，但严格意义上不能称为真正的搜索引擎，而是按目录分类的网站链接列表，用户完全可以按照分类目录找到所需要的信息，不依靠关键词(Keywords)进行查询。

3. 元搜索引擎

元搜索引擎在接受用户查询请求后，将同时在多个搜索引擎上搜索，并将结果返回给用户。著名的元搜索引擎有 InfoSpace、Dogpile、Vivisimo 等，中文元搜索引擎中最具代表性的是"搜星"搜索引擎。

4. 垂直搜索引擎

垂直搜索引擎是针对某行业的专业搜索引擎，是搜索引擎的细分和延伸，其对网页库中的某类专门信息进行整合后(例如机票搜索、旅游搜索、生活搜索、小说搜索、视频搜索等)，定向分字段抽取出需要的数据，进行处理后再以某种形式反馈给用户。

5. 集合式搜索引擎

集合式搜索引擎类似于元搜索引擎，与元搜索引擎的区别在于它并非同时调用多个搜索引擎进行搜索，而是由用户从提供的若干搜索引擎中进行选择。

2.5.3　搜索引擎的使用方法

以图 2-45 所示的"百度"搜索引擎为例，首先在搜索引擎中输入关键词，然后按下 Enter 键或单击搜索栏后的按钮(一般为【搜索】按钮，"百度"搜索引擎为【百度一下】按钮)，搜索引擎系统很快返回查询结果。

2.6　电子商务

电子商务是以信息技术和网络通信技术为手段，以商品交换为核心，在供应商、客户、政府及各参与方之间进行的一种电子化、交互式的商务活动，是一种新型的商业运营模式。集信息技术、商务技术和管理技术于一体的电子商务新技术，推动着经济全球化、贸易自由化和信息现代化的发展步伐。

2.6.1　电子商务的发展

电子商务是 Electronic Business(EB)或 Electronic Commerce(EC)的中文意译，起源于 20 世纪 60 年代。1997 年，IBM 公司率先向全球推出基于 Web 技术的 e-Business 概念。

电子商务的发展分为以下两个阶段。

(1) 基于 EDI 的电子商务(20 世纪 60 年代至 20 世纪 90 年代)。EDI(Electronic Date Interchange，电子数据交换)技术在 20 世纪 60 年代末产生于美国。当人们在贸易活动中使用计算机处理各种商务文件时，发现需要人工输入到计算机中的数据，大部分是其他计算机中已经输入过的，因此，可以用一台计算机的输入数据作为另一台计算机的输入数据。于是，人们开始尝试在贸易伙伴的计算机之间进行自动数据传输交换，EDI 应运而生。

(2) 基于 Internet 的电子商务(20 世纪 90 年代至今)。Internet 是一个开放性网络，具有全球性、互动性、连接方便、费用低、信息资源及表现形式丰富和使用方便等特点，可以极大地扩展参与 EDI 的交易范围。Web 技术使 EDI 软件以网页的形式来实现，为商品在网络上展示提供了方便，从而使电子商务从 EDI 走向了真正意义上的电子商务，并成为 Internet 应用的新热点。

2.6.2　电子商务的特点

电子商务的特点具体如下。

(1) 交易虚拟化。通过以 Internet 为代表的计算机互联网进行的贸易，贸易双方从贸易磋商、签订合同到支付等环节，无须当面进行，均通过计算机互联网完成，整个交易过程完全虚拟化。

(2) 交易成本低。电子商务交易成本较低，其原因如下：

- 相比信件、电话、传真，距离越远，网络信息传递的成本就越低。
- 买卖双方通过网络进行商务活动，无须中介者参与，减少了交易的中间环节。
- 电子商务实行"无纸贸易"，可以减少90%以上的文件处理费用。
- 买卖双方可以通过互联网进行产品介绍、宣传等，减少了相关费用。

(3) 交易效率高。电子商务克服了传统贸易方式费用高、易出错、处理速度慢等缺点，交易活动非常快捷、方便，极大地缩短了交易时间，提高了交易效率。

(4) 交易透明化。买卖双方从交易的洽谈、签约到货款的支付、交货通知等整个交易过程都在网络上进行，通畅、准确、规范的信息传输保证了信息之间的相互核对和制约，杜绝伪造信息的流通。

2.6.3　电子商务的分类

按照电子商务的交易主体进行划分，可以把电子商务划分为 B to C、B to B、C to C 和 B to G 等类型，各类型的特点如下。

(1) 企业对个人(B to C)电子商务。B to C(Business to Customer)电子商务是在企业与消费者之间进行的商务模式，也叫网上购物，是指用户为完成购物或与之有关的任务而在网上虚拟环境中浏览、搜索相关商品信息，并实践决策和购买的过程。B to C 电子商务模式的特点：商品完全通过网络的方式进行交易，从消费者到网上挑选和比较商品、网上购物支付，到物流配送及售后服务，整个交易一条线通过网络为媒介完成，不进行当面交易。

(2) 企业对企业务(B to B)电子商。B to B(Business to Business)电子商务模式是指以企业为主体，在企业之间进行的电子商务活动，是一个将买方企业、卖方企业以及中间机构之间信息交换和交易行为集成到一起的电子运作方式。B to B 商业模式借由企业内部网(Intranet)建构资讯流通的基础，外部网络(Extranet)结合产业的上中下游厂商，达到供应链(SCM)的整合，不仅简化企业内部资讯流通的成本，更使企业与企业之间的交易流程更快速，成本耗损更少。B to B 主要以批发业务为主，"阿里巴巴"就是典型的 B to B 电子商务网站。

(3) 个人对个人(C to C)电子商务。C to C(Customer to Customer)电子商务指的是买卖双方都是普通的消费者，即消费者之间的电子商务。拍卖网就是一种典型的 C to C 类型，如"雅宝拍卖网""易趣网"等。

(4) 企业对政府(B to G)电子商务。B to G(Business to Government)电子商务覆盖了政府与企业组织间的各项事务，包括政府采购、税收、商检、管理条例发布、法规政策颁布等。B to G 电子商务是政府机构应用现代信息、网络和通信技术，将管理和服务进行集成，在 Internet 上实现政府组织机构和工作流程的优化重组，超越时间、空间及部门之间的分隔限制，为全社会提供全方位的优质、规范、透明的管理和服务。

在电子商务中，政府担当着双重角色，既是电子商务的使用者，又是电子商务的宏观管理者，对电子商务起着扶持和规范的作用。

2.6.4　电子商务的安全技术

电子商务为全球客户提供丰富商务信息、快捷交易服务和低廉交易成本的同时，也给电子商务参与的主体带来了许多安全问题。电子商务所依赖的 Internet 具有虚拟性、动态性、高度开放性等特点，使电子商务面临众多的威胁与安全隐患，严重制约其进一步发展和应用。目前，电子商务的安全问题已经是制约电子商务广泛应用的主要瓶颈之一，所以有必要采取一些措施以保障电子商务过程中所涉及的信息流、资金流和物流的安全。

1. 公钥密码技术(非对称加密方法)

商家拥有一对密钥，即公钥 PK 和私钥 IK，将 PK 公布于众，IK 自己妥善保管。通信过程是，客户先用商家公开的 PK 对信息进行加密后再发往商家，商家利用与 PK 配对的 IK 解密收到的密文信息。

公钥密码技术的特点：通过 PK 无法推算出 IK；PK 加密后，使用 PK 本身无法解密；PK 加密后可用 IK 解密；IK 加密后可用 PK 解密。

2. 信息摘要

信息摘要算法也被称为哈希(Hash)算法、散列算法，是密码学算法中非常重要的一个分支，它通过对所有数据提取指纹信息以实现数据签名、数据完整性校验等功能，由于其不可逆性，常用作敏感信息的加密。发送方首先对原文经 Hash 算法获得信息摘要 1，并将原文连同信息摘要 1 发往接收方。接收方用 Hash 算法再对原文处理，得到信息摘要。

3. 数字时间戳

数字时间戳是由专门机构(数字时间戳服务中心 DTS)提供的电子商务安全服务目录，用于证明信息的发送时间。

利用经 DTS 机构处理获得的原文数据时间戳，对原文防篡改、完整性、信息发送时间进行界定，为以后法律纠纷提供有效证据。

4. 数字证书与 CA 认证

数字证书是标志网络用户身份信息的一系列数据，是由权威公正的第三方机构(CA 中心)签发的，用于在网络应用中识别通信各方身份。数字证书可应用于发送安全电子邮件、访问安全网站、网上证券交易、网上采购招标、网上办公、网上保险、网上税务、网上签约和网上银行等安全电子事务处理和安全电子交易活动。

2.6.5 电子商务的支付技术

目前电子支付的方式很多，除了信用卡以外，还有电子现金、电子钱包、电子支票等。

(1) 电子现金：电子现金是现金的电子化。使用电子现金，用户首先需要在提供电子现金服务的银行开设账户并购买电子现金，然后才能在接收电子现金的商店使用。

(2) 电子钱包：电子钱包是电子商务活动中顾客购物的一种支付工具，实质上是一个安装在用户计算机上的支付软件。目前世界上有 Visa Cash 和 Mondex 两大电子钱包服务系统，中国银行也推出了中银电子钱包。

(3) 信用卡：信用卡、支付银行卡和各种借记卡是网络银行的主要支付工具。信用卡是目前应用最为广泛的电子支付和结算方式。客户通过存有货款的信用卡账号在网上向商家、企业订货，然后商家、企业把客户账号提供给银行，最后银行从客户的信用卡账号中划款给商家。

(4) 电子支票：电子支票是利用数字传递将钱款从一个账户转移到另一个账户的电子付款形式。这种电子支票的支付是在与商户及银行相连的专用网络上以密码方式传递的，大多使用公用关键字加密签名或个人身份证号码(PIN)代替手写签名。

2.7　电子邮件

电子邮件(E-mail)是一种用电子手段提供信息交换的通信方式，是互联网应用最广的服务。通过网络的电子邮件系统，用户可以以非常低廉的价格、非常快速的方式，与世界上任何一个角落的网络用户联系。电子邮件可以是文字、图像、声音等多种形式，具有快速传达、不易丢失等特点。电子邮件极大地方便了人与人之间的沟通与交流，促进了社会的发展。

电子邮件的地址格式由 3 部分组成：用户标识符+@+域名。第 1 部分"用户标识符"代表用户信箱的账号，对于同一个邮件接收服务器来说，这个账号必须是唯一的；第 2 部分@是分隔符，表示"在"；第 3 部分"域名"是用户信箱的邮件接收服务器域名，用以标志其所在的位置。

Windows Live 是 Windows 7 系统中的一个服务组件程序，它作为一个 Web 服务平台，通过互联网向计算机终端提供内容包括个人网站设置、电子邮件、VoIP、即时消息、检索等与互联网有关的多种应用服务。

Windows Live Mail 作为微软 Windows Live 服务的成员之一，其客户端可以将包括 Hotmail 在内的各种邮箱轻松同步到用户的计算机上，而且巧妙地集成了其他 Windows Live 服务。Windows Live Mail 使电子邮件的管理不再是一件烦琐复杂的事情，当用户拥有多个电子邮箱的时候，可以通过 Windows Live Mail 软件管理和查看邮件。本节将通过 Windows Live Mail，介绍收发电子邮件的方法。

2.7.1　申请电子邮箱

电子邮件指的是通过网络发送的邮件。和传统的邮件相比，电子邮件具有方便、快捷和价格低廉的优点。电子邮箱是接收和发送电子邮件的终端，目前有很多网站提供免费邮箱服务。本节以 126 免费邮箱为例，说明申请电子邮箱的方法和步骤。

【例 2-6】申请 126 免费电子邮箱。

(1) 打开 IE 浏览器，在地址栏内输入 http://www.126.com，然后按下 Enter 键，进入 126 电子邮箱的首页。

(2) 单击主页下方的【立即注册】按钮，打开【用户注册】页面。

(3) 在【邮件地址】文本框中输入设置的名称(用户标识符)，在【密码】和【确认密码】文本框内输入设置的密码，在【验证码】文本框内输入系统给出的验证字符，单击【立即注册】按钮。

(4) 在打开页面的文本框中输入图片中的文字，单击【确定】按钮。

(5) 注册成功后，电子邮箱页面将会打开。

2.7.2　添加电子邮件账户

有了电子邮箱地址，用户就可以使用 Windows Live Mail 添加该邮箱地址。首次启动

Windows Live Mail 时，会打开【添加电子邮件账户】对话框，通过它可以完成电子邮件账户的创建。

【例2-7】在 Windows Live Mail 添加电子邮件账户。

(1) 选择【开始】|【所有程序】|【Windows Live Mail】命令，启动 Windows Live Mail。

(2) 选择【账户】选项卡，然后单击【电子邮件】按钮，如图 2-46 所示，打开【添加您的电子邮件账户】对话框。

(3) 在【电子邮件地址】文本框内输入已经申请好的邮箱地址，在【密码】文本框内输入邮箱密码，在【发件人显示名称】内输入设置的显示名称，然后单击【下一步】按钮，如图 2-47 所示。

图 2-46　单击【电子邮件】按钮　　　　　　图 2-47　设置电子邮件账户

(4) 打开【您的电子邮件账户已添加】对话框，单击【完成】按钮，如图 2-48 所示。

(5) 此时返回 Windows Live Mail 主界面，在左侧窗格中显示添加的 126 邮箱，也就是新添加的电子邮件账户，如图 2-49 所示。

图 2-48　【您的电子邮件账户已添加】对话框　　　图 2-49　成功添加电子邮件账户

2.7.3　收发电子邮件

创建了电子邮件账户的电子邮箱之后，即可使用 Windows Live Mail 接收、发送电子邮件。

1. 接收电子邮件

使用 Windows Live Mail 接收电子邮件很简单，设置了电子邮件账户后，软件将自动接收发往该邮箱的电子邮件。用户单击左侧窗格中的【收件箱】按钮后，在 Windows Live Mail 窗口中就会出现接收到的邮件列表，如图 2-50 所示。单击需要查看的邮件项，右侧窗格显示该邮件内容，如图 2-51 所示。双击该邮件项，打开邮件查看窗口，可以查看邮件的详细内容。

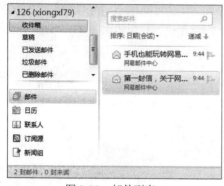　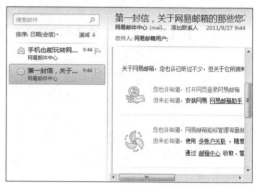

图 2-50　邮件列表　　　　　　　　图 2-51　单击邮件项

2. 发送电子邮件

下面介绍如何使用 Windows Live Mail 发送电子邮件。

【例 2-8】发送一封电子邮件到 xiongxl1234@hotmail.com 邮箱。

(1) 选择【开始】|【所有程序】|【Windows Live Mail】命令，启动 Windows Live Mail。

(2) 选择【开始】选项卡，单击【电子邮件】按钮，如图 2-52 所示，打开【新邮件】窗口。

(3) 在相应的文本框内输入收件人地址、主题、邮件正文等，单击【发送】按钮，如图 2-53 所示。

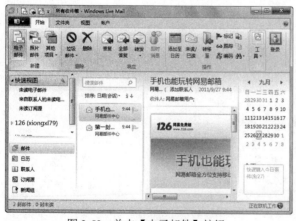　

图 2-52　单击【电子邮件】按钮　　　　图 2-53　编写邮件并发送

(4) 邮件成功发送至收件人邮箱内，返回 Windows Live Mail 主界面，单击发件人邮箱下面的【发件箱】按钮，右侧窗格中将显示发出的邮件。

2.8　课后习题

1. 某网吧希望连接一个 10BASE-T 的网络,应采购哪些设备？如何连接？画出连接示意图。

2. 假设宿舍有 4 台电脑，使用的是学校校园网。突然有一天，有一台电脑使用操作系统默认的 IE 浏览器打不开网页，但可以上 QQ，在此情况下，你会如何检查故障原因？具体故障原因可能是什么？

3. 试列举电子邮件发送后经常被退回的情况，分析原因及可采用的措施。

4. 是否可以在登录远程计算机后，将远程计算机的文件复制到本机的硬盘上？请说明理由。

5. 简述互联网的 4 种基本服务、网络的各种应用模式的基本工作原理及其应用方式。

第3章 操作系统

学习目标

通过本章的学习与实践，读者应掌握以下内容：

(1) 理解操作系统的基本功能和作用。

(2) 了解操作系统的分类。

(3) 掌握 Windows 7 基本操作。

(4) 掌握 Windows 7 软件管理方法。

(5) 了解 Windows 7 硬件管理方法。

(6) 掌握 Windows 7 文件及文件夹的操作方法。

(7) 了解 Windows 7 系统设置方法。

(8) 了解 Windows 7 附件中主要工具的用法。

本章重点

本章主要介绍操作系统基础知识及 Windows 7 的基本操作等，其重点内容如下：

(1) 操作系统的基本概念。

(2) 操作系统的基本功能。

(3) Window 7 的基本操作。

(4) Windows 7 的常用操作。

(5) Windows 7 管理计算机软件与硬件。

(6) Windows 7 的各种附件功能。

3.1 操作系统概述

操作系统(Operating System，OS)是管理计算机硬件与软件资源的计算机程序，同时也是计算机系统的内核与基石。操作系统主要实现存储管理与配置、资源调度、IO 管理、文件系统管理和进程管理等基本事务。操作系统也为用户提供了一个与计算机系统交互的操作界面。

3.1.1 操作系统的基本概念

操作系统是指控制和管理整个计算机系统的硬件和软件资源，并合理地组织调度计算机的工作和资源分配，以提供给用户和其他软件方便的接口与环境的软件集合。操作系统的 4 个基本特征是并发、共享、虚拟和异步。

(1) 并发(Concurrence)：指两个或多个任务在同一时间间隔内发生。操作系统的并发性是指操作系统中同时存在多个运行着的程序，这种程序称为进程，它的出现使程序能够并发执行。并发和共享是操作系统最基本的两个特征。

(2) 共享(Sharing)：资源共享即共享，是指系统中的资源可供内存中的多个并发执行的进程共同使用，可以分为两种资源共享方式，一种是互斥共享方式，即一段时间内仅允许一个进程访问该资源，这样的资源被称为临界资源或是独占资源，例如打印机；另一种是同时访问方式，即一段时间内允许多个进程访问该资源，一个请求分几个时间片间隔完成的效果和连续完成的效果相同，例如磁盘设备。

(3) 虚拟(Virtual)：指把一个物理上的实体变为若干个逻辑上的对应物，包括分复用技术(处理器的分时共享)、空分复用技术(虚拟存储器)。

(4) 异步(Asynchronism)：在多道程序环境下，允许多个程序并发执行，但是由于资源有限，进程的执行不一定是连贯到底，而是断断续续地执行。

3.1.2　操作系统的功能

如果把用户、操作系统和计算机比作一座工厂，用户就像是雇主，操作系统是工人，而计算机是机器。操作系统具备管理处理器、存储器、设备、文件等功能。

(1) 处理器管理：在多道程序的情况下，处理器的分配和运行都以进程(或线程)为基本单位，因而对处理器的管理可以分配为对进程的管理。

(2) 存储器管理：包括内存分配、地址映射、内存保护等。

(3) 文件管理：计算机中的信息都是以文件的形式存在的，操作系统中负责文件管理的部分被称为文件系统。文件管理包括文件存储空间的管理、目录管理和读写保护等。

(4) 设备管理：主要任务是完成用户的 I/O 请求，包括缓冲管理、设备分配、虚拟设备等。

3.1.3　操作系统的分类

微型计算机上常见的操作系统有 DOS、OS/2、UNIX、XENIX、LINUX、Windows、Netware 等，大致可将其分为 6 种类型。

(1) 批处理操作系统：指用户将一批作业提交给操作系统后就不再干预，由操作系统控制它们自动运行。这种采用批量处理作业技术的操作系统称为批处理操作系统。批处理操作系统分为单道批处理系统和多道批处理系统。批处理操作系统不具有交互性，它是为了提高 CPU 的利用率而提出的一种操作系统。

(2) 分时操作系统：指利用分时技术的一种联机的多用户交互式操作系统，每个用户可以通过自己的终端向系统发出各种操作控制命令，完成作业的运行。分时是指把处理机的运行时间分成很短的时间片，按时间片轮流把处理机分配给各联机作业使用。

(3) 实时操作系统：为实时计算机系统配置的操作系统，其主要特点是资源的分配和调度首先要考虑实时性，然后才是效率。此外，实时操作系统拥有较强的容错能力。

(4) 网络操作系统：为计算机网络配置的操作系统。在其支持下，网络中的各台计算机能互相通信和共享资源，其主要特点是依靠网络和硬件相结合来完成网络的通信任务。

(5) 分布操作系统：由多个分散的计算机经互联网络构成的统一计算机系统。系统中各个物理的和逻辑的资源元件既相互配合又高度自治，能在全系统范围内实现资源管理，动态地实现任务分配或功能分配，且能并行地运行分布式程序。

(6) 通用操作系统：同时兼有多道批处理、分时、实时处理的功能，或者其中两种以上功能的操作系统。

3.1.4　典型操作系统介绍

操作系统是管理计算机硬件和软件的程序，所有的软件都是基于操作系统程序来开发和运行的。虽然目前操作系统的种类有很多，不过常用的就几种，下面将分别介绍。

(1) Windows 操作系统：目前被广泛应用的一种操作系统，是由微软公司开发的，常见的有 Windows XP、Windows 7 和 Windows 10 等。

(2) UNIX 操作系统：一种强大的多用户、多任务操作系统，支持多种处理器架构，按照操作系统的分类，属于分时操作系统，如 AIX、HP-UX、Solaris 等。

(3) Linux 操作系统：一种免费使用和自由传播的类 UNIX 操作系统，是基于 POSIX 和 UNIX 的多用户、多任务、支持多线程和多 CPU 的操作系统。它能运行主要的 UNIX 工具软件、应用程序和网络协议，如 RedHat Linux、CentOS、Ubuntu 等。

3.2　Windows 7 的基本操作

在计算机中安装 Windows 7 系统以后，用户就可以进入 Windows 7 的操作界面。Windows 7 具有良好的人机交互界面，和以前的 Windows 版本相比，该系统的界面变化相当大。本章将介绍 Windows 7 系统的一些基本操作，使读者能进一步了解其基本功能。

3.2.1　Windows 7 的启动和退出

下面将先介绍启动与退出 Windows 7 系统的方法。

1. 启动并登录 Windows 7

要操作 Windows 7 系统，首先要启动 Windows 7，登录系统后才可以进行其他操作。

【例 3-1】启动计算机并登录 Windows 7。

(1) 确定主机和显示器都接通电源，然后先后按下显示器和主机的电源按钮。

(2) 在启动过程中，计算机会进行自检并进入操作系统，屏幕依次显示如图 3-1 所示。

图 3-1　开始启动 Windows 7

(3) 如果系统设置有密码，则需要输入密码，如图 3-2 所示。

(4) 输入密码后，按下 Enter 键或用鼠标单击密码框右边的【箭头】按钮，稍后即可进入 Windows 7 系统的桌面，如图 3-3 所示。

图 3-2　输入密码　　　　　　　　　图 3-3　进入系统

2. 退出 Windows 7

当不再使用 Windows 7 时，应当及时退出 Windows 7 操作系统，关闭计算机。在关闭计算机前，应先关闭所有的应用程序，以免数据丢失。

【例 3-2】退出 Windows 7 并关闭计算机。

(1) 单击【开始】按钮，在弹出的【开始】菜单中选择【关机】命令，如图 3-4 所示。然后 Windows 开始注销系统，如图 3-5 所示。

图 3-4　选择【关机】命令　　　　　　图 3-5　正在注销系统

(2) 如果有更新会自动安装更新文件，安装完成后即会自动关闭系统，如图 3-6 所示。

图 3-6　更新后关机

(3) 待系统完全关闭后，按下显示器电源按钮即可。

3. 重启 Windows 7

上文我们所讲的开机方法又叫"冷启动"，是正常状态下启动计算机的方法。然而在使用计算机的过程中,有时会遇到问题需要重新启动计算机,此时我们需要用"热启动"和"复位启动"的方法进行计算机重启。

(1) 热启动。单击【开始】按钮,在面板上的【关机】按钮旁有个 ▶ 按钮,单击后弹出上拉菜单,选择其中的【重新启动】命令即可。

(2) 复位启动。有时计算机运行过程中会出现系统无法反应的情况,这时可以利用复位启动的方法启动计算机:只需按下主机上的 Reset 按钮(通常在电源按钮的下方),计算机会自动黑屏并重新启动,然后按照正常开机的步骤输入密码、登录系统。

3.2.2 使用 Windows 7 桌面

启动登录 Windows 7 后,出现在整个屏幕的区域称为"桌面",如图 3-3 所示,Windows 7 大部分的操作都是通过桌面完成的。桌面主要由桌面图标、任务栏、【开始】菜单等元素构成。

1. 桌面图标

桌面图标是指整齐排列在桌面上的小图片,是由图标图片和图标名称组成。双击图标可以快速启动对应的程序或窗口。桌面图标主要分成系统图标和快捷方式图标两种,系统图标是系统桌面上的默认图标,它的特征是在图标左下角没有 ☑ 标志。

1) 添加桌面图标

Windows 7 系统刚安装好后,系统默认下只有一个【回收站】图标,用户可以选择添加【计算机】、【网络】等系统图标,下面先介绍添加系统图标的方法。

【例 3-3】在图 3-3 所示的桌面上添加【计算机】和【网络】两个系统图标。

(1) 在桌面空白处右击,在弹出的快捷菜单中选择【个性化】命令,如图 3-7 所示。

(2) 单击【个性化】窗口左侧的【更改桌面图标】文字链接,打开【桌面图标设置】对话框,如图 3-8 所示。

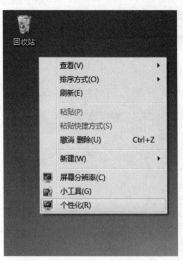

图 3-7 选择【个性化】命令

图 3-8 单击【更改桌面图标】链接

(3) 选中【计算机】和【网络】两个复选框,然后单击【确定】按钮,如图 3-9 所示。即可在桌面上添加这两个图标,如图 3-10 所示。

图 3-9　【桌面图标设置】对话框　　　　　　图 3-10　添加桌面图标

快捷方式图标是指应用程序的快捷启动方式，双击快捷方式图标可以快速启动相应的应用程序。下面我们介绍在桌面上添加快捷方式图标的方法。

【例 3-4】在桌面上添加【画图】程序的快捷图标。

(1) 单击【开始】按钮，打开【开始】菜单，然后单击【所有程序】选项，在弹出的下拉列表中选择【附件】选项，找到其中的【画图】程序，如图 3-11 所示。

(2) 右击【画图】程序，在弹出的快捷菜单中选择【发送到】命令，从显示的子菜单中选择【桌面快捷方式】命令，如图 3-12 所示。

(3) 此时，Windows 7 桌面上出现【画图】快捷方式图标。

图 3-11　【开始】菜单　　　　　　　　　图 3-12　发送到桌面快捷方式

2) 排列桌面图标

当用户安装了新的程序后，桌面也添加了更多的快捷方式图标。为了让用户更方便快捷地使用图标，可以将图标按照自己的要求排列顺序。用户除了用鼠标拖曳图标随意安放，也可以按照名称、大小、类型和修改日期来自动排列桌面图标。

【例 3-5】将桌面图标按照类型进行排列。

(1) 在桌面空白处右击，在弹出的快捷菜单中选择【排序方式】下的【项目类型】命令。

(2) 此时，桌面上的图标即可按照类型的顺序进行排列。

3) 删除桌面图标

如果桌面上的图标太多，用户可以根据自己的需求删除一些不必要放在桌面上的图标。删除了图标，只是把快捷方式给删除了，图标对应的程序并未被删除，用户还是可以在安装路径或【开始】菜单里运行该程序。

要删除 Windows 7 桌面上的图标，只需要在选中图标后按下 Delete 键或右击在弹出的菜单中选择【删除】命令即可。

2. 桌面任务栏

任务栏是位于桌面下方的一个条形区域，它显示了系统正在运行的程序、打开的窗口和当前时间等内容，用户通过任务栏可以完成许多操作。任务栏最左边圆(球)状的立体按钮便是【开始】菜单按钮，在【开始】按钮的右边依次是快速启动区(包含 IE 图标、库图标等系统自带程序、当前打开的窗口和程序等)、语言栏(输入法语言)、通知区域(系统运行程序的设置显示和系统时间日期)、【显示桌面】按钮(单击按钮即可显示完整桌面，再单击即会还原)，如图 3-13 所示。

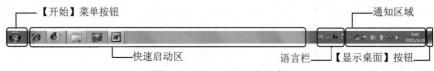

图 3-13　Windows 7 任务栏

1) 任务栏按钮

Windows 7 的任务栏可以将计算机中运行的同一程序的不同文档集中在同一个图标上，如果是尚未运行的程序，单击相应图标可以启动对应的程序；如果是运行中的程序，单击图标则会将此程序放在最前端。在任务栏上，用户可以通过鼠标的各种按键操作来实现不同的功能。

- 左键单击：如果图标对应的程序尚未运行，单击鼠标左键即可启动该程序；如果已经运行，单击左键则会将对应的程序窗口放置于最前端。如果该程序打开了多个窗口和标签，左键单击可以查看该程序所有窗口和标签的缩略图，再次单击缩略图中的某个窗口，即可将该窗口显示于桌面的最前端，如图3-14所示。
- 中键单击：中键单击程序的图标后，会新建该程序的一个窗口。如果鼠标上没有中键，也可以单击滚轮实现中键单击的效果。
- 右键单击：右键单击一个图标，可以打开跳转列表，查看该程序历史记录和解锁任务栏及关闭程序的命令，如图3-15所示。

图 3-14　显示程序缩略图

图 3-15　打开跳转列表

任务栏的快速启动区图标可以用鼠标左键拖曳移动，来改变它们的顺序。对于已经启动的程序的任务栏按钮，Windows 7 还有一些特别的视觉效果。例如某个程序已经启动，那么该程序的按钮周围就会添加边框；在将光标移动至按钮上时，还会发生颜色的变化；另外如果某程序同时打开了多个窗口，按钮周围的边框的个数与窗口数一致；用光标在多个此类图标上滑动时，对应程序的缩略图还会出现动态的切换效果。

2) 任务栏通知区域

通知区域位于任务栏的右侧，其作用与老版本一样，用于显示在后台运行的程序或者其他通知。不同之处在于，老版本的 Windows 中会默认显示所有图标，但在 Windows 7 中，默认情况下这里只会显示最基本的系统图标，分别为【操作中心】、【电源】选项(只针对笔记本电脑)、【网络连接】和【音量】图标。其他被隐藏的图标，需要单击向上箭头才可以看到，如图 3-16 所示。

用户也可以把隐藏的图标在通知区域显示出来：单击向上箭头，单击【自定义】文字链接，打开如图 3-17 所示的【通知区域图标】窗口，这里列出了在通知区域中显示过的程序图标，打开【行为】下拉列表框，可以设置程序图标的显示方式。

图 3-16　单击向上箭头

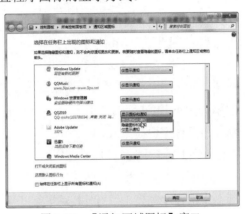

图 3-17　【通知区域图标】窗口

3) 系统时间

系统时间位于通知区域的右侧，和以前的 Windows 版本相比，不同之处在于 Windows 7 的任务栏比较高，可以同时显示日期和时间，单击该区域会弹出菜单显示日历和表盘，如图 3-18 所示。

单击【更改日期和时间设置】文字链接，还可以打开【日期和时间】对话框，如图 3-19 所示。在该对话框中，用户可以更改时间和日期，还可以设置在表盘上显示多个附加时钟(最多 3 个)，为了确保时间准确无误，还可以设置时间与 Internet 同步。

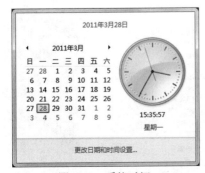

图 3-18　系统时间

图 3-19　【日期和时间】对话框

4)【显示桌面】按钮

【显示桌面】按钮位于任务栏的最右端，将光标移动至该按钮上，会将系统中所有打开的窗口都隐藏，只显示窗口的边框；移开光标后，会恢复原本的窗口。

如果单击该按钮，则所有打开的窗口都会被最小化，不会显示窗口边框，只会显示完整桌面。再次单击该按钮，原先打开的窗口则会被恢复显示。

3. 【开始】菜单

【开始】菜单指的是单击任务栏中的【开始】按钮所打开的菜单。用户通过该菜单可以访问硬盘上的文件或者运行已安装的程序。Windows 7 的【开始】菜单和以前的 Windows 系统没有太大变化，主要分成 5 个部分：常用程序列表、【所有程序】列表、常用位置列表、搜索框、【关机】按钮组。如图 3-20 所示。

(1) 常用程序列表：该列表列出了最近频繁使用的程序快捷方式，只要是从【所有程序】列表中运行过的程序，系统会按照使用频率的高低自

图 3-20　Windows 7 开始菜单

动将其排列在常用程序列表上。另外，对于某些支持跳转列表功能的程序(右侧会带有箭头)，也可以在这里显示出跳转列表，如图 3-21 所示。

(2)【所有程序】列表：系统中安装的所有程序都能在【所有程序】列表里找到。用户只需将光标指向或者单击【所有程序】命令，即可显示【所有程序】菜单，如图 3-22 所示。如果光标指向或者单击【返回】命令，则恢复常用程序列表状态。

图 3-21　常用程序列表

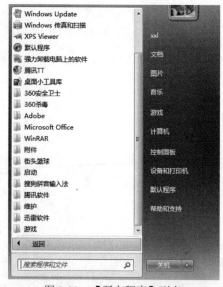

图 3-22　【所有程序】列表

(3) 搜索框：在搜索框中输入关键字，即可搜索本机安装的程序或文档。

(4) 常用位置列表：该列表列出了硬盘上的一些常用位置，使用户能快速进入常用文件夹或系统设置，比如【计算机】、【控制面板】、【设备和打印机】等常用程序及设备。

(5) 【关机】按钮组：由【关机】按钮和旁边的 ▶ 键下拉菜单组成，包含【关机】、【睡眠】、【休眠】、【锁定】、【注销】、【切换用户】、【重新启动】这些系统命令。

3.2.3　使用窗口

窗口是 Windows 系统里最常见的图形界面，外形为一个矩形的屏幕显示框，是用来区分各个程序的工作区域，用户可以在窗口内进行文件、文件夹及程序的操作和修改。Windows 7 系统的窗口操作加入了许多新模式，大大提高了窗口操作的便捷性与趣味性。

1. 窗口的组成

窗口一般分为系统窗口和程序窗口，系统窗口是指如【计算机】窗口等 Windows 7 操作系统窗口；程序窗口是各个应用程序所使用的执行窗口。它们的组成部分大致相同，主要由标题栏、地址栏、搜索栏、工具栏、窗口工作区等元素组成。

双击桌面上的【计算机】图标，打开的窗口就是 Windows 7 系统下的一个标准窗口，该窗口的组成部分如图 3-23 所示。

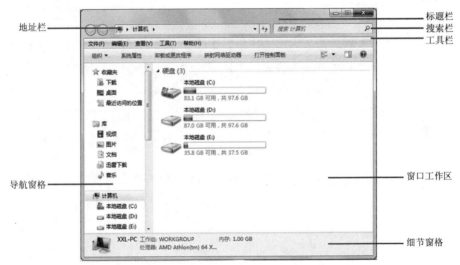

图 3-23　Windows 7 窗口

1) 标题栏

在 Windows 7 窗口中，标题栏位于窗口的顶端，标题栏最右端显示【最小化】 ▭ 、【最大化/还原】 ▭ 、【关闭】 ✕ 3 个按钮。通常情况下，用户可以通过标题栏来进行移动窗口、改变窗口的大小和关闭窗口操作。

【最小化】是指将窗口缩小为任务栏上的一个图标；【最大化/还原】是指将窗口充满整个屏幕，再次单击该按钮则窗口恢复为原样；【关闭】是指将窗口关闭退出。

2) 地址栏

地址栏用于显示和输入当前浏览位置的详细路径信息，Windows 7 的地址栏提供按钮功能，单击地址栏文件夹后的 ▶ 按钮，弹出一个下拉菜单，里面列出了与该文件夹同级的其他文件夹，在菜单中选择相应的路径便可以跳转到对应的文件夹，如图 3-24 所示。

用户单击地址栏最右端的 按钮，即可打开历史记录，用户通过该操作可以在曾经访问过的文件夹之间来回切换，如图 3-25 所示。

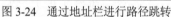

图 3-24　通过地址栏进行路径跳转　　　　图 3-25　地址栏的历史记录

地址栏最左侧的按钮群为浏览导航按钮，其中【返回】按钮 可以返回上一个浏览位置；【前进】按钮 可以重新进入之前所在的位置；旁边的 按钮可以列出最近的浏览记录，方便进入曾经访问过的位置。

3) 搜索栏

Windows 7 窗口右上角的搜索栏与【开始】菜单中【搜索框】的作用和用法相同，都具有在计算机中搜索各种文件的功能。搜索时，地址栏中会显示搜索进度情况。

4) 工具栏

工具栏位于地址栏的下方，提供了一些基本工具和菜单任务。它相当于 Windows XP 的菜单栏和工具栏的结合，但是 Windows 7 的工具栏具有智能化功能，它可以根据实际情况动态选择最匹配的选项。

单击工具栏右侧的【更改您的视图】按钮 ，可以切换显示不同的视图；单击【显示预览窗格】按钮 ，则可以在窗口的右侧出现一个预览窗格；单击【获取帮助】按钮 ，则会出现【Windows 帮助和支持】窗口提供帮助文件。

5) 窗口工作区

窗口工作区用于显示主要的内容，如多个不同的文件夹、磁盘驱动等。它是窗口中最主要的部位。

6) 导航窗格

导航窗格位于窗口左侧的位置，它给用户提供了树状结构文件夹列表，从而方便用户迅速地定位所需的目标。窗格从上到下分为不同的类别，通过单击每个类别前的箭头，可以展开或者合并，其主要分为【收藏夹】、【库】、【计算机】、【网络】4 个大类。

7) 细节窗格

细节窗格位于窗口的最底部，用于显示当前操作的状态及提示信息，或当前用户选定对象的详细信息。

2. 打开与关闭窗口

1) 打开窗口

在 Windows 7 中打开窗口有多种方式，下面以【计算机】窗口为例进行介绍。

- 双击桌面图标：在【计算机】图标上双击鼠标左键，即可打开该图标所对应的窗口。
- 通过快捷菜单：右击【计算机】图标，在弹出的快捷菜单上选择【打开】命令。
- 通过【开始】菜单：单击【开始】按钮，在弹出的【开始】菜单里选择常用位置列表里的【计算机】选项。

2) 关闭窗口

关闭窗口也有多种方式，同样以【计算机】窗口为例进行介绍。

- 单击【关闭】按钮：直接单击窗口标题栏右上角的【关闭】按钮 ▇▇，将【计算机】窗口关闭。
- 使用菜单命令：在窗口标题栏上右击，在弹出的快捷菜单中选择【关闭】命令来关闭【计算机】窗口。
- 使用任务栏：在任务栏上的对应窗口图标上右击，在弹出的快捷菜单中选择【关闭窗口】命令来关闭【计算机】窗口。

3. 改变窗口大小

　　上文介绍了窗口的最大化、最小化、关闭按钮操作，除了这些按钮，用户还可以通过对窗口的拖曳来改变窗口的大小，只需将鼠标指针移动到窗口四周的边框或四个角上，当光标变成双箭头形状时，按住鼠标左键不放进行拖曳既可以拉伸或收缩窗口。Windows 7 系统特有的 Aero 特效功能也可以改变窗口大小，下面举例说明。

【例 3-6】拖曳标题栏来改变窗口形状。

(1) 双击桌面上的【计算机】图标，打开【计算机】窗口，如图 3-26 所示。

(2) 用鼠标光标拖动【计算机】窗口标题栏至屏幕的最上方，如图 3-27 所示，当光标碰到屏幕的上方边沿时，会出现放大的"气泡"，同时将会看到 Aero Peek 效果(窗口边框里面透明)填充桌面，此时松开鼠标左键，【计算机】窗口即可全屏显示。

图 3-26　打开【计算机】窗口　　　　　　　图 3-27　移动【计算机】窗口

(3) 若要还原窗口，只需最大化的窗口向下拖动即可，如图 3-28 所示。

(4) 再将窗口用拖动标题栏的方式移动到屏幕的最右边，当光标碰到屏幕的右边边沿时，会看到 Aero Peek 效果填充至屏幕的右半边，如图 3-29 所示。此时松开鼠标左键，【计算机】窗口大小变为占据一半屏幕的区域，如图 3-30 所示。

图 3-28　通过拖动还原窗口

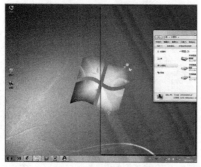

图 3-29　Aero Peek 效果　　　　　　　　图 3-30　窗口变化

(5) 同理，将窗口移动到屏幕左边沿，也会将窗口大小变为屏幕靠左边的一半区域。若要还原窗口原来大小，只需将窗口向下拖动即可。

Windows 7 的 Aero 晃动功能可以快速清理窗口。用户只需将当前要保留的窗口拖住，然后轻轻一摇，其余的窗口即可全部自动最小化，再次摇动当前窗口，即可使其他窗口重新恢复。

4. 排列窗口

当用户打开多个窗口，需要它们同时处于显示状态时，将窗口排列好会让操作变得很方便。Windows 7 系统中提供了层叠、堆叠、并排 3 种窗口排列方式，下面将通过实例操作逐一举例说明。

【例 3-7】用多种方式排列窗口。

(1) 打开多个窗口，然后在任务栏的空白处右击，在弹出的快捷菜单里选择【层叠窗口】命令，如图 3-31 所示。

(2) 此时，打开的所有窗口(除了最小化的窗口)将会以层叠的方式在桌面上显示，如图 3-32 所示。

图 3-31　选择【层叠窗口】命令　　　　　　图 3-32　窗口层叠效果

(3) 重复步骤(1)，选择【堆叠显示窗口】命令，则打开的所有窗口(除了最小化的窗口)将会以堆叠的方式在桌面上显示，如图 3-33 所示。

(4) 重复步骤(1)，选择【并排显示窗口】命令，则打开的所有窗口(除了最小化的窗口)将会以并排的方式在桌面上显示，如图 3-34 所示。

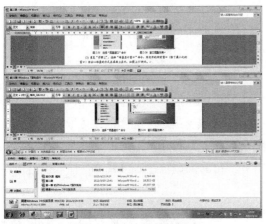
图 3-33　窗口堆叠效果

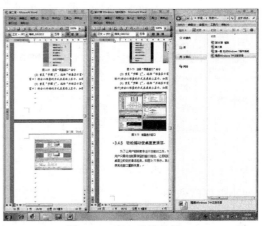
图 3-34　窗口并排效果

3.2.4　使用对话框和向导

对话框和向导是 Windows 操作系统里的次要窗口，包含按钮和命令，通过它们可以完成特定命令和任务。它们和窗口的最大区别就是没有【最大化】和【最小化】按钮，一般不能改变其形状大小。

1. 对话框

Windows 7 中的对话框多种多样，一般来说，对话框中的可操作元素主要包括命令按钮、选项卡、单选按钮、复选框、文本框、下拉列表框和数值框等，但并不是所有的对话框都包含以上所有的元素，如图 3-35 所示。

图 3-35　Windows 7 对话框

对话框中各组成元素的作用如下。

(1) 选项卡：对话框内一般有多个选项卡，通过选择不同的选项卡可以切换到相应的设置页面。

(2) 下拉列表框：下拉列表框在对话框中以矩形框形状显示，其中列出多个选项以供用户选择。

(3) 单选按钮：单选按钮是一些互相排斥的选项，每次只能选择其中的一个项目，被选中的圆圈中将会有个黑点，如图 3-36 所示。

(4) 文本框：文本框主要用来接收用户输入的信息，以便正确地完成对话框的操作。如图 3-37 所示，【数值数据】选项下方的矩形白色区域即为文本框。

(5) 复选框：复选框中所列出的各个选项是不互相排斥的，用户可根据需要选择其中的一个或几个选项。当选中某个复选框时，框内出现一个 √ 标记，一个选择框代表一个可以打开或关闭的选项。在空白选择框上单击便可选中它，再次单击这个选择框便可取消选择。

(6) 数值框：数值框用于输入或选中一个数值，它由文本框和微调按钮组成。在微调框中，单击上三角的微调按钮，可增加数值；单击下三角的微调按钮，可减少数值。也可以在文本框中直接输入需要的数值，如图 3-38 所示。

图 3-36　单选按钮　　　　　　图 3-37　文本框　　　　　　图 3-38　数值框

2. 向导

Windows 7 有各种各样的向导，用于帮助用户设置系统选项或使用程序。向导的元素和对话框类似，也没有【最大化】、【最小化】按钮。在 Windows 7 中依然保留了以前 Windows XP 版本中的【下一步】、【取消】按钮，并且保持和 Windows XP 界面一致，依然在向导界面的右下角，而【上一步】按钮却被移动到了向导界面的左上角，如图 3-39 所示。

图 3-39　向导

3.2.5　使用菜单

菜单是应用程序中命令的集合，一般都位于窗口的菜单栏里，菜单栏通常由多层菜单组成，每个菜单又包含若干个命令。要打开菜单，用鼠标单击需要执行的菜单选项即可。

1. 菜单的分类

Windows 7 中的菜单大致分为 4 类，分别是窗口菜单、程序菜单、右键快捷菜单和【开始】菜单。前 3 类都可以称为一般菜单，【开始】菜单我们在上文介绍过，主要是用于对 Windows 7 操作系统进行控制和启动程序。下面我们主要对一般菜单分别进行介绍。

(1) 窗口菜单。窗口里一般都有菜单栏，单击菜单栏会弹出相应的子菜单命令，有些子菜单还有多级子菜单命令。在 Windows 7 中，用户需要单击【组织】下拉列表按钮，在弹出的下拉列表中选择【布局】|【菜单栏】选项，选中该选项前的复选框，才能显示窗口的菜单栏，如图 3-40 所示。

(2) 程序菜单。应用程序里一般包含多个菜单项，图 3-41 所示为 Word 程序菜单。

(3) 右键快捷菜单。在不同的对象上单击鼠标右键，会弹出不同的快捷菜单。前面的图 3-31 所示为右击桌面任务栏时弹出的快捷菜单。

图 3-40　窗口菜单

图 3-41　程序菜单

2. 菜单的命令

菜单其实就是命令的集合，一般来说，菜单中的命令包含有以下几种。

(1) 可执行命令和暂时不可执行命令。菜单中可以执行的命令以黑色字符显示，暂时不可执行的命令以灰色字符显示。当满足相应的条件下，暂时不可执行的命令才能变为可执行命令，灰色字符也会变为黑色字符，如图 3-42 所示。

(2) 快捷键命令。有些命令的右边有快捷键，用户通过使用这些快捷键，可以快速直接地执行相应的菜单命令，如图 3-43 所示。

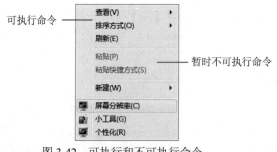

图 3-42　可执行和不可执行命令

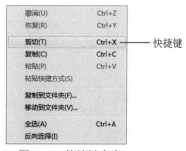

图 3-43　快捷键命令

(3) 带大写字母的命令。菜单命令中有许多命令的后面都有一个括号，括号中有一个大写字母(为该命令英文第一个字母)。当菜单处于激活状态时，在键盘上键入相应字母，可执行该命令，如图 3-44 所示。

(4) 带省略号的命令。命令的后面有省略号…，表示选择此命令后，将弹出一个对话框或者一个设置向导，这种命令表示可以完成一些设置或者更多的操作，如图 3-45 所示。

图 3-44　带大写字母的命令　　　　　图 3-45　带省略号命令

(5) 单选和复选命令。有些菜单命令中，有一组命令每次只能有一个命令被选中，当前选中的命令左边出现一个单选标记"●"。选择该组的其他命令，标记"●"出现在选中命令的左边，原先命令前面的标记"●"将消失，这类命令称之为单选命令。

有些菜单命令中，选择某个命令后，该命令的左边出现一个复选标记"√"，表示此命令正在发挥作用；再次选择该命令，命令左边的标记"√"消失，表示该命令不起作用，这类命令称之为复选命令。

(6) 子菜单命令。有些菜单命令的右边有一个向右箭头，光标指向此命令后，会弹出一个下级子菜单。子菜单通常给出某一类选项或命令，有时是一组应用程序。

3. 菜单的操作

菜单的操作主要包括选择菜单和撤销菜单，通俗地讲就是打开和关闭菜单。

(1) 选择菜单。使用鼠标选择 Windows 窗口的菜单时，只需单击菜单栏上的菜单名称，即可打开该菜单。在使用键盘选择菜单时，用户可按下列步骤进行操作。

- 按下 Alt 键或 F10 键时，菜单栏的第一个菜单项被选中，然后利用左、右光标键选择需要的菜单项。
- 按下 Enter 键打开选择的菜单项。
- 利用上、下光标键选择其中的命令，按下 Enter 键即可执行该命令。

(2) 撤销菜单。使用鼠标撤销菜单就是单击菜单外的任何地方，即可撤销菜单。使用键盘撤销菜单时，可以按下 Alt 或 F10 键返回到文档编辑窗口，或连续按下 Esc 键逐渐退回到上级菜单，直到返回到文档编辑窗口。

提示：如果用户选择的菜单具有子菜单，使用右光标键【→】可打开子菜单，按左光标键【←】可收起子菜单。按 Home 键可选择菜单的第一个命令，按 End 键可选择最后一个命令。

3.2.6　使用 Windows 7 的系统帮助

Windows 7 系统自带了很多的帮助文件，所有这些内容都可以通过【开始】菜单中的【帮助和支持】看到，也可以用 F1 键直接打开【帮助和支持】窗口，它提供了用户可能遇到的一些问题的解决方案，其中又细分了很多主题，在每个主题下面包含了该主题的相关知识或疑难点。

1. 使用帮助主题

用户在使用帮助主题前，需要先进入【Windows 帮助和支持】窗口，该界面的组成部分是由导航按钮、搜索工具栏、查找答案、来自微软的详细介绍等几个部分组成，如图 3-46 所示。

图 3-46　【Windows 帮助和支持】窗口

若要在 Windows 7 操作系统中选择帮助主题，只需在桌面状态下按下 F1 快捷键，或者在某些窗口的右上角单击 按钮即可，用户可以在打开的【Windows 帮助和支持】窗口中即可获取帮助主题内容。

【例 3-8】获取【开始】菜单信息。

(1) 在桌面状态下按下 F1 键，打开【Windows 帮助和支持】窗口，如图 3-46 所示。

(2) 在【是否不确定从哪里开始】选项区域中，单击【Windows基本常识：所有主题】链接，进入【Windows基本常识：所有主题】界面，如图 3-47 所示。

(3) 在【桌面基础】选项组中，单击【开始菜单(概述)】链接，进入具体的【开始菜单(概述)】窗口，如图 3-48 所示。

(4) 用户可以滚动鼠标滚轮查看具体信息。

图 3-47　【所有主题】的帮助窗口

图 3-48　【开始】菜单的帮助窗口

2. 搜索帮助主题

帮助主题里的【搜索】功能可以快速查找所需的帮助信息，用户可以在搜索工具栏里任意输入一个关键字，例如"桌面小工具"文本，然后按 Enter 键即可快速获得帮助主题。单击其中的链接，便可以查看该主题下的帮助信息。

提示：如果用户计算机已经能够接入互联网，接入网络后可以直接浏览最新的在线帮助内容。用户可以单击【Windows 帮助和支持】窗口中的【联机帮助】按钮，系统会自动打开网页浏览器，显示微软网站上提供的最新帮助。

3.3　管理软件资源

使用计算机离不开软件的支持，操作系统和应用程序都属于软件的范畴。虽然 Windows 7 操作系统中提供了一些用于文字处理、编辑图片、多媒体播放、计算数据、娱乐休闲等应用程序组件，但是这些程序仍然无法满足实际应用的需求，所以在安装操作系统软件之后，用户经常会安装其他应用软件或删除无用的软件。

3.3.1　安装软件

下面以安装"暴风影音"软件为例，介绍在 Windows 7 中安装软件的方法。

【例 3-9】安装"暴风影音"软件。

(1) 双击"暴风影音"安装文件，启动安装程序向导，单击【下一步】按钮，如图 3-49 所示。

(2) 打开【许可证协议】对话框，单击【我接受】按钮，如图 3-50 所示。

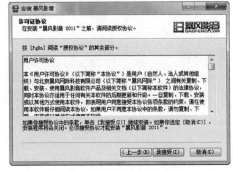

图 3-49　软件安装界面　　　　　　　图 3-50　软件安装协议

(3) 打开【选择组件和需要创建的快捷方式】对话框，根据需要选择各个选项，这里保持默认选择不变，单击【下一步】按钮，如图 3-51 所示。

(4) 打开【选择安装位置】对话框，单击【浏览】按钮，如图 3-52 所示。

(5) 打开【浏览文件夹】对话框，选择要安装的硬盘目录位置，这里选择 D 盘，单击【确定】按钮，如图 3-53 所示。

(6) 返回【选择安装位置】对话框，在【目标文件夹】文本框的"D:\"后添加上"暴风影音"文本，表示在 D 盘下建立该名称文件夹。

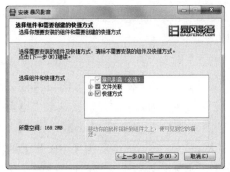
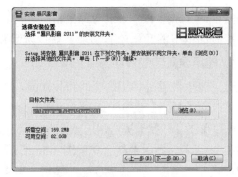

图 3-51 选择组件和创建快捷方式　　　　　图 3-52 选择软件安装位置

(7) 单击【下一步】按钮，打开【免费的百度工具栏】对话框，显示程序附带的安装附件，用户按照需求选择是否安装，这里不选择复选框安装，直接单击【安装】按钮，如图 3-54 所示。

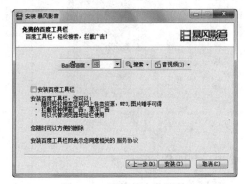

图 3-53 【浏览文件夹】对话框　　　　　图 3-54 附带的安装附件

(8) 进入正在安装的状态，等待安装进度条结束。

(9) 进入【选择要下载的播放组件】对话框，保持默认选择，单击【下一步】按钮。

(10) 等安装完毕的界面出现，单击【完成】按钮。

3.3.2 运行软件

在 Windows 7 操作系统里，用户可以用多种方式运行安装好的软件程序。下面以"暴风影音"软件为例，介绍应用程序软件启动的方式。

(1) 从【开始】菜单选择：选择【开始】|【所有程序】命令，然后在程序列表中找到要打开的软件的快捷方式即可，例如打开"暴风影音"的启动程序。

(2) 双击桌面快捷方式：用鼠标双击在桌面上的"暴风影音"快捷方式图标，即可打开该程序。

(3) 任务栏启动：使用任务栏上的快速启动工具栏运行，如果运行的软件在任务栏中的快速启动栏上有快捷图标，单击该图标即可启动该程序。

(4) 双击安装目录下的可执行文件：找到软件安装目录下的可执行文件，例如"暴风影音"的可执行文件为 Storm.exe，双击该文件即可运行该应用程序。

3.3.3 卸载软件

卸载软件就是将该软件从计算机硬盘内删除，软件如果使用一段时候后不再需要，或者由于磁盘空间不足，可以选择一些软件将其删除。由于软件程序不是独立的文档图片等文件，不是简单的【删除】命令就能完全将其删除，必须通过其自带的卸载程序将其删除，也可以通过控制面板中的【程序和功能】窗口来卸载软件。

1. 使用内置卸载程序

大部分软件都提供了内置的卸载功能，一般都是以 uninstall.exe 为文件名的可执行文件。用户可以在【开始】菜单中选择【卸载】命令来删除该软件。例如，用户需要卸载"迅雷"软件，可以单击【开始】按钮，选择【所有程序】|【迅雷软件】|【迅雷 7】|【卸载迅雷 7】命令，如图 3-55 所示。此时系统会打开图 3-56 所示的对话框，在该对话框中单击【下一步】即可开始卸载软件，之后按照卸载界面的提示一步步做下去，迅雷软件将会从当前计算机里被删除。

图 3-55　【开始】菜单选择卸载命令　　　　　图 3-56　卸载软件

2. 使用控制面板卸载软件

如果该程序没有自带卸载功能，用户可以通过控制面板中的【程序和功能】窗口来卸载该程序。下面通过实例介绍如何使用【程序和功能】窗口来卸载软件。

【例 3-10】卸载"暴风影音"软件。

(1) 选择【开始】|【控制面板】命令，打开【控制面板】窗口，单击其中的【程序和功能】超链接，如图 3-57 所示。

(2) 在打开【程序和功能】窗口中，右击【暴风影音】选项，弹出【卸载/更改】菜单命令，选择该命令，如图 3-58 所示。

图 3-57　【控制面板】窗口　　　　　　图 3-58　选择【卸载/更改】命令

(3) 打开【暴风影音卸载】对话框，单击【卸载】按钮。

(4) 系统开始卸载软件，等绿色的进度条读完，即卸载成功。

3.3.4　修复软件

有的应用程序软件提供了修复功能，如果使用该软件时经常出现问题，那么有可能是该软件的某些程序文件发生了损坏。此时可以重新安装该程序，也可以用【控制面板】中的【程序和功能】窗口对该软件进行修复，下面举例介绍修复软件的过程。

【例 3-11】修复 Office 软件。

(1) 选择【开始】|【控制面板】命令，打开【控制面板】窗口，单击其中的【程序和功能】超链接。

(2) 在列表框中右击要修复的软件，在弹出的快捷菜单中选择【修复】命令，出现显示修复进度的对话框，如图 3-59 所示。软件修复完成后自动关闭对话框。

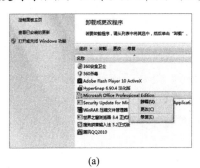　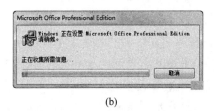

(a)　　　　　　　　　　　　　　　　　　(b)

图 3-59　修复软件

3.3.5　更新软件

更新软件可以增强计算机安全性，还可以提高计算机性能。应用软件的更新可以在网上获得下载版本，而 Windows 7 操作系统的更新则建议用户启用 Windows 自动更新，这样 Windows 便可以在有更新可用时自动为计算机安装安全更新和重要更新或推荐更新。

【例 3-12】在 Windows 7 中启动 Windows 自动更新。

(1) 单击【开始】按钮，选择【控制面板】命令，打开【控制面板】窗口，单击其中的【Windows Update】链接，如图 3-60 所示。

(2) 单击对话框左侧的【更改设置】超链接，打开【更改设置】窗口，在【重要更新】下拉列表栏里选择【自动安装更新(推荐)】选项，如图 3-61 所示。

图 3-60　单击【Windows Update】超链接　　　　图 3-61　更改设置

(3) 单击【确定】按钮，返回【Windows Update】对话框，单击【安装更新】按钮，即可自动下载系统更新并安装更新。

3.3.6　使用不兼容的软件

某些在以前 Windows 旧版本中能运行的软件程序，在 Windows 7 系统中可能无法安装运行，或者运行过程中发生错误问题，这被称为"软件的不兼容"问题。为了能在 Windows 7 里使用早期版本开发的应用程序软件，用户可以使用兼容模式来运行该程序。

1. 手动选择兼容模式

如果用户知道某个软件针对旧版本操作系统开发，可以手动选择该操作系统的兼容模式，使该软件能够在 Windows 7 系统下运行。

【例 3-13】为程序选择一种操作系统兼容模式。

(1) 用鼠标右击应用程序快捷图标，在弹出的快捷菜单中选择【属性】命令。

(2) 打开【属性】对话框，选择【兼容性】选项卡，选中【以兼容模式运行这个程序】复选框，在其下拉列表中选择【Windows XP(Service Pack 3)】兼容模式，如图 3-62 所示。

(3) 如果用户想让该设置对所有用户都有效，可单击【更改所有用户的设置】按钮，打开【所有用户兼容性】的对话框。

(4) 在对话框中选中【以兼容模式运行这个程序】复选框，在其下拉列表中选择【Windows XP(Service Pack 3)】兼容模式，然后单击【确定】按钮，如图 3-63 所示。

图 3-62　选择兼容模式　　　　　　　　图 3-63　所有用户兼容性设置

(5) 返回【属性】对话框后单击【确定】按钮即可。

2. 系统自动选择兼容模式

如果用户不知道软件的兼容模式，可以让系统自动查找和设置该软件的兼容模式。

【例 3-14】让 Windows 7 系统自动选择软件的兼容模式。

(1) 用鼠标右击应用程序快捷图标，在弹出的快捷菜单中选择【兼容性疑难解答】命令，此时系统开始自动检测程序兼容性问题。

(2) 打开的【程序兼容性】对话框，单击【尝试建议的设置】选项，如图 3-64 所示。

(3) 系统会测试程序的兼容性，这里提供了 Windows XP Services Pack 2 兼容模式，用户可以单击【启动程序】按钮来测试程序是否正常运行，如图 3-65 所示。

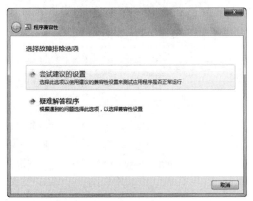

图 3-64　【程序兼容性】对话框　　　　　图 3-65　单击【启动程序】按钮

(4) 完成测试后，单击【下一步】按钮，如果测试成功，在打开的对话框中用户可单击【是，为此程序保存这些设置】选项，保存设置结果。

(5) 如果测试后应用程序仍然没有正常运行，在打开的对话框中单击【否，使用其他设置再试一次】选项，随后会转到图 3-66 所示的对话框，用户应根据提示给出的描述来进行选择，若要尝试增加权限以便程序正常运行，则可以选中【该程序需要附件权限】复选框。

(6) 此时，单击【下一步】按钮，打开图 3-67 所示的对话框，为程序选择一个兼容的 Windows 版本。

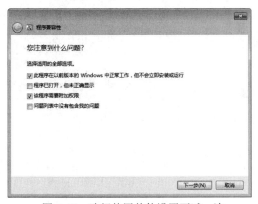

图 3-66　选择使用其他设置再试一次　　　图 3-67　选择其他兼容的 Windows 版本

(7) 单击【下一步】按钮，系统继续测试程序能否正常运行，然后根据所遇到问题再重新进行设置。

3.3.7　管理默认程序

管理默认程序是指设置默认程序和将文件与软件相关联。设置默认程序是用户设置指定某个软件可以打开哪些类型的文件；将文件与软件相关联是用户设置某类文件指定由某个软件启动。

1. 设置默认程序

用户可以将 Windows 7 系统里自带的一些软件设置为支持该文件类型的默认程序，同样也可以将这些软件设置为指定文件类型的默认程序，下面举例说明设置默认程序的步骤。

【例3-15】设置系统的默认程序。

(1) 单击【开始】按钮，在弹出的【开始】菜单中选择【默认程序】命令，如图3-68所示。

(2) 打开【默认程序】窗口，单击【设置默认程序】超链接，如图3-69所示。

图3-68　选择【默认程序】命令　　　　图3-69　单击【设置默认程序】超链接

(3) 打开【设置默认程序】窗口，窗口左边的【程序】列表框中显示了系统里的软件程序，这里选择【Internet Explorer】选项，如图3-70所示。

(4) 当选择【将此程序设置为默认值】选项时，可将此程序设置为其支持的所有文件类型默认的打开程序。

(5) 当选择【选择此程序设置为默认值】选项时，将打开【设置程序的关联】窗口，用户可以自定义设置软件的默认值，在窗口的列表框中选择该软件关联文件的拓展名选项，然后单击【保存】按钮，即可完成设置，如图3-71所示。

图3-70　选择程序软件　　　　图3-71　设置程序的关联

提示：【默认程序】窗口，也可以通过选择【控制面板】|【默认程序】命令来打开。

2. 设置文件关联

当同一类型的文件能被多个软件打开时，用户可以为该文件类型设置文件关联软件，下面举例说明设置文件关联软件的步骤。

【例 3-16】设置文件关联软件。

(1) 单击【开始】按钮，打开【开始】菜单，选择【默认程序】命令。

(2) 打开【默认程序】窗口，单击【将文件类型或协议与程序关联】超链接，如图 3-72 所示。

(3) 打开【设置关联】窗口，在列表框中选择所需关联的扩展名选项，例如选择.bmp 文件类型选项，然后单击【更改程序】按钮，如图 3-73 所示。

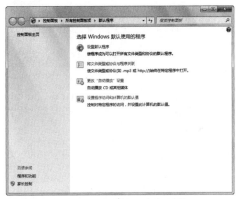

图 3-72　单击第 2 个超链接　　　　　　　图 3-73　选择文件类型

(4) 打开【打开方式】对话框，在【推荐的程序】栏中选择文件关联的程序选项，这里选择【ACDSee Pro 2】程序，如图 3-74 所示。

(5) 单击【确定】按钮，返回【设置关联】对话框，上方的程序项目发生变化，单击【关闭】按钮，即可完成设置，如图 3-75 所示。

图 3-74　设置文件关联程序　　　　　　　图 3-75　【设置关联】对话框

3.3.8　打开/关闭 Windows 7 功能

Windows 7 系统自带了很多功能程序，必须打开方能使用。其中某些功能默认情况下是打开的，可以在不使用时将其关闭。

在 Windows 的早期版本中，若要关闭某个功能，必须从计算机上将其完全卸载。而在 Windows 7 系统中，关闭某个功能不会将其卸载，这些功能仍储存在硬盘上，以便在需要的情况下将其重新打开。

【例 3-17】打开"FTP 服务"功能，关闭"游戏"功能。

(1) 单击【开始】按钮，在弹出的【开始】菜单中选择【控制面板】选项，打开【控制面板】窗口。

(2) 选择【程序和功能】选项，在打开的窗口单击【打开或关闭 Windows 功能】超链接，如图 3-76 所示。

(3) 经过系统检测后，打开【Windows 功能】窗口，其列表框中显示了所有的 Windows 功能选项。其中复选框前面显示为■表示该功能中的某些子功能被打开；而复选框前面显示为☑则表示该功能包括子功能全部被选中，如图 3-77 所示。

图 3-76　【程序和功能】窗口　　　　图 3-77　【Windows 功能】窗口

(4) 单击【Internet 信息服务】前面的田，展开该功能下的子功能，选中【FTP 服务器】|【FTP 服务】复选框，即可打开该功能。

(5) 取消【游戏】复选框的选中状态，然后单击【确定】按钮。

(6) 系统显示更改功能配置进度，配置完成后自动关闭窗口。

提示：如果不能确定某些功能的用途，不要将已经默认打开的功能关闭，否则可能会导致文件损坏甚至系统崩溃。

3.4　管理硬件设备

Windows 7 系统用于查看和管理硬件设备的自带程序是"设备管理器"，用户可以通过设备管理器方便查看计算机已经安装的硬件设备及其各项属性，此外还能更改硬件设备的高级设置。本节主要介绍使用设备管理器查看硬件属性、启用和禁用硬件设备、安装和卸载硬件等内容。

3.4.1　启动设备管理器

在 Windows 7 中，打开设备管理器的方法很多，常见的 3 种操作如下所述。

(1) 右击桌面上的【计算机】系统图标，从弹出的快捷菜单中选择【管理】命令，然后在随后打开的【计算机管理】窗口的左侧树状列表中选择【设备管理器】选项，即可打开设备管理器，如图 3-78 所示。

(2) 右击桌面上的【计算机】系统图标，从弹出的快捷菜单中选择【属性】命令，打开【系统】窗口。然后单击该窗口左侧任务列表中的【设备管理器】链接，打开【设备管理器】窗口，如图 3-79 所示。

(3) 单击【开始】按钮，在【开始】菜单下面的搜索框中输入 devmgmt.msc，输入完毕按 Enter 键或用鼠标单击搜索到的程序图标，即可打开【设备管理器】窗口。

图 3-78 【设备管理器】窗口

图 3-79 用【属性】命令打开【设备管理器】

3.4.2 查看硬件属性

在 Windows 7 系统中，设备管理器会按照类型显示所有的硬件设备。用户通过设备管理器，不仅能查看计算机硬件的基本属性，还可以查看硬件设备及其驱动程序等信息。

打开【设备管理器】窗口，单击每一个类型前的▷按钮即可展开该类型的设备，并查看属于该类型的具体设备，双击该设备就可以打开相应设备的【属性】对话框，如图 3-80 所示。在具体设备上右击，则可以在弹出的快捷菜单中执行相关的一些命令，如图 3-81 所示。

图 3-80 查看硬件属性

图 3-81 右击设备弹出的快捷菜单

3.4.3 查看 CPU 速度和内存容量

计算机的性能主要取决于 CPU 速度和内存容量。CPU 速度和内存容量是计算机的重要参数，它们决定着电脑的工作速度。Windows 7 可以通过简单的方法快速地查看当前计算机的 CPU 速度和内存容量：用户只需右击桌面上的【计算机】图标，从弹出的右键菜单中选择【属性】命令，随后在打开的属性窗口的系统区域，可以查看 CPU 速度和内存容量。

3.4.4 启用和禁用硬件设备

在使用电脑的过程中，如果遇到某些已安装的硬件设备暂时不需要，或者为了避免系统分配给该硬件资源，用户可以禁用硬件设备。待到需要使用的时候，还可以重新启用。启用和禁用硬件设备，不用直接拆卸硬件设备与电脑的连接，用户可以通过设备管理器进行设置。

【例 3-18】先禁用"高清晰度音频"设备，再将其重新启用。

(1) 打开【设备管理器】窗口，单击【声音、视频和游戏控制器】类型前的▷按钮，展开该类型所有设备。

(2) 右击【高清晰度音频设备】选项，在弹出的快捷菜单中选择【禁用】命令，如图 3-82 所示。

(3) 在打开的禁用对话框中单击【是】按钮，将硬件设备停止使用。

(4) 此时被禁用的设备显示出一个黑色向下箭头，右击该设备，在弹出的快捷菜单中选择【启用】命令，稍等片刻该硬件便可重新恢复正常使用状态，如图 3-83 所示。

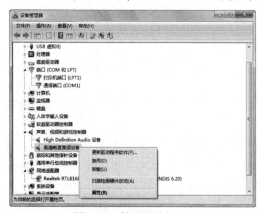

图 3-82　禁用硬件设备

图 3-83　恢复使用硬件设备

3.4.5 安装和更新驱动程序

驱动程序(Device Diver)全称为"设备驱动程序"，其作用是将硬件的功能传递给操作系统，操作系统才能控制好硬件设备。驱动程序是一种软件，但和其他的应用程序不同，驱动程序在安装之后会自动运行，除非将其卸载，否则用户无法对其进行控制和管理。

1. Windows 7 驱动程序的特点

Windows 7 的驱动程序和以前操作系统版本有很大不同。以往的操作系统将驱动程序安装在系统的内核模式下，在安装新的驱动时会对整个系统产生影响，如果安装的驱动程序发生错误时，可能会对操作系统产生严重故障。而 Windows 7 系统的驱动程序是放置在用户模式下，驱动程序只是被当作一个普通的程序，一个错误的驱动程序只是不能发挥自身的作用，而无法对操作系统本身带来影响，这样在安装驱动程序时，用户就不必担心是否会对操作系统带来损害，也不必担心因为安装驱动程序而反复重启计算机。

由于 Windows 7 的驱动程序放置于用户模式下，从而开放了更多用户对驱动程序的控制和管理权限，用户可以对某些硬件的驱动程序进行控制，获得更多的功能。例如，在以前操作系统中听歌和系统提示声音是同时播放的，无法单独对其控制；而在 Windows 7 系统下，通过对驱动程序进行控制，可以单击任务栏中的【扬声器】按钮，在弹出的面板中单击【合成器】超链接，如图 3-84 所示，打开【音量合成器—扬声器】对话框，可以单独调整系统声音，而不会影响其他音乐程序的音量，如图 3-85 所示。

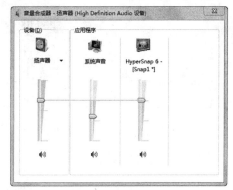

图 3-84　单击【扬声器】按钮　　　　　　　图 3-85　调整系统声音

2. 安装与更新驱动程序

通常在安装新硬件设备时，系统会提示用户需要为硬件设备安装驱动程序，此时可以使用光盘、本机硬盘、联网等方式寻找与硬件相符的驱动程序。安装驱动程序可以先打开【设备管理器】窗口，选择菜单栏上的【操作】|【扫描检测硬件改动】命令，系统会自动寻找新安装的硬件设备，图 3-86 所示为安装高清晰度音频设备驱动程序，由于该驱动存储于系统硬盘上，所以系统直接安装驱动程序即可。

(a)　　　　　　　　　　　　　　　　(b)

图 3-86　安装驱动程序

3.4.6　卸载硬件设备

在使用计算机过程中，如果某些硬件暂时不需要运行，或者该硬件同其他硬件设备产生冲突而导致无法正常运行计算机，用户可以在 Windows 7 系统中卸载该设备。

卸载硬件设备的步骤很简单，用户只需打开【设备管理器】窗口，右击要卸载的硬件设备选项，在弹出的快捷菜单中选择【卸载】命令，图 3-87 所示为卸载声卡设备。在打开的对话框中单击【确定】按钮即可开始卸载，如图 3-88 所示。当卸载完成后，声卡设备将显示为不可用状态 。

图 3-87　卸载硬件　　　　　　　图 3-88　【确认设备卸载】对话框

3.5　管理文件和文件夹

在使用计算机的过程中，用户在 Windows 7 操作系统的帮助下管理系统中的各种资源。这些资源包括各种文件和文件夹资料。文件和文件夹的关系犹如现实生活中的书与书柜的关系，而在 Windows 7 中几乎所有的日常操作都与文件和文件夹有关联。

3.5.1　计算机中的文件管理

文件是储存在计算机磁盘内的一系列数据的集合，而文件夹则是文件的集合，用来存放单个或多个文件。文件和文件夹都被包含在计算机磁盘内。

磁盘、文件和文件夹三者存在着包含和被包含的关系，下面将分别介绍这三者的相关概念和相关关系。

1. 磁盘

所谓磁盘，通常就是指计算机硬盘上划分出的分区，用来存放计算机的各种资源。磁盘由盘符来加以区别，盘符通常由磁盘图标、磁盘名称和磁盘使用信息组成，用大写英文字母加一个冒号来表示，如 E:(简称为 E 盘)。用户可以根据自己的需求在不同的磁盘内存放相应的内容，一般来说，C 盘是第一个磁盘分区，用来存放系统文件。各个磁盘在计算机的显示状态如图 3-89 所示：　C 盘中是操作系统的安装文件，D 盘通常用于存放安装的应用程序，E 盘保存工作学习中使用的文件。

2. 文件和文件夹

文件是各种保存在计算机磁盘中信息和数据，如一首歌、一部电影、一份文档、一张图片、一个应用程序等。在 Windows 7 系统中的平铺显示方式下，文件主要由文件名、文件拓展名、分隔点、文件图标及文件描述信息等部分组成，如图 3-90 所示。

图 3-89　计算机的各个磁盘

图 3-90　文件的组成

文件的各组成部分作用如下。
- 文件名：标识当前文件的名称，用户可以根据需求来自定义文件的名称。
- 文件拓展名：标识当前文件的系统格式，图3-90中的文件拓展名为doc，表示这个文件是一个 Word 文档文件。

- 分隔点：用来分隔文件名和文件拓展名。
- 文件图标：用图例表示当前文件的类型，是由系统里相应的应用程序关联建立的。
- 文件描述信息：用来显示当前文件的大小和类型等系统信息。

用户给文件命名时，必须遵循以下规则：

- 文件名不能用"？""*""/""<""、"等符号。
- 文件名不区分大小写。
- 文件名开头不能为空格。
- 文件或文件夹名称不得超过128个字节。

在 Windows 中常用的文件扩展名及其表示的文件类型如表 3-1 所示。

表 3-1　Windows 中常用的扩展名

扩展名	文件类型	扩展名	文件类型
AVI	视频文件	TXT	文本文件
BAK	备份文件	BMP	位图文件
BAT	批处理文件	EXE	可执行文件
DCX	传真文件	DAT	数据文件
DLL	动态链接库	DRV	驱动程序文件
DOC	Word 文件	FON	字体文件
XLS	Excel 文件	HLP	帮助文件
PPT	PowerPoint 文件	RTF	文本格式文件
INF	信息文件	SCR	屏幕文件
MID	乐器数字接口文件	TTF	TrueType 字体文件
MMF	mail 文件	WAV	声音文件

　　文件夹用于存放电脑中的文件，是为了更好地管理文件而设计的。通过将不同的文件保存在相应的文件夹中，可以让用户方便快捷地找到想找的文件。文件夹的外观由文件图标和文件夹名称组成，如图 3-91 所示。

　　文件夹不但可以存放多个文件，也可以创建子文件夹。在 Windows 7 系统中，用户可以逐层进入文件夹，如图 3-92 所示，在窗口的地址栏里记录了用户进入的文件夹层次结构。

图 3-91　文件夹的组成

图 3-92　文件夹层次结构

3. 磁盘、文件、文件夹之间的关系

　　文件和文件夹都是存放在电脑的磁盘中，文件夹可以包含文件和子文件夹，子文件夹内又可以包含文件和子文件夹，依次类推，即可形成文件和文件夹的树形关系，如图 3-93 所示。

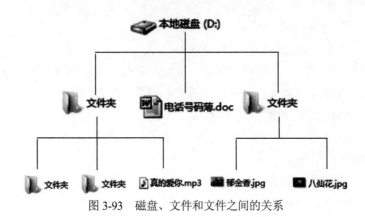

图 3-93　磁盘、文件和文件之间的关系

4. 磁盘、文件、文件夹的路径

路径指的是文件或文件夹在电脑中存储的位置，当打开某个文件夹时，在地址栏中即可看到该文件夹的路径。

路径的结构一般包括磁盘名称、文件夹名称和文件名称，它们之间用"\"隔开。例如，在 D 盘下的"歌曲"文件夹里的"生如夏花.mp3"，文件路径显示为"D:\歌曲\生如夏花.mp3"。

3.5.2　使用资源管理器管理文件

Windows 7 系统中的资源管理器和 Windows XP 中的资源管理器相比，其功能和外观上都有了很大的改进。用户使用资源管理器可以方便地对文件进行浏览、查看以及移动、复制等各种操作，在一个窗口里用户可以浏览所有的磁盘、文件和文件夹。其组成部分和前面章节介绍的窗口相似，不再赘述。下面将主要介绍使用资源管理器查看、排序和显示文件的方法。

1. 查看文件

在 Windows 7 系统中管理计算机中的资源时，随时可以查看某些文件和文件夹。Windows 7 系统一般用【资源管理器】窗口(即【计算机】窗口)来查看磁盘、文件和文件夹等计算机资源，用户主要通过窗口工作区、地址栏、导航窗格这三种方式进行查看。

1) 通过资源管理器窗口工作区查看文件

窗口工作区是窗口最主要的组成部分，通过窗口工作区查看计算机中的资源是最直观、最常用的查看方法，下面将举例介绍如何在窗口工作区内查看文件。

【例 3-19】通过窗口工作区查看 E 盘中"作业"文件夹中的"课件"文件夹中的"第一章"文件。

(1) 选择【开始】|【计算机】命令，或者双击桌面上的【计算机】图标，打开【计算机】窗口。

(2) 在该窗口工作区内双击磁盘符【本地磁盘(E:)】，打开 E 盘窗口，找到并双击"作业"文件夹，打开"作业"文件夹，如图 3-94 所示。

(3) 在该文件夹内找到并双击"课件"文件夹，打开"课件"文件夹。

(4) 在该文件夹内找到"第一章"文件，双击打开"第一章"文件，如图 3-95 所示。

图 3-94　双击资源管理器中的文件夹　　　　　　图 3-95　双击文件夹中的文件

(5) "第一章"文件为 PPT 文档,由 PowerPoint 软件制作,双击该文件后将启动 PowerPoint 显示文件内容。

2) 通过资源管理器地址栏查看文件

Windows 7 的窗口地址栏用"按钮"的形式取代了传统的纯文本方式,并且在地址栏周围取消了【向上】按钮,而仅有【前进】和【后退】按钮。通过地址栏用户可以轻松跳转与切换磁盘和文件夹目录,地址栏只能显示文件夹和磁盘目录,不能显示文件。

用户双击桌面【计算机】图标,打开资源管理器,单击窗口地址栏中【计算机】文本后的 按钮,在弹出的下拉列表中选择所需的磁盘盘符,如选择 E 盘,如图 3-96 所示,此时在地址栏中已自动显示【本地磁盘(E:)】文本和其后的 按钮,单击该按钮,在弹出的下拉菜单中选择【作业】文件夹,如图 3-97 所示。用户若想返回原来的文件夹,可以单击地址栏左侧的 按钮。

图 3-96　地址栏选择 E 盘　　　　　　　　图 3-97　选择【作业】文件夹

如果当前【计算机】窗口中已经查看过某个文件夹需要再次查看,用户可以单击地址栏最右侧的 按钮或者【前进】、【后退】按钮右侧的 按钮,在弹出的下拉列表里选择该文件夹即可快速打开。

2. 排序文件

文件和文件夹排序的具体方法就是在窗口空白处右击,在弹出的快捷菜单中选择【排序方式】的子菜单里某个选项即可。排序方式有【名称】、【修改日期】、【类型】、【大小】等几种。Windows 7 还提供【更多…】的选项让用户选择，而【递增】和【递减】选项是指确定排序方式后再以增减顺序排列，如图 3-98 所示。

3. 设置文件显示方式

在资源管理器窗口中查看文件和文件夹时，系统提供了多种显示方式。用户可以单击工具栏右侧的 按钮，在弹出的快捷菜单中有 8 种排列方式可供选择，如图 3-99 所示。

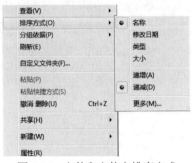
图 3-98　文件和文件夹排序方式

图 3-99　文件和文件夹显示方式

3.5.3　使用库访问文件和文件夹

用户可以单击【开始】按钮，在【开始】菜单中选择【所有程序】，选择【附件】后在下拉菜单里单击【Windows 资源管理器】，或者直接单击任务栏中【Windows 资源管理器】图标，最后打开【库】窗口，如图 3-100 所示。

(a)　　　　　　　　　　(b)

图 3-100　从任务栏打开【库】窗口

所谓"库"，就是专用的虚拟视图，用户可以将磁盘上不同位置的文件夹添加到库中，并在库这个统一的视图中浏览不同的文件夹内容。一个库中可以包含多个文件夹，而同时，同一个文件夹也可以被包含在多个不同的库中。另外，库中的链接会随着原始文件夹的变化而自动更新，并且可以以同名的形式存在于文件库中。

3.5.4　文件和文件夹的基本操作

要想在 Windows 7 系统下管理好电脑资源，必须掌握文件和文件夹的基本操作，这些基本操作包括创建、选择、移动、复制、删除、重命名文件和文件夹等操作。

1. 新建文件和文件夹

在使用电脑时，用户新建文件是为了存储数据或者使用应用程序。用户可以根据自己的需求，创建文件夹来存放相应类型的文件。下面将举例介绍新建文件和文件夹的具体步骤。

【例 3-20】在 E 盘新建一个名为"看电影"的文本文档文件和一个名为"娱乐休闲"的文件夹。

(1) 双击桌面上的【计算机】图标，打开【计算机】窗口，然后双击【本地磁盘(E:)】盘符，打开 E 盘。

(2) 在窗口空白处右击，在弹出的快捷菜单中选择【新建】|【文本文档】命令。

(3) 此时窗口出现"新建文本文档.txt"文件，并且文件名"新建文本文档"呈可编辑状态，如图 3-101 所示。

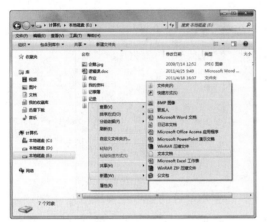

图 3-101　新建文档

(4) 输入"看电影"，则变为"看电影.txt"文件。

(5) 在窗口空白处单击鼠标右键，在弹出的快捷菜单中选择【新建】|【文件夹】命令，如图 3-102 所示。

(6) 创建【新建文件夹】文件夹，由于文件夹名是可编辑状态，直接输入"娱乐休闲"，则变成"娱乐休闲"文件夹。

2. 选择文件和文件夹

用户对文件和文件夹进行操作之前，先要选定文件和文件夹，选中的目标在系统默认下呈蓝色状态显示。Windows 7 系统提供了如下几种选择文件和文件夹的方法。

(1) 选择单个文件或文件夹：用鼠标左键单击文件或文件夹图标即可将其选择。

(2) 选择多个相邻的文件或文件夹：选择第一个文件或文件夹后，按住 Shift 键，然后单击最后一个文件或文件夹。

(3) 选择多个不相邻的文件和文件夹：选择第一个文件或文件夹后，按住 Ctrl 键，逐一单击要选择的文件或文件夹。

(4) 选择所有的文件或文件夹：按 Ctrl+A 快捷键即可选中当前窗口中所有文件或文件夹。

(5) 选择某一区域的文件和文件夹：在需选择的文件或文件夹起始位置处按住鼠标左键进行拖动，此时在窗口中出现一个蓝色的矩形框，当该矩形框包含了需要选择的文件或文件夹，然后松开鼠标，即可完成选择。

3. 重命名文件和文件夹

用户在新建文件和文件夹时，已经给文件和文件夹命名了。不过在实际操作过程中，为了方便用户管理和查找文件和文件夹，可能要根据用户需求对其重新命名。

用户可以将上面的【例 3-20】中新建的"看电影"文件和"娱乐休闲"文件夹分别改名为"午夜场"文件和"影视剧"文件夹。其步骤很简单，用户只需用鼠标右击该文件或文件夹，在弹出的快捷菜单中选择【重命名】命令，如图 3-102 所示，则文件名变为可编辑状态，此时输入要改的新名称即可，如图 3-103 所示。

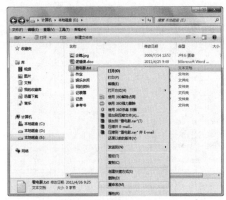

图 3-102　【重命名】命令　　　　图 3-103　重命名文件和文件夹

4. 复制文件和文件夹

复制文件和文件夹是指制作文件或文件夹的副本，目的是防止程序出错、系统问题或计算机病毒所引起的文件损坏或丢失。用户将文件和文件夹进行备份，可复制粘贴到磁盘上的其他位置上。

【例 3-21】将 E 盘的"影视剧"文件夹复制到 D 盘。

(1) 打开【计算机】窗口，双击【本地磁盘(E:)】盘符，打开 E 盘，选中其中的"影视剧"文件夹。

(2) 右击"影视剧"文件夹，在弹出的快捷菜单中选择【复制】命令。

(3) 打开 D 盘，右击窗口空白处，在弹出的快捷菜单中选择【粘贴】命令。"影视剧"文件夹即复制到 D 盘里。

提示：【复制】和【粘贴】命令，可以分别用 Ctrl+C 和 Ctrl+V 快捷键来代替。

5. 移动文件和文件夹

移动文件和文件夹是指将文件和文件夹从原先的位置移动至其他的位置。移动的同时，会删除原先位置下的文件和文件夹。在 Windows 7 系统中，用户可以使用鼠标拖动的方法，或者右击选择快捷菜单中的【剪切】和【粘贴】命令，对文件或文件夹进行移动操作。

用户要特别注意，这里所说的移动不是指改变文件或文件夹的摆放位置，而是指改变文件或文件夹的存储路径。

【例 3-22】将 E 盘的"午夜场.txt"文件移动到 D 盘。

(1) 打开 E 盘，右击"午夜场.txt"文件，在弹出的快捷菜单中选择【剪切】命令。

(2) 打开 D 盘，右击窗口空白处，在弹出的快捷菜单中选择【粘贴】命令，"午夜场.txt"

则被移动到 D 盘，而 E 盘里的源文件已经消失。

提示：【剪切】和【粘贴】命令，可以分别用 Ctrl+X 和 Ctrl+V 快捷键来代替。

6. 移动文件和文件夹

当计算机磁盘中存在损坏或用户不需要的文件和文件夹时，用户可以删除这些文件或文件夹，这样可以保持计算机系统运行顺畅，也节省了计算机磁盘空间。

删除文件和文件夹的方法有以下几种。

(1) 选中想要删除的文件或文件夹，然后按键盘上的Delete键。

(2) 右击要删除的文件或文件夹，然后在弹出的快捷菜单中选择【删除】命令。

(3) 用鼠标将要删除的文件或文件夹直接拖动到桌面的【回收站】图标上，并释放鼠标左键。

(4) 选中想要删除的文件或文件夹，单击窗口工具栏中的【组织】按钮，在弹出的下拉菜单中选择【删除】命令。

按照以上方法删除文件和文件夹后，文件和文件夹并没有被彻底删除，而是放到了回收站内，放入回收站里的文件或文件夹，用户可以执行恢复。若要彻底删除，用户可以清空回收站，或者在执行删除的操作中按住 Shift 键不放，系统会跳出询问是否完全删除的对话框，只需单击【是】按钮，即可完全删除文件或文件夹。

3.6　使用控制面板

用户可通过单击【开始】按钮，从弹出的菜单中打开【控制面板】(Control Panel)窗口，如图 3-104 所示。控制面板是 Windows 图形用户界面的一部分，它允许用户查看并操作基本的系统设置，例如添加/删除软件、控制用户账户、更改辅助功能选项等操作。

下面将通过实例操作，详细介绍在使用 Windows 7 时【控制面板】的常用设置。

3.6.1　用户管理

Windows 7 是一个允许多用户多任务的操作系统，当多个用户使用一台电脑时，为了建立各自专用的工作环境，每个用户都可以建立个人账户，并设置密码登录，保护自己保存在电脑的文件安全。每个账户登录之后都可以对系统进行自定义设置，其中一些隐私信息也必须登录才能看见，这样使用同一台电脑的每个用户则不会相互干扰。

1. 创建新用户账户

用户在安装完 Windows 7 系统后，第一次启动时系统自动建立的用户账户是管理员账户，在管理员账户下，用户可以创建新的用户账户。

【例 3-23】创建一个用户名为"孙立"的用户账户。

(1) 单击【开始】按钮，在弹出的【开始】菜单中选择【控制面板】命令，打开【控制面板】窗口，如图 3-104 所示。

(2) 在该窗口中单击【用户账户】图标，打开【用户账户】窗口，如图 3-105 所示。

(3) 单击【管理其他账户】超链接，打开【管理账户】窗口，如图 3-106 所示。

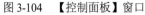

图 3-104　【控制面板】窗口

图 3-105　【用户账户】窗口

(4) 单击【创建一个新账户】超链接，打开【创建新账户】窗口，如图 3-107 所示。

图 3-106　【管理账户】窗口

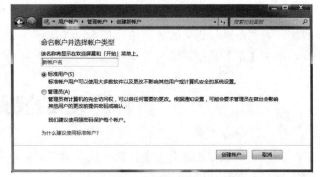

图 3-107　【创建新账户】窗口

(5) 在新账户名中输入"孙立"，然后选择用户类型，可通过单击【标准用户】或【管理员】，然后单击【创建账户】按钮。

2. 更改用户账户

创建完新账户以后，可以根据实际应用和操作来更改账户的类型，改变该用户账户的操作权限。待账户类型确定以后，也可以修改账户的设置，比如账户的名称、密码、图片，这些设置都可以在【管理账户】窗口中进行修改。

【例 3-24】将"孙立"的管理员账户改为标准用户账户，修改其头像图片并设置密码。

(1) 在【管理账户】窗口中单击【孙立】账户的图标，打开【更改账户】窗口，如图 3-108 所示。

(2) 单击【更改账户类型】超链接，打开【更改账户类型】窗口，如图 3-109 所示。

(3) 选中【标准用户】单选按钮，然后单击【更改账户类型】按钮。

(4) 返回【更改账户】窗口，"孙立"账户的字样已经变为【标准用户】。

(5) 在【更改账户】窗口中单击【更改图片】超链接，打开【选择图片】窗口。

(6) 该窗口中有很多图片可供用户选择，用户也可以单击【浏览更多图片】超链接，在硬盘里选择其他图片。

图 3-108　【更改账户】窗口

图 3-109　【更改账户类型】窗口

(7) 在该窗口中选择一张足球的图片，单击【更改图片】按钮，完成对账户头像图片的更改并返回【更改账户】窗口，如图 3-110 所示。

(a)

(b)

图 3-110　选择账户头像图片

(8) 在【更改账户】窗口单击【创建密码】超链接，打开【创建密码】窗口。在【新密码】文本框中输入一个密码，在其下方的文本框中再次输入密码进行确定，然后根据用户需要选择是否在【输入密码提示】文本框中输入相关提示信息，如图 3-111 所示。

(9) 最后单击【创建密码】按钮，返回【更改账户】窗口，完成账户密码设置，如图 3-112 所示。

图 3-111　设置账户密码

图 3-112　账户设置完成

(10) 当设置完成后，用户开机如果要进入"孙立"账户时，必须输入密码才可登陆。

3. 删除用户账户

当用户不需要某个已经创建的用户账户时，可以将其删除。删除用户账户必须在管理员账户下执行，并且所要删除的账户并不是当前的登录账户方可执行。

【例 3-25】删除标准用户账户"孙立"。

(1) 单击【开始】按钮，在弹出的【开始】菜单中选择【控制面板】命令，打开【控制面板】窗口。

(2) 单击【用户账户】图标，打开【用户账户】窗口。

(3) 单击【管理其他账户】超链接，打开【管理账户】窗口。

(4) 单击【孙立标准用户】图标，打开【更改账户】窗口，单击【删除账户】超链接，如图 3-113 所示。

(5) 打开【删除账户】窗口，选择是否保留该账户的文件，如果保留则单击【保留文件】按钮，不保留则单击【删除文件】按钮，这里单击【删除文件】按钮，选择删除文件，如图 3-114 所示。

图 3-113 【更改账户】窗口   图 3-114 删除文件

(6) 打开【确认删除】窗口，单击【删除账户】按钮，即可删除"孙立"用户账户。

(7) 返回【管理账户】窗口，这时窗口中已经没有"孙立"用户账户的显示。

3.6.2 设置显示属性

屏幕分辨率和刷新频率都是属于 Windows 7 的显示属性设置。分辨率是指显示器所能显示点的数量，显示器可显示的点数越多，画面就越清晰，屏幕区域内显示的信息也就越多。刷新频率是指图像在屏幕上更新的速度，即屏幕上图像每秒钟出现的次数。设置刷新频率主要是防止屏幕出现闪烁现象，如果刷新率设置过低会对眼睛造成伤害。

下面将通过实例介绍快速打开【控制面板】中【显示】窗口，设置分辨率和刷新率的方法。

【例 3-26】设置屏幕分辨率为 1024×768，刷新频率为 75Hz。

(1) 在桌面上右击，在弹出的快捷菜单中选择【屏幕分辨率】命令，打开【显示】窗口下的【屏幕分辨率】窗口。

(2) 在【分辨率】下拉列表中拖动滑块改变分辨率的大小为【1024×768】，如图 3-115

所示。

(3) 单击【高级设置】超链接，打开【通用即插即用显示器】对话框，单击【监视器】选项卡，在【屏幕刷新频率】下拉列表中选择【75 赫兹】，如图 3-116 所示。

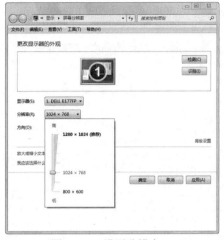

图 3-115　设置分辨率　　　　　　图 3-116　设置刷新频率

3.6.3　设置屏幕保护程序

屏幕保护程序简称为"屏保"，是用于保护计算机屏幕的程序，当用户暂时停止使用计算机时，它能让显示器处于节能的状态。Windows 7 提供了多种样式的屏保，用户可以设置屏幕保护程序的等待时间，在这段时间内如果没有对计算机进行任何操作，显示器就进入屏幕保护状态；当用户要重新开始操作电脑时，只需移动一下鼠标或按下键盘上的任意键，即可退出屏保。

如果屏幕保护程序设置了密码，则需要用户输入密码，才可以退出屏保。若用户不想使用屏幕保护功能，可以将该程序中的选项设置为【无】。

【例 3-27】通过【控制面板】中的【个性化】窗口为计算机设置【三维文字】屏保。

(1) 在桌面上右击，在弹出的快捷菜单中选择【个性化】命令，打开【个性化】窗口，如图 3-117 所示。

(2) 单击窗口下的【屏幕保护程序】超链接，打开【屏幕保护程序设置】对话框，如图 3-118 所示。

图 3-117　【个性化】窗口　　　　　图 3-118　【屏幕保护程序】对话框

(3) 选择【屏幕保护程序】下拉列表框中【三维文字】选项；在【等待】微调框内设置时间为【5】分钟；选中【在恢复时显示登录屏幕】复选框，如图 3-119 所示。

(4) 单击【设置】按钮，进入【三维文字设置】对话框，可以详细设置屏幕保护的文字大小、运转速度、字体颜色等，如图 3-120 所示。

图 3-119　设置屏保

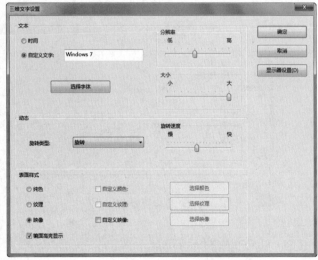
图 3-120　【三维文字设置】对话框

(5) 设置完成后，单击【确定】按钮，退回到【屏幕保护程序设置】对话框，最后单击【确定】按钮，即可完成屏幕保护的设置。

3.6.4　设置电源管理

通过在控制面板中设置电源，用户不仅可以减少计算机的功耗，延长显示器和硬盘的寿命，还可以防止在用户离开计算机时被其他人使用，保护隐私。

1. 设置电源计划

在 Windows 7 中，不同的电源计划决定硬件的能耗和性能，能耗越高，硬件性能越好。Windows 7 自带了三个电源计划：【高性能】、【平衡】、【节能】，按此顺序这三个计划的能耗和性能为递减。用户可以按照自己的实际需求来选择不同的内建电源计划。

【例 3-28】通过【控制面板】更改计算机的电源计划。

(1) 打开【控制面板】窗口，单击【电源选项】图标，打开【电源选项】窗口，在【首选计划】选项栏里选中【平衡】单选框，然后单击【更改计划设置】超链接，打开【编辑计划设置】窗口，如图 3-121 所示。

(2) 在【关闭显示器】下拉列表中，可以调整关闭显示器的等待时间；在【使计算机进入睡眠状态】下拉列表里，可以调整电脑进入睡眠状态的等待时间(在本例中分别设为【10分钟】和【1 小时】)，最后单击【保存修改】按钮保存设置，如图 3-122 所示。

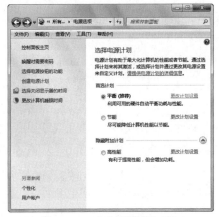

图 3-121　【电源选项】窗口　　　　　　　　　图 3-122　【编辑计划设置】窗口

2. 设置电源按钮

Windows 7 系统在默认设置下，一般台式计算机的电源按钮为关机，而在电源设置里可以将之调整为睡眠和休眠状态，用户可以在【电源选项】窗口里单击【选择电源按钮的功能】超链接，打开【系统设置】窗口，如图 3-123 所示。在该窗口中【电源按钮和睡眠按钮设置】里修改【按电源按钮时】和【按休睡眠钮时】的状态设置。在该窗口中单击【更改当前不可用的设置】超链接，可以对计算机从睡眠状态唤醒时是否输入密码进行设置，如图 3-124 所示。

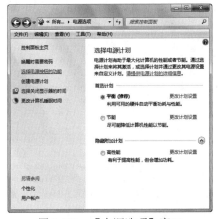

图 3-123　【电源选项】窗口　　　　　　　　　图 3-124　【系统设置】窗口

3.6.5　设置防火墙

Windows 7 防火墙具备监控应用程序入站和出战规则的双向管理功能，同时配合 Windows 7 网络配置的文件，它可以保护不同网络环境下的计算机安全。下面将介绍通过【控制面板】设置防火墙的具体方法。

1. 设置入站规则

用户可自定义 Windows 7 防火墙的入站规则，例如可禁用一个之前允许的应用程序的入站规则，或者手动将一个新的应用程序添加到允许列表中，另外还可删除一个已存在的应用程序入站规则。

【例 3-29】在 Windows 7 的防火墙允许列表中添加应用程序的入站规则。

(1) 单击【开始】按钮，选择【控制面板】选项，打开【控制面板】窗口。

(2) 在【控制面板】窗口中单击【Windows 防火墙】图标，打开【Windows 防火墙】窗口。

(3) 在【Windows 防火墙】窗口中单击窗口左侧列表中的【允许程序或功能通过 Windows 防火墙】链接，打开【允许的程序】窗口，如图 3-125 所示。

(4) 在【允许的程序和功能】列表中列举了计算机中安装的程序，单击【更改设置】按钮，再单击【允许运行另一程序】按钮，打开【添加程序】对话框，如图 3-126 所示。

图 3-125 【Windows 防火墙】对话框

图 3-126 【允许的程序和功能】列表

(5) 在【添加程序】对话框列表中选择一款需要添加的应用程序，然后单击【网络位置类型】按钮，打开【选择网络位置类型】对话框，如图 3-127 所示。

(6) 在【选择网络位置类型】对话框中选择一种网络类型，这里选中【家庭/工作(专用)】单选按钮，然后单击【确定】按钮，如图 3-128 所示。

图 3-127 选择要添加的程序

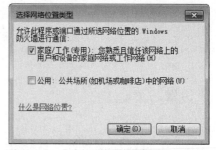
图 3-128 【选择网络位置类型】对话框

(7) 关闭【选择网络位置类型】对话框，然后在打开的【添加程序】对话框中单击【添加】按钮即可。

2. 禁止所有入站链接

为了提高网络的安全性，在某些特定的场合可能需要通过 Windows 防火墙禁用所有的入站链接，例如机场等场所。

要禁止所有入站链接，用户可以先打开【Windows 防火墙】窗口，确保当前 Windows 的网络位置为【公用网络】，然后单击左侧列表中的【打开或关闭 Windows 防火墙】链接，打开【自定义设置】窗口，如图 3-129 所示。选中【公用网络位置设置】设置组中的【阻止所有传入连接，包括位于允许列表程序中的程序】复选框，单击【确定】按钮即可，如图 3-130 所示。

图 3-129　【Windows 防火墙】窗口

图 3-130　【自定义设置】窗口

3. 关闭 Windows 防火墙

如果用户的系统中安装了第三方具有防火墙功能的安全防护软件，那么这个软件可能会与 Windows 7 自带的防火墙产生冲突，此时用户可关闭 Windows 7 防火墙。

要关闭 Windows 防火墙，用户可以打开【Windows 防火墙】窗口，然后单击左侧列表中的【打开或关闭 Windows 防火墙】链接，打开【自定义设置】窗口。分别选中【家庭/工作(专用)网络位置设置】和【公用网络位置设置】设置组中的【关闭 Windows 防火墙(不推荐)】单选按钮，并单击【确定】按钮即可。

3.6.6　设置日期和时间

如果系统时间和现实生活中的时间不一致，用户可以对系统时间和日期进行调整。下面我们通过实例介绍快速调出【控制面板】中日期和时间设置，调整系统日期与时间的方法。

【例 3-30】将系统时间调整为"2020 年 5 月 4 日 0 点 0 分 0 秒"，然后再与 Internet 时间同步。

(1) 单击任务栏的【日期和时间】区域，在出现的【日期和时间】界面上单击【更改日期和时间设置】超链接，打开【日期和时间】对话框，如图 3-131 所示。

(2) 单击【更改日期和时间】按钮，打开【日期和时间设置】对话框，在【日期】列表框里设置"2020 年 5 月 4 日"，在【时间】数值框内输入"0: 00: 00"，如图 3-132 所示，然后单击【确定】按钮。

(3) 返回【日期和时间设置】对话框，再次单击【确定】按钮，返回到【日期和时间】对话框，系统时间调整为"2020 年 5 月 4 日 0 点 0 分 0 秒"。

(a)   (b)

图 3-131　打开【日期和时间】对话框

(4) 在【日期和时间】对话框中选择【Internet 时间】选项卡，单击【更改设置】按钮，如图 3-133 所示，打开【Internet 时间设置】对话框。

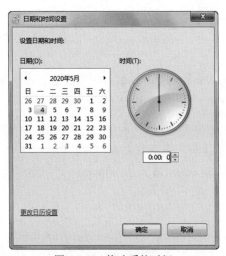 

图 3-132　修改系统时间　　　　图 3-133　【Internet 时间设置】选项卡

(5) 单击【立即更新】按钮，将当前时间与 Internet 时间同步一致，再单击【确定】按钮，返回到【日期和时间】对话框，并单击【确定】按钮即可完成时间日期的更新设置。

3.6.7　设置【开始】菜单和任务栏

在前面的章节中我们已经介绍了【开始】菜单和任务栏的作用及操作，用户如果对默认的 Windows 7 系统里的【开始】菜单和任务栏的外观界面或使用方式不满意，可以通过设置来进行修改，让【开始】菜单和任务栏的使用能更加符合用户个人的习惯。

1. 设置【开始】菜单

右击桌面任务栏，在弹出的菜单中选择【属性】命令，打开【任务栏和开始菜单属性】对话框，选择【开始菜单】选项卡，用户即可对【开始】菜单进行设置，如图 3-134 所示，其中各选项作用如下。

(1)【电源按钮操作】下拉列表：该下拉列表中包含了【开始】菜单右下角的【电源】按钮所对应的所有操作，包括【关机】、【切换用户】、【注销】、【锁定】、【重新启动】、【睡眠】、【休眠】这几种命令，默认是【关机】。

(2)【隐私】选项区域：该选项区域中的两个选项用于设置是否在【开始】菜单里显示有关程序和文件打开的历史记录，在启动对应功能后，常用程序列表和跳转列表里会显示最近频繁使用和最近打开的程序及文件。

(3)【自定义】按钮：单击【自定义】按钮，可以对【开始】菜单的外观和显示内容进行详细设置，如图 3-135 所示。

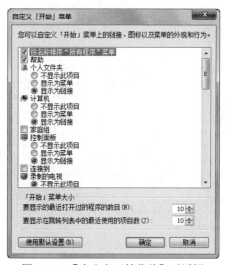

图 3-134 【开始菜单】选项卡　　　　　　图 3-135 【自定义开始菜单】对话框

2. 设置任务栏

在图 3-134 所示的【任务栏和开始菜单属性】对话框中选择【任务栏】选项卡，用户可以对 Windows 系统桌面任务栏进行设置，常用设置如下。

(1) 调整任务栏位置。在默认状况下，Windows 7 系统里的任务栏处于屏幕的底部，如果用户想要改变任务栏的位置，可以在【任务栏】选项卡中的【屏幕上的任务栏位置】下拉列表框内选择所需选项，这里我们选择【右侧】选项，然后单击【确定】按钮即可，如图 3-136 所示。

(2) 调整任务栏大小。Windows 7 系统默认状态下，任务栏的大小是被锁定的。如果用户需要调整任务栏的大小，只需右键单击任务栏，在弹出的快捷菜单取消选择【锁定任务栏】，如图 3-137 所示，即可解除对任务栏的锁定。此后，将鼠标指针移到任务栏的边框，当指针变成双箭头形状时，按住鼠标左键向上或向下拖动，即可调整任务栏的大小。

(3) 设置任务栏图标。设置任务栏中的图标是指设置程序或文件在任务栏中对应的快速启动图标的显示方式，用户可以在图 3-136 所示【任务栏】选项卡里选中【使用小图标】复选框，然后单击【确定】按钮使任务栏的图标变小。

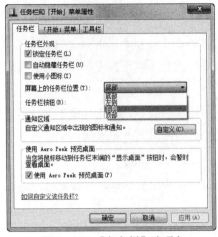

图 3-136　　【任务栏】选项卡

图 3-137　　接触任务栏锁定状态

3.7　使用 Windows 7 附件

Windows 7 系统自带了很多实用工具软件以方便用户使用，这些软件包括写字板、画图程序、计算器等。即使计算机中没有安装任何软件，用户也可以通过这些系统自带的附件程序，处理日常的编辑文本、绘制图像、计算数值等生活与办公任务。

3.7.1　使用命令提示符

命令提示符是在操作系统中提示进行命令输入的一种工作提示符。在不同的操作系统环境下，命令提示符各不相同。在 Windows 系统中，命令提示符的执行程序为 cmd.exe，是一个 32 位的命令行程序。Windows 系统基于 Windows 上的命令解释程序，类似于 DOS 操作系统。在命令提示符中输入命令，cmd.exe 就可以执行，例如输入 shutdown -s -t 30，计算机就会在 30 秒后关闭。

本书第 2 章【例 2-2】中曾介绍过使用命令提示符测试网络连通性的方法，用户可以参考该实例，学习命令提示符的具体执行方法，这里不再详细阐述。

3.7.2　使用画图程序

Windows 7 系统自带的画图程序是一个图像绘制和编辑程序。用户可以使用该程序绘制简单的图画，也可以将其他图片在画图程序里查看和编辑。

单击【开始】按钮，从弹出的菜单中选择【所有程序】|【附件】|【画图】命令，即可打开图 3-138 所示的画图程序操作界面。

画图的操作界面和将在本章 3.7.5 节介绍的写字板程序的操作界面十分相似，很多功能也大致相同，不同的就是前者是图像编辑，后者是文字编辑。下面简要介绍画图程序操作界面和写字板有所区别的组成部分。

- 状态栏：显示当前操作图形的相关信息，如鼠标光标像素位置、当前图形的高度和宽度像素信息，用户掌握这些信息以便更精确的绘制图像。

● 绘图区：和写字板的文档编辑区相似，不过这里是用来绘制、编辑、显示图像的
　区域。

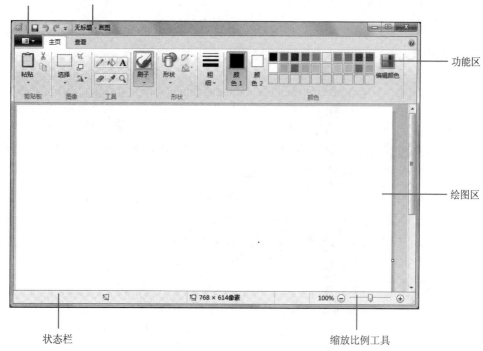

图 3-138　画图程序的操作界面

在画图过程中，用户需要借助画图程序中的绘图及编辑工具，这些工具命令都集成在【功能区】的【主页】选项卡中，下面介绍【主页】选项卡中各个工具的用途。

● 【剪贴板】：用于复制和粘贴，可将图像或文字复制、剪切、粘贴到画图程序中。
● 【图像】：主要用于选择命令，面对不同的对象，用户可以根据自己的需求使用矩形
　选择或自由选择等方式。单击【选择】下拉按钮可弹出选择方式的下拉列表，如
　图3-139所示。该栏里还有【裁剪】(用于裁剪图形中的某部分)、【调整大小】、【旋
　转】等命令。
● 【工具】：包含了绘图需要的各种常用工具，主要有【铅笔】、【颜色填充】、【字体】、
　【橡皮擦】、【颜色吸取器】、【放大镜】等。
● 【刷子】：该选项用于选择9种不同格式的画笔质感，单击该选项下的 ▼ 按钮，弹
　出图3-140所示的刷子下拉列表，单击任意刷子按钮即可用该格式刷子绘制图形。

图 3-139　【选择】下拉列表　　　　　　　　图 3-140　【刷子】下拉列表

- 【形状】：用于提供图像的外框形状。单击该选项下的  按钮，显示23种基本图形样式列表，图3-141所示，单击其中任意形状按钮，可在画图中绘制选择的图像形状。
- 【粗细】：用于设置所有绘图工具的粗细度，单击【粗细】按钮会弹出4种不同粗细程度可供选择，如图3-142所示。

图 3-141　【形状】下拉列表　　　　图 3-142　【粗细】下拉列表

- 【颜色】：分为【颜色1】、【颜色2】、颜色块选择和【编辑颜色】选项。其中【颜色1】是前景色，用于设置图像的轮廓线颜色；【颜色2】是背景色，用于设置图像的背景填充色。单击【颜色1】或【颜色2】选项后，再选择颜色块中的颜色即可改变前景色和背景色。

下面通过一个简单的实例，介绍绘图程序的具体使用方法。

【例 3-31】绘制一幅简单的"星空"图并将其保存。

(1) 启动【画图】程序，将颜色栏中的【颜色2】设置为黑色，单击工具栏中的 按钮再右击绘图区，将背景填充为黑色，如图 3-143 所示。

(2) 将颜色栏中的【颜色1】设置为黄色，单击【形状】栏中的 按钮，选择其中的【四角星形】选项，然后单击【粗细】按钮选择第 2 种粗细程度，再将鼠标移动到绘图区，鼠标光标变成一个空心十字形状，按住鼠标左键拖动，画出一个外形是黄色的四角星，如图 3-144 所示。

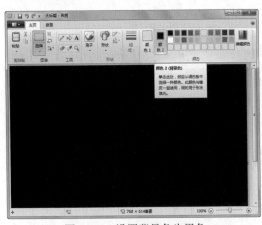 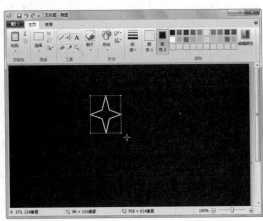

图 3-143　设置背景色为黑色　　　　图 3-144　画出一个轮廓为黄色的四角星

(3) 单击工具栏中的 按钮再左键单击四角星内部，将四角星填充为黄色，按照以上步骤，再画出大小不一的几个黄色四角星，如图 3-145 所示。

(4) 单击工具栏上的 按钮，再单击【粗细】按钮选择第 2 种粗细程度，将鼠标移动绘图区，鼠标光标变成一个铅笔形状，按住鼠标左键拖动，画出一个月亮，然后填充为黄色，如图 3-146 所示。

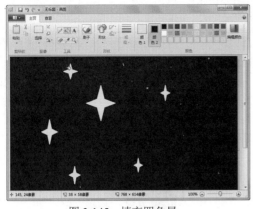

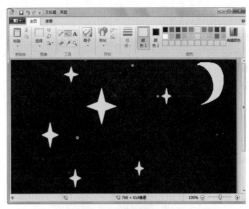

图 3-145　填充四角星　　　　　　　　　　图 3-146　用【铅笔】画出月亮并填充

(5) 单击【刷子】按钮，选择其下拉列表中的【喷枪】选项，再单击【粗细】按钮选择其中的第 4 种粗细程度，将鼠标移动到绘图区，鼠标变成喷枪形状，按住鼠标左键拖动，画上细密的星河，完成图像的绘制。

(6) 单击快速访问工具栏里的█按钮，打开【保存为】窗口，将【保存类型】设置为【JPEG】格式，在【文件名】文本框中输入"星空.jpg"，然后单击【保存】按钮，将绘制的图形保存在计算机硬盘上。

3.7.3　使用截图工具

截图工具是 Windows 7 系统新增的附件工具，它能够方便快捷地帮助用户截取计算机屏幕上显示的任意画面，主要提供任意格式截图、矩形截图、窗口截图、全屏截图 4 种截图方式。

1. 任意格式截图

任意格式截图就是指对当前屏幕窗口中的任意区域、任意格式、任意形状的图形画面进行截图，具体操作步骤下例说明。

【例 3-32】使用截图工具的【任意格式截图】命令截取桌面一部分图形。

(1) 单击【开始】按钮，从弹出的菜单中选择【所有程序】|【附件】|【截图工具】命令，启动截图工具程序。

(2) 单击【新建】旁的▾按钮，在弹出的下拉菜单中选择【任意格式截图】命令，如图 3-147 所示。

(3) 此时屏幕画面变成蒙上一层白色的样式，鼠标指针变为剪刀形状，然后在屏幕上按住鼠标左键拖动，鼠标轨迹为红线状态，如图 3-148 所示。

(4) 释放鼠标时，即把红线内部图形截取到截图工具中。

图 3-147　使用任意格式截图　　　　　　图 3-148　鼠标任意画图操作

2. 矩形截图

矩形截图指的是用鼠标拖拉出矩形虚线框，并截取其中的内容。执行【矩形截图】的方法和【任意格式截图】相似，打开截图工具后，在图 3-147 所示的【新建】下拉列表中选择【矩形截图】命令，然后按住鼠标左键拖动，绘制一个矩形框，释放鼠标后即可将绘制的矩形框截图到【截图工具】编辑窗口中，如图 3-149 所示。

(a)　　　　　　　　　　　　　(b)

图 3-149　矩形截图过程

3. 窗口截图和全屏截图

窗口截图能截取所有打开窗口中某个窗口的内容画面，其步骤也很简单。打开截图工具后选择【窗口截图】命令，此时当前窗口周围出现红色边框，表示该窗口为截图窗口，单击该窗口后，打开【截图工具】编辑窗口，该窗口内所有内容画面都被截取下来，如图 3-150 所示。

(a)　　　　　　　　　　　　　(b)

图 3-150　窗口截图过程

全屏截图和窗口截图类似，也是打开截图工具后选择【全屏截图】命令，程序会立刻将当前屏幕所有内容画面存放到【截图工具】编辑窗口中。

3.7.4　使用计算器

Windows 7 自带的计算器是一个数学计算工具程序，除了人们日常生活用到的标准模式外，它还加入了多种特殊模式如科学计算模式、统计信息模式、程序员模式等。下面将以标准计算和科学计算为例，介绍计算器的使用方法。

1. 使用标准计算器

Windows 7 中计算器的使用与现实中计算器的使用方法大致相同，按操作界面中相应的按钮即可算出运算结果。不过有些运算符号和现实计算器有所区别，比如现实计算器中的"×"和"÷"分别在电脑计算器中变为"*"和"/"。

【例 3-33】使用标准型计算器计算 54×2÷3+79 的结果。

(1) 单击【开始】按钮，从弹出的菜单中选择【所有程序】|【附件】|【计算器】命令，启动计算器程序，依次单击【5】、【4】按钮，在文本框内显示出 54，如图 3-151 所示。

(2) 依次单击【*】、【2】按钮，此时文本框内如图 3-152 所示。

(3) 继续单击【/】按钮，此时计算器算出 54*2 的结果 108，如图 3-153 所示。

图 3-151　输入 54

图 3-152　输入 "*2"

图 3-153　输入 "/"

(4) 单击【3】按钮，在文本框内显示出 54*2/3，单击【+】按钮，文本框显示出 54*2/3 的结果 36，如图 3-154 所示。

(5) 依次单击【7】、【9】按钮，最后按【＝】按钮，算出 54×2÷3+79 的结果为 115。

2. 使用科学计算器

当用户需要计算比较复杂的数学公式时，可以将标准型计算器变化为科学型计算器。转换的方法就是单击计算器【查看】弹出下拉菜单，选择其中的【科学型】命令即可，如图 3-155 所示。

图 3-154　输入 "3+"

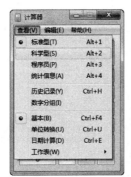
图 3-155　转换成科学型计算器

【例 3-34】使用科学型计算器计算 145° 角的余弦值。

(1) 启动科学型计算器，依次单击【1】、【4】、【5】按钮，即为输入 145°，如图 3-156 所示。

(2) 单击计算余弦函数的按钮【cos】，即可计算出 145° 角的余弦值，并显示在文本框内，如图 3-157 所示。

图 3-156　输入 145

图 3-157　输入 cos 得出结果

3.7.5　使用写字板

写字板程序是 Windows 7 系统自带的一款强大的文字图片编辑和排版的工具软件，用户使用写字板可以制作简单的文档，完成输入文本、设置格式、插入图片等操作。

写字板程序位于【开始】菜单里的【附件】程序组里。用户可以单击【开始】按钮，打开【开始】菜单，选择【所有程序】|【附件】|【写字板】命令，启动【写字板】，图 3-158 所示为写字板操作界面。

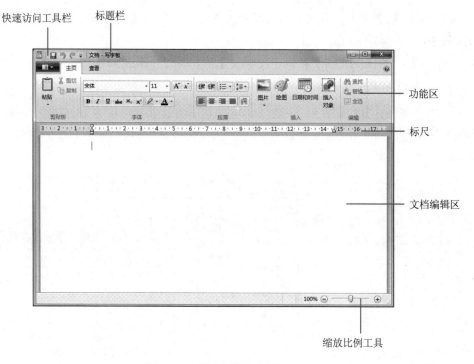

图 3-158　写字板操作界面

写字板的操作界面主要由快速访问工具栏、标题栏、功能区、标尺、文档编辑区及缩放比例工具等部分组成，其各部分的功能说明如下。

- 快速访问工具栏：该工具栏中包含了用户常用的操作按钮，例如【保存】、【打印】、【撤销】、【重做】等。
- 标题栏：和窗口的标题栏一样，都有【最小化】、【最大化】、【关闭】按钮，还有相应的应用程序按钮——【写字板】按钮，提供标题栏的基本操作。

- 功能区：主要由【写字板】、【主页】、【查看】3个选项卡组成，若选择【写字板】按钮选项卡，在弹出下拉菜单中用户可以执行【新建】、【打开】、【保存】、【打印】等基本操作。若选择【主页】和【查看】选项卡，将显示字体段落格式的设置、文本的查找和替换、插入图片等编辑功能和浏览功能的各项命令按钮。

- 标尺：标尺是显示文本宽度的工具，默认单位是厘米。

- 文档编辑区：该区域用于输入和编辑文本，是写字板界面里最大的区域。

- 缩放比例工具：用于按一定比例放大缩小文档编辑区中的内容。

下面通过一个简单的实例，介绍写字板工具的使用方法。

【例 3-35】使用写字板工具新建一个文档，并在其中输入文本。

(1) 启动写字板后，选择【写字板】选项卡，选择【新建】命令新建一个文档，如图 3-159 所示。

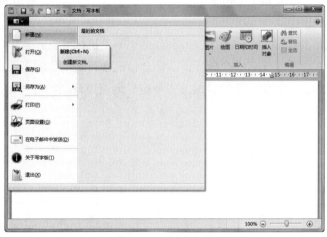

图 3-159　新建文档

(2) 在写字板文档编辑区内单击鼠标定位插入点，按 Shift+Ctrl 快捷键，切换输入法到"搜狗拼音输入法"。

(3) 在写字板文档编辑区内输入"在 Windows 7 中使用写字板程序。"，如图 3-160 所示。

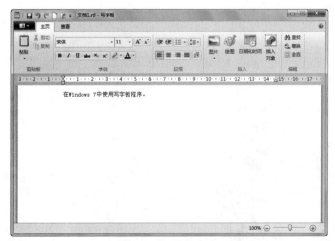

图 3-160　输入文本

(4) 单击快速访问工具栏里的【保存】按钮 ，打开【保存为】对话框，设置文件的保存路径和文件名后，单击【保存】按钮将创建的文档保存。

(5) 当用户需要阅读或对写字板创建的文档进行编辑时，双击文档文件即可。

3.8　课后习题

1. 根据自己的专业需要，请利用网络等工具，试组装一部价格不超过 5000 元的台式电脑，并给出主要设备清单及价格。

2. 假如同学由于自己学习或工作需要，现需要购买一部笔记本电脑，请给出宝贵的建议和意见，并给出理由。

3. 假如有一台式电脑由于某种原因导致操作系统损坏而无法启动，请借助第三方工具先将系统中的重要文件进行备份，再利用系统光盘或 U 盘在其上安装 Windows 7 系统，然后安装必要的驱动程序和应用软件。

4. 假如有一台新购置的电脑，硬盘为 256G 固态+1T 机械硬盘。其中，系统安装在固态硬盘上；机械硬盘未分区或仅有一个分区，请结合自己学习和工作的需要，对机械硬盘进行合理的分区，并对各分区创建必要的目录，以便更好地管理自己的各种文件。

第4章 文字处理软件Word 2010

学习目标

通过本章的学习与实践，读者应掌握以下内容：

(1) 了解 Word 2010 文字处理软件的用户操作界面与常用功能。

(2) 掌握 Word 文档的创建、编辑、排版等操作。

(3) 掌握 Word 文档中设置页面、主题、对象、插图的方法。

(4) 掌握 Word 文档中表格与图表的制作方法。

(5) 掌握段落的格式化处理、版面设计和模板套用等方法。

(6) 掌握 Word 的邮件合并功能和批量制作模板化文档的方法。

(7) 能够设计制作各类文档。

本章重点

本章主要介绍 Word 2010 文字处理软件的基本功能和使用方法，主要知识点如下：

(1) Word 2010 文字处理软件的基本功能。

(2) Word 文档的创建、编辑、排版。

(3) 表格与图表的制作方法。

(4) 版面设计和模板套用。

(5) 邮件合并功能。

4.1 制作"关于举办第十届学生运动会的通知"文档

本节将通过制作"关于举办第十届学生运动会的通知"文档的实例，从 Word 最基础的应用着手，利用实例操作介绍 Word 软件的基本操作。

4.1.1 Word 2010 概述

Word 2010 是 Microsoft 公司推出的 Office 办公套装中的一款文字处理软件，也是用户使用最广泛的文书编辑工具。它沿袭了 Windows 系统友好的图形界面，用户可以使用它来撰写项目报告、合同、协议、法律文书、会议纪要、公文、传单海报、商务报表、贺卡、礼券、证书以及奖券等。几乎可以说，一切和文书处理相关的操作都可以用 Word 来实现。

1. 工作界面

在 Windows 7 操作系统中，选择【开始】|【所有程序】|【Microsoft Office】|【Microsoft

Office Word 2010】命令，或双击已创建好的 Word 文件，即可启动 Word 2010，并进入软件的工作界面。Word 2010 工作界面中主要由标题栏、快速访问工具栏、功能区、导航窗格、文档编辑区和状态栏与视图栏组成，如图 4-1 所示。

图 4-1　Word 2010 的工作界面

(1) 标题栏：位于窗口的顶端，用于显示当前正在运行的程序名及文件名等信息。标题栏最右端有 3 个按钮，分别用于控制窗口的最小化、最大化和关闭。

(2) 快速访问工具栏：其中包含最常用操作的快捷按钮，方便用户使用。在默认状态下，包含 3 个快捷按钮，分别为【保存】按钮、【撤销】按钮和【恢复】按钮。

(3) 功能区：是完成文本格式操作的主要区域。在默认状态下主要包含【文件】、【开始】、【插入】、【页面布局】、【引用】、【邮件】、【审阅】、【视图】和【加载项】9 个基本选项卡。

(4) 导航窗格：主要显示文档的标题级文字，以方便用户快速查看文档，单击其中的标题，即可快速跳转到相应的位置。

(5) 文档编辑区：是输入文本、添加图形、图像以及编辑文档的区域，用户对文本进行的操作结果都将显示在该区域。

(6) 状态栏与视图栏：位于 Word 窗口的底部，显示当前文档的信息，如当前显示的文档是第几页、第几节和当前文档的字数等。在状态栏中还可以显示一些特定命令的工作状态，如录制宏、当前使用的语言等。当这些命令的按钮为高亮时，表示目前正处于工作状态；若变为灰色，则表示未在工作状态下，用户还可以通过双击这些按钮来设定对应的工作状态。另外，在视图栏中通过拖动【显示比例】滑杆中的滑块，可以直观地改变文档编辑区的大小。

2. 视图模式

Word 2010 为用户提供了多种浏览文档的方式，包括页面视图、阅读版式视图、Web 版式视图、大纲版式视图和草稿视图。在【视图】选项卡的【文档视图】区域中，单击相应的按钮，即可切换至相应的视图模式。

(1) 页面视图：页面视图是 Word 2010 默认的视图模式。该视图中显示的效果和打印的效果完全一致。在页面视图中可看到页眉、页脚、水印和图形等各种对象在页面中的实际打印位置，便于用户对页面中的各种元素进行编辑。

(2) 阅读版式视图：为了方便用户阅读文章，Word 2010 添加了【阅读版式】视图模式。该视图模式比较适用于阅读比较长的文档，如果文字较多，它会自动分成多屏以方便用户阅读。在该视图模式中，可对文字进行勾画和批注，如图 4-2 所示。

图 4-2　阅读版式视图

(3) Web 版式视图：Web 版式视图是几种视图方式中唯一按照窗口的大小来显示文本的视图。使用这种视图模式查看文档时，无须拖动水平滚动条就可以查看整行文字，如图 4-3 所示。

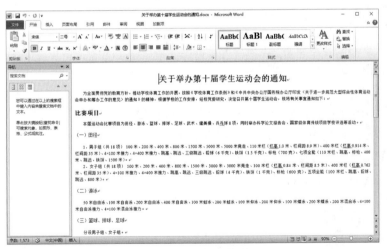

图 4-3　Web 版式视图

(4) 大纲版式视图：对于一个具有多重标题的文档来说，用户可以使用大纲视图来查看该文档。大纲视图是按照文档中标题的层次来显示文档的，用户可将文档折叠起来只看主标题，也可将文档展开查看整个文档的内容，如图 4-4 所示。

(5) 草稿视图：草稿视图是 Word 中最简化的视图模式。在该视图中，不显示页边距、页眉和页脚、背景、图形图像以及没有设置为"嵌入型"环绕方式的图片。因此，这种视图模式仅适合编辑内容和格式都比较简单的文档，如图 4-5 所示。

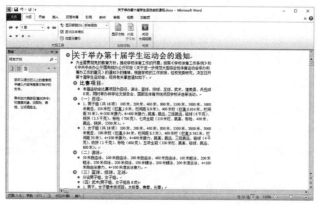

图 4-4　大纲版式视图

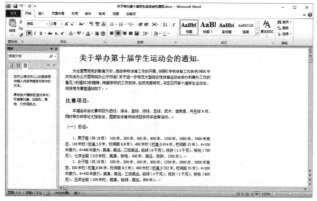

图 4-5　草稿视图

3. 基本操作

要使用 Word 2010 编辑文档，必须先创建文档。本节主要来介绍文档的基本操作，包括创建和保存文档、打开和关闭文档等操作。

1) 新建文档

在 Word 2010 中可以创建空白文档，也可以根据现有的内容创建文档。

空白文档是最常使用的文档。要创建空白文档，可单击【文件】按钮，在打开的页面中选择【新建】命令，打开【新建文档】页面，在【可用模板】列表框中选择【空白文档】选项，然后单击【创建】按钮(快捷键：Ctrl+N)即可，如图 4-6 所示。

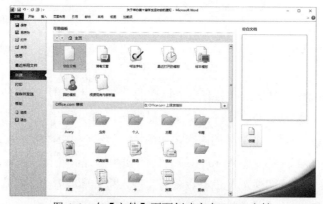

图 4-6　在【文件】页面创建空白 Word 文档

2) 保存文档

对于新建的 Word 文档或正在编辑某个文档时，如果出现了计算机突然死机、停电等非正常关闭的情况，文档中的信息就会丢失。因此，为了保护劳动成果，做好文档的保存工作是十分重要的。

- 保存新建的文档：如果要对新建的文档进行保存，可单击【文件】按钮，在打开的页面中选择【保存】命令，或单击快速访问工具栏上的【保存】按钮█，打开【另存为】对话框(快捷键：F12)，设置保存路径、名称及保存格式(在保存新建的文档时，如果在文档中已输入了一些内容，Word 2010自动将输入的第一行内容作为文件名)。

- 保存已保存过的文档：要对已保存过的文档进行保存，可单击【文件】按钮，在打开的页面中选择【保存】命令，或单击快速访问工具栏上的【保存】按钮█，就可以按照原有的路径、名称以及格式进行保存。

- 另存为其他文档：如果文档已保存过，但在进行了一些编辑操作后，需要将其保存下来，并且希望仍能保存以前的文档，这时就需要对文档进行【另存为】操作。要将当前文档另存为其他文档，可单击【文件】按钮，在打开的页面中选择【另存为】命令，打开【另存为】对话框，在其中设置保存路径、名称及保存格式，然后单击【保存】按钮即可。

3) 打开文档

打开文档是 Word 的一项基本的操作。对于任何文档来说，都需要先将其打开，然后才能对其进行编辑。

用户可以参考以下方法打开 Word 文档：

- 对于已经存在的Word文档，只需双击该文档的图标即可打开该文档。

- 在一个已打开的文档中打开另外一个文档，可单击【文件】按钮，在打开的页面中选择【打开】命令，打开【打开】对话框，在其中选择所需的文件，然后单击【打开】按钮即可。

另外，单击【打开】按钮右侧的小三角按钮，在弹出的下拉菜单中可以选择文档的打开方式，其中有【以只读方式打开】、【以副本方式打开】等多种打开方式，如图 4-7 所示。

图 4-7 选择 Word 文档的打开方式

4) 关闭文档

对文档完成所有的操作后，要关闭文档时，可单击【文件】按钮，在打开的页面中选择【关闭】命令，或单击窗口右上角的【关闭】按钮。

在关闭文档时，如果没有对文档进行编辑、修改操作，可直接关闭；如果对文档做了修改，但还没有保存，系统将会打开一个提示对话框，询问用户是否保存对文档所做的修改，如图 4-8 所示。单击【保存】按钮，即可保存并关闭该文档。

图 4-8　系统提示是否保存对文档的修改

4.1.2　输入与编辑文本

在 Word 2010 中，文字是组成段落的最基本内容，任何一个文档都是从段落文本开始进行编辑的。本节将主要介绍输入文本、查找与替换文本、文本的自动更正、拼写与语法检查等操作，这是整个文档编辑过程的基础。只有掌握了这些基础操作，用户才能更好地处理文档。

1. 输入文本

新建一个 Word 文档后，在文档的开始位置将出现一个闪烁的光标，称之为“插入点”。在 Word 中输入的任何文本都会在插入点处出现。定位了插入点的位置后，选择一种输入法即可开始输入文本。

1) 输入英文

在英文状态下通过键盘可以直接输入英文、数字及标点符号。在输入时，需要注意以下几点：

- 按Caps Lock键可输入英文大写字母，再次按该键则输入英文小写字母。
- 按住Shift键的同时按双字符键，将输入上档字符；按住Shift键的同时按字母键，输入英文大写字母。
- 按Enter键，插入点自动移到下一行行首。
- 按空格键，在插入点的左侧插入一个空格符号。

2) 输入中文

一般情况下，Windows 系统自带的中文输入法都是比较通用的，用户可以使用默认的输入法切换方式，如打开/关闭输入法控制条(Ctrl+空格快捷键)、切换输入法(Shift+Ctrl 快捷键)等。选择一种中文输入法后，即可开始在插入点处输入中文文本。

【例 4-1】新建一个名为“关于举办第十届学生运动会的通知”的文档，使用中文输入法输入文本。

(1) 启动 Word 2010，按下 Ctrl+N 快捷键新建一个文本文档。

(2) 单击任务栏上的输入法图标，在弹出的菜单中选择所需的中文输入法，这里选择搜狗拼音输入法。

（3）在插入点处输入标题"关于举办第十届学生运动会的通知"，如图 4-9 所示。

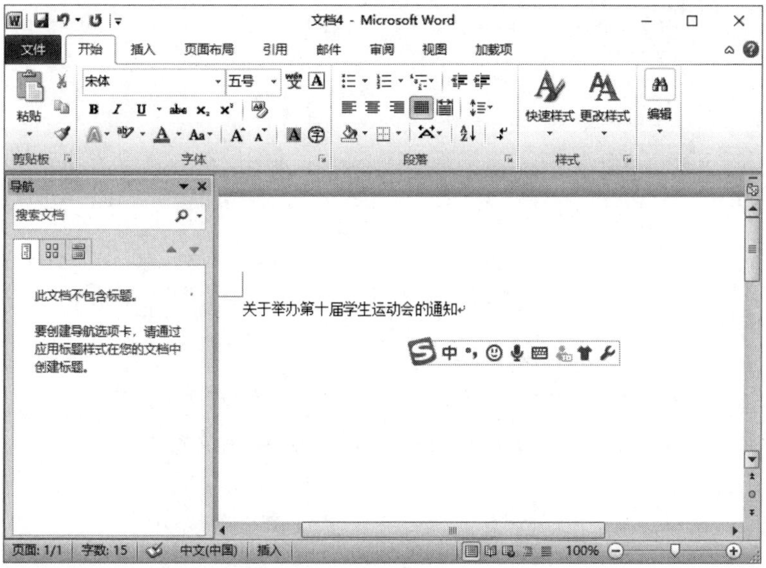

图 4-9　输入标题文本

（4）按 Enter 键进行换行，然后按 Backspace 键，将插入点移至下一行行首，继续输入如图 4-10 所示的文本。

图 4-10　输入文档内容文本

（5）按 Enter 键，将插入点跳转至下一行的行首，再按 Tab 键，首行缩进两个字符，继续输入多段正文文本。

（6）按 Enter 键，继续换行，按 Backspace 键，将插入点移至下一行行首，使用同样方法继续输入所需的文本，完成文本输入后按下 F12 键打开【另存为】对话框，在【文件名】文本框中输入"关于举办第十届学生运动会的通知"，然后单击【保存】按钮完成文档内容的保存，如图 4-11 所示。

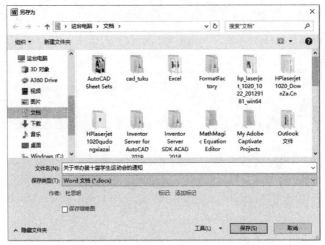

图 4-11　通过【另存为】对话框保存文档

3) 输入符号

在输入文本的过程中，有时需要插入一些特殊符号，如希腊字母、商标符号、图形符号和数字符号等，而这些特殊符号通过键盘是无法输入的，这时，可以通过 Word 2010 提供的插入符号功能来实现。

要在文档中插入符号，可先将插入点定位在要插入符号的位置，打开【插入】选项卡，在【符号】命令组中单击【符号】下拉按钮，在弹出的下拉菜单中选择相应的符号即可，如图 4-12 所示。

在【符号】下拉菜单中选择【其他符号】命令，即可打开【符号】对话框，在其中选择要插入的符号，单击【插入】按钮，同样也可以插入符号，如图 4-13 所示。

图 4-12　【符号】下拉菜单

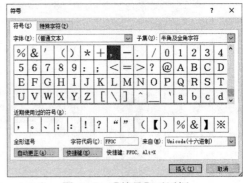

图 4-13　【符号】对话框

在【符号】对话框的【符号】选项卡中，各选项的功能如下。

- 【字体】列表框：可以从中选择不同的字体集，以输入不同的字符。
- 【子集】列表框：显示各种不同的符号。
- 【近期使用过的符号】选项区域：显示了最近使用过的符号。
- 【字符代码】下拉列表框：显示所选的符号的代码。
- 【来自】下拉列表框：显示符号的进制，如符号十进制。
- 【自动更正】按钮：单击该按钮，可打开【自动更正】对话框，可以对一些经常使用的符号使用自动更正功能。

- 【快捷键】按钮：单击该按钮，打开【自定义键盘】对话框，将光标置于【请按新快捷键】文本框中，在键盘上按用户设置的快捷键，单击【指定】按钮就可以将快捷键指定给该符号。这样就可以在不打开【符号】对话框的情况下，直接按快捷键插入符号。

另外，打开【特殊字符】选项卡，在其中可以选择【®】注册符以及【™】商标符等特殊字符，单击【快捷键】按钮，可为特殊字符设置快捷键。

【例 4-2】在【例 4-1】创建的“关于举办第十届学生运动会的通知”文档中输入特殊符号“①、②、③、…”。

(1) 双击【例 4-1】创建的“关于举办第十届学生运动会的通知.doc”文档将其打开，将鼠标指针置入文档中需要插入特殊符号的位置上。

(2) 选择【插入】选项卡，在【符号】命令组中单击【符号】下拉按钮，在弹出的列表中选择【其他符号】选项，打开【符号】对话框选中【①】符号，单击【插入】按钮在文档中插入符号【①】，如图 4-14 所示。

(3) 使用同样的方法，在文档中继续插入特殊符号【②】、【③】和【④】，效果如图 4-15 所示。

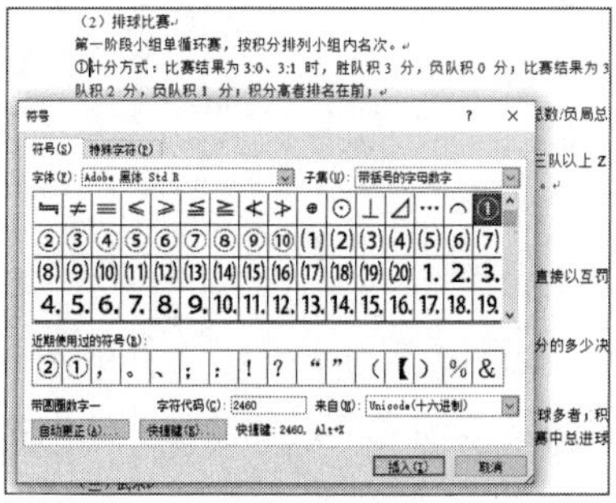

图 4-14　插入特殊符号【①】

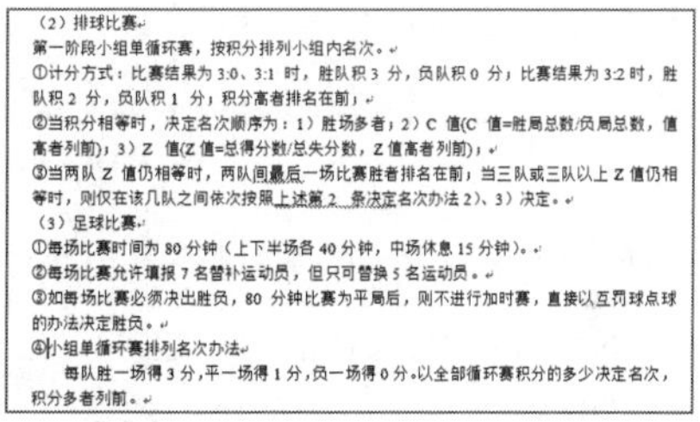

图 4-15　在文档中输入特殊符号效果

4) 输入日期和时间

使用 Word 2010 编辑文档时，可以使用插入日期和时间功能来输入当前日期和时间。

在 Word 2010 中输入日期类格式的文本时，Word 2010 会自动显示默认格式的当前日期，按 Enter 键即可完成当前日期的输入，如图 4-16 所示。

如果要输入其他格式的日期和时间，除了可以手动输入外，还可以通过【日期和时间】对话框进行插入。打开【插入】选项卡，在【文本】命令组中单击【日期和时间】按钮，打开【日期和时间】对话框，如图 4-17 所示。

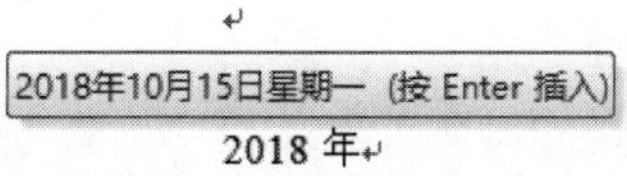

图 4-16　Word 中系统会自动提示当前日期

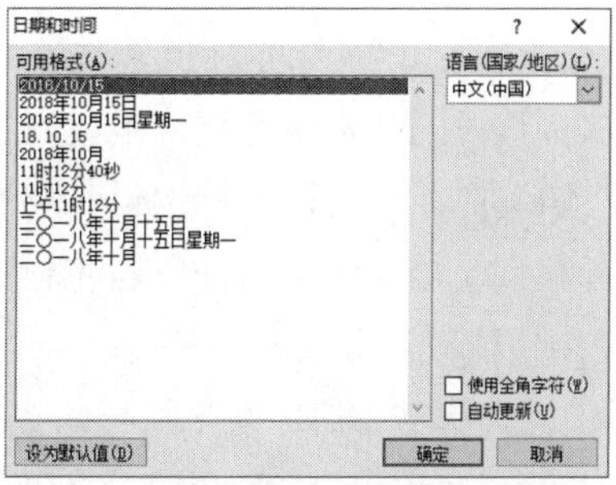

图 4-17　【日期和时间】对话框

在【日期和时间】对话框中，各选项的功能如下。

- 【可用格式】列表框：用于选择日期和时间的显示格式。
- 【语言】下拉列表框：用于选择日期和时间应用的语言，如中文或英文。
- 【使用全角字符】复选框：选中该复选框可以用全角方式显示插入的日期和时间。
- 【自动更新】复选框：选中该复选框可对插入的日期和时间格式进行自动更新。
- 【设为默认值】按钮：单击该按钮可将当前设置的日期和时间格式保存为默认的格式。

【例4-3】在"关于举办第十届学生运动会的通知"文档结尾输入日期，并设置日期的格式为"××××年××月××日"。

(1) 将鼠标指针置于"关于举办第十届学生运动会的通知"文档的结尾，输入2018/10/15。

(2) 选中输入的日期，选择【插入】选项卡，在【文本】命令组中单击【日期和时间】按钮，打开【日期和时间】对话框，选中【2018年10月15日】选项，单击【确定】按钮，即可设置输入日期的格式，如图4-18所示。

图4-18　输入日期并设置日期格式

Word状态栏中有【改写】和【插入】两种状态。在改写状态下，输入的文本将会覆盖其后的文本，而在插入状态下，会自动将插入位置后的文本向后移动。Word默认的状态是插入，若要更改状态，可以在状态栏中单击【插入】按钮 插入 ，此时将显示【改写】按钮 改写 ，单击该按钮，返回至插入状态。另外，按Insert键，可以在这两种状态下切换。

2. 选取文本

在Word 2010中，进行文本编辑前，必须选取文本，既可以使用鼠标或键盘来操作，也可以使用鼠标和键盘结合来操作。

1) 使用鼠标选取文本

使用鼠标选择文本是最基本、最常用的方法，可以轻松地改变插入点的位置。

- 拖动选取：将鼠标光标定位在起始位置，按住左键不放，向目的位置拖动鼠标以选择文本。
- 双击选取：将鼠标光标移到文本编辑区左侧，当鼠标光标变成形状时，双击，即可选择该段的文本内容；将鼠标光标定位到词组中间或左侧，双击选择该单字或词。
- 三击选取：将鼠标光标定位到要选择的段落，三击选中该段的所有文本；将鼠标光标移到文档左侧空白处，当光标变成形状时，三击选中整篇文档。

2) 使用快捷键选取文本

使用键盘选择文本时，需先将插入点移动到要选择的文本的开始位置，然后按键盘上相应的快捷键即可。利用快捷键选取文本内容的功能如表4-1所示。

表 4-1 选取文本内容的快捷键及功能

快 捷 键	功 能
Shift+→	选取光标右侧的一个字符
Shift+←	选取光标左侧的一个字符
Shift+↑	选取光标位置至上一行相同位置之间的文本
Shift+↓	选取光标位置至下一行相同位置之间的文本
Shift+Home	选取光标位置至行首
Shift+End	选取光标位置至行尾
Shift+PageDown	选取光标位置至下一屏之间的文本
Shift+PageUp	选取光标位置至上一屏之间的文本
Shift+Ctrl+Home	选取光标位置至文档开始之间的文本
Shift+Ctrl+End	选取光标位置至文档结尾之间的文本
Ctrl+A	选取整篇文档

Word 中 F8 键扩展选择功能的使用方法如下：

- 按 1 下 F8 键，可以设置选取的起点。
- 连续按 2 下 F8 键，选取一个字或词。
- 连续按 3 下 F8，可以选取一个句子。
- 连续按 4 下 F8 键，可以选取一段文本。
- 连续按 6 下 F8 键，可以选取当前节，如果文档没有分节则选中全文。
- 连续按 7 下 F8 键，可以选取全文。
- 按 Shift+F8 快捷键，可以缩小选中范围，它是上述系列的"逆操作"。

3) 使用鼠标和键盘结合选取文本

除了使用鼠标或键盘选取文本外，还可以使用鼠标和键盘结合来选取文本。这样不仅可以选取连续的文本，也可以选择不连续的文本。

- 选取连续的较长文本：将插入点定位到要选取区域的开始位置，按住Shift键不放，再移动光标至要选取区域的结尾处，单击即可选取该区域之间的所有文本内容。
- 选取不连续的文本：选取任意一段文本，按住Ctrl键，再拖动鼠标选取其他文本，即可同时选取多段不连续的文本。
- 选取整篇文档：按住Ctrl键不放，将光标移到文本编辑区左侧空白处，当光标变成⚠形状时，单击即可选取整篇文档。
- 选取矩形文本：将插入点定位到开始位置，按住Alt键并拖动鼠标，即可选取矩形文本区域。

使用命令操作还可以选中与光标处文本格式类似的所有文本，具体方法为：将光标定位在目标格式下任意文本处，打开【开始】选项卡，在【编辑】命令组中单击【选择】按钮，在弹出的菜单中选择【选择格式相似的文本】命令即可。

3. 移动、复制和删除文本

在编辑文本时，经常需要重复输入文本、对多余或错误的文本进行删除，可以使用移动、复制或删除文本的方法进行操作，从而加快文档的输入和编辑速度。

1) 移动文本

移动文本是指将当前位置的文本移到另外的位置，在移动的同时，会删除原来位置上的原版文本。移动文本后，原位置的文本消失。移动文本有以下几种方法：

- 选择需要移动的文本，按Ctrl+X快捷键，再在目标位置处按Ctrl+V快捷键。
- 选择需要移动的文本，在【开始】选项卡的【剪贴板】命令组中，单击【剪切】按钮 ，再在目标位置处，单击【粘贴】按钮 。
- 选择需要移动的文本，按右键拖动至目标位置，释放鼠标后弹出一个快捷菜单，在其中选择【移动到此位置】命令。
- 选择需要移动的文本后，右击，在弹出的快捷菜单中选择【剪切】命令，再在目标位置处右击，在弹出的快捷菜单中选择【粘贴选项】命令。
- 选择需要移动的文本后，按左键不放，此时鼠标光标变为 形状，并出现一条虚线，移动鼠标光标，当虚线移动到目标位置时，释放鼠标。
- 选择需要移动的文本，按F2键，再在目标位置处按Enter键移动文本。

【例4-4】在"关于举办第十届学生运动会的通知"文档中根据通知内容的制作需求移动文本的位置。

(1) 选取需要移动位置的文本段落，按住鼠标左键将其拖动至合适的位置上，如图 4-19 所示。

(2) 释放鼠标左键，即可移动选中的文本，如图 4-20 所示。

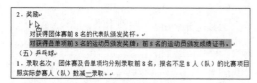　　　　　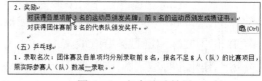

图 4-19　选取并拖动文本　　　　　　　　　　　图 4-20　文本移动效果

2) 复制文本

复制文本是指将需要复制的文本移动到其他的位置，而原版文本仍然保留在原来的位置。复制文本的方法如下：

- 选取需要复制的文本，按 Ctrl+C 快捷键，将插入点移动到目标位置，再按 Ctrl+V 快捷键。
- 选择需要复制的文本，在【开始】选项卡的【剪贴板】命令组中，单击【复制】按钮 ，将插入点移到目标位置处，单击【粘贴】按钮 。
- 选取需要复制的文本，按鼠标右键拖动到目标位置，释放鼠标会弹出一个快捷菜单，在其中选择【复制到此位置】命令。
- 选取需要复制的文本，右击，在弹出的快捷菜单中选择【复制】命令，把插入点移到目标位置，右击并在弹出的快捷菜单中选择【粘贴选项】命令。

3) 删除文本

在编辑文档的过程中，经常需要删除一些不需要的文本。删除文本的操作方法如下：

- 按 Backspace 键，删除光标左侧的文本；按 Delete 键，删除光标右侧的文本。
- 选择要删除的文本，在【开始】选项卡的【剪贴板】命令组中，单击【剪切】按钮 。

- 选择文本，按 Backspace 键或 Delete 键均可删除所选文本。

4. 查找与替换文本

在篇幅比较长的文档中，使用 Word 2010 提供的查找与替换功能可以快速地找到文档中某个文本或更正文档中多次出现的某个词语，从而无须反复地查找文本，使操作变得较为简单，节约办公时间，提高工作效率。

1) 查找文本

要查找一个文本，可以使用【导航】窗格进行查找，也可以使用 Word 2010 的高级查找功能。

- 使用【导航】窗格查找文本：【导航】窗格(如图 4-21 所示)中的搜索框，用于搜索文档中的内容。在列表框中可以浏览文档中的标题、页面和搜索结果。
- 使用高级查找功能：使用高级查找功能不仅可以在文档中查找普通文本，还可以对特殊格式的文本、符号等进行查找。打开【开始】选项卡，在【编辑】命令组中单击【查找】下拉按钮，在弹出的下拉菜单中选择【高级查找】命令，打开【查找与替换】对话框中的【查找】选项卡，如图 4-22 所示。在【查找内容】文本框中输入要查找的内容，单击【查找下一处】按钮，即可将光标定位在文档中第一个查找目标处。单击若干次【查找下一处】按钮，可依次查找文档中对应的内容。

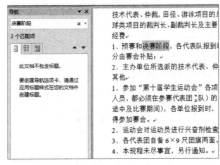

图 4-21　使用【导航】窗格

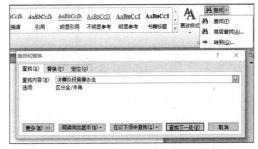

图 4-22　使用【查找与替换】对话框

在【查找】选项卡中单击【更多】按钮，可展开该对话框的高级设置界面，在该界面中可以设置更为精确的查找条件。

2) 替换文本

想要在多页文档中找到或找全所需操作的字符，比如要修改某些错误的文字，如果仅依靠用户去逐个寻找并修改，既费事，效率又不高，还可能会发生错漏现象。在遇到这种情况时，就需要使用查找和替换操作来解决。替换和查找操作基本类似，不同之处在于，替换不仅要完成查找，而且要用新的文档覆盖原有内容。准确地说，在查找到文档中特定的内容后，才可以对其进行统一替换。

【例 4-5】在"关于举办第十届学生运动会的通知"文档中，通过【查找和替换】对话框将文本"中学"替换为"大学"。

(1) 打开"关于举办第十届学生运动会的通知"文档，在【开始】选项卡的【编辑】命令组中单击【替换】按钮，打开【查找和替换】对话框。

(2) 自动打开【替换】选项卡，在【查找内容】文本框中输入文本"中学"，在【替换为】

文本框中输入文本"大学"，单击【查找下一处】按钮，查找第一处文本，如图 4-23 所示。

(3) 单击【替换】按钮，完成第一处文本的替换，此时自动跳转到第二处符合条件的文本"中学"处，如图 4-24 所示。

图 4-23　查找第一处符合条件的文本　　　　图 4-24　替换第一处符合条件的文本

(4) 单击【替换】按钮，查找到的文本就被替换，然后继续查找。如果不想替换，可以单击【查找下一处】按钮，则将继续查找下一处符合条件的文本。

(5) 单击【全部替换】按钮，文档中所有的文本"中学"都将被替换成文本"大学"，并弹出如图 4-25 所示的提示框，单击【确定】按钮。

(6) 返回至【查找和替换】对话框，如图 4-26 所示。单击【关闭】按钮，关闭对话框，返回至 Word 2010 文档窗口，完成文本的替换。

图 4-25　提示已完成替换操作　　　　图 4-26　【查找和替换】对话框

5. 撤销与恢复文本

在编辑文档时，Word 2010 会自动记录最近执行的操作，因此当操作错误时，可以通过撤销功能将错误操作撤销。如果误撤销了某些操作，还可以使用恢复操作将其恢复。

1) 撤销操作

在编辑文档中，使用 Word 2010 提供的撤销功能，可以轻而易举地将编辑过的文档恢复到原来的状态。常用的撤销操作主要有以下两种：

- 在快速访问工具栏中单击【撤销】按钮 ，撤销上一次的操作。单击按钮右侧的下拉按钮，可以在弹出的列表中选择要撤销的操作，撤销最近执行的多次操作。
- 按 Ctrl+Z 快捷键，可撤销最近的操作。

2) 恢复操作

恢复操作用来还原撤销操作，恢复撤销以前的文档。常用的恢复操作主要有以下两种：

- 在快速访问工具栏中单击【恢复】按钮 ，恢复操作。
- 按 Ctrl+Y 快捷键，恢复最近的撤销操作，这是 Ctrl+Z 快捷键的逆操作。

恢复不能像撤销那样一次性还原多个操作，所以在【恢复】按钮右侧也没有可展开列表的下三角按钮。当一次撤销多个操作后，再单击【恢复】按钮时，最先恢复的是第一次撤销的操作。

4.1.3　文本与段落排版

在 Word 中处理文档时，一篇文档不能只有文本而没有任何修饰，在文档中应用特定文本样式和段落排版不仅会使文档显得清晰易读，还能帮助读者更快地理解内容。

1. 设置文本格式

在 Word 文档中输入的文本默认字体为宋体，字号为五号，为了使文档更加美观、条理更加清晰，通常需要对文本进行格式化操作。

1) 使用【字体】命令组设置

打开【开始】选项卡，使用图 4-27 所示的【字体】命令组中提供的按钮即可设置文本格式，如文本的字体、字号、颜色、字形等。

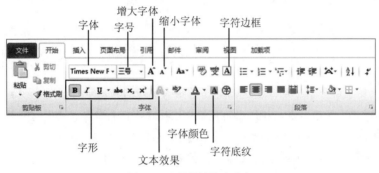

图 4-27　【字体】命令组

- 字体：指文字的外观。Word 2010提供了多种字体，默认字体为宋体。
- 字形：指文字的一些特殊外观，例如加粗、倾斜、下划线、上标和下标等。单击【删除线】按钮，可以为文本添加删除线效果；单击【下标】按钮，可以将文本设置为下标效果；单击【上标】按钮，可以将文本设置为上标效果。
- 字号：指文字的大小。Word 2010提供了多种字号。
- 字符边框：为文本添加边框。单击【带圈字符】按钮，可为字符添加圆圈效果。
- 文本效果：为文本添加特殊效果。单击该按钮，在弹出的菜单中可以为文本设置轮廓、阴影、映像和发光等效果。
- 字体颜色：指文字的颜色。单击【字体颜色】按钮右侧的下拉箭头，在弹出的菜单中选择需要的颜色命令。
- 字符缩放：增大或者缩小字符。
- 字符底纹：为文本添加底纹效果。

2) 通过【字体】对话框设置

利用【字体】对话框，不仅可以完成【字体】命令组中所有字体设置功能，而且还能为文本添加其他的特殊效果和设置字符间距等。

打开【开始】选项卡，单击【字体】命令组右下角的对话框启动器(或者选中一段文字后右击，在弹出的菜单中选择【字体】命令)，打开【字体】对话框的【字体】选项卡，如图 4-28 所示。在该选项卡中可对文本的字体、字号、颜色、下划线等属性进行设置。打开【字体】对话框的【高级】选项卡，如图 4-29 所示，在其中可以设置文字的缩放比例、文字间距和相对位置等参数。

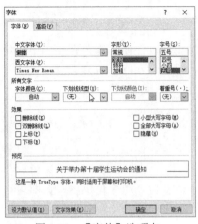

图 4-28　【字体】选项卡

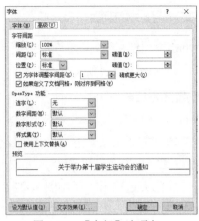

图 4-29　【高级】选项卡

【例 4-6】在"关于举办第十届学生运动会的通知"文档中，设置文档标题文本的字体格式为"微软雅黑"，字号为"二号"，字形为"加粗"；设置文档第一段文本的间距为"加宽"，磅值为"1 磅"。

(1) 打开"关于举办第十届学生运动会的通知"文档后，选中标题文本"关于举办第十届学生运动会的通知"，然后右击，在弹出的菜单中选择【字体】命令，打开【字体】对话框。

(2) 在【字体】对话框中设置【中文字体】为【微软雅黑】，设置【字形】为【加粗】，设置【字号】为【二号】，然后单击【确定】按钮，如图 4-30 所示。

(3) 选中文档第一段文本，单击【字体】命令组右下角的对话框启动器，再次打开【字体】对话框，选择【高级】选项卡，设置【间距】为【加宽】，设置【间距】选项后的【磅值】文本框中的参数为【1 磅】，然后单击【确定】按钮即可，如图 4-31 所示。

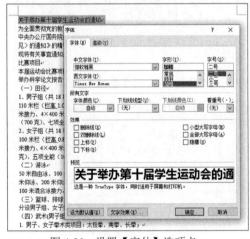

图 4-30　设置【字体】选项卡

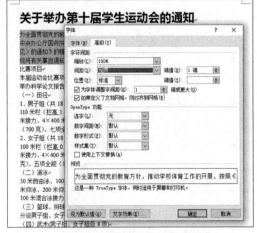

图 4-31　设置【高级】选项卡

2. 设置段落格式

段落是构成整个文档的骨架，它由正文、图表和图形等加上一个段落标记构成。为了使文档的结构更清晰、层次更分明，Word 2010 提供了段落格式设置功能，包括段落对齐方式、段落缩进、段落间距等。

1) 设置段落对齐方式

设置段落对齐方式时，先选定要对齐的段落，然后可在【开始】选项卡中单击图 4-32

所示【段落】命令组中的相应按钮来实现(也可以通过【段落】对话框来实现，但使用【段落】命令组是最快捷方便的，也是最常使用的方法)。

图 4-32　【段落】命令组

段落对齐指文档边缘的对齐方式，包括两端对齐、居中对齐、左对齐、右对齐和分散对齐。

- 两端对齐：默认设置，两端对齐时文本左右两端均对齐，但是段落最后不满一行的文字右边是不对齐的。
- 居中对齐：文本居中排列。
- 左对齐：文本的左边对齐，右边参差不齐。
- 右对齐：文本的右边对齐，左边参差不齐。
- 分散对齐：文本左右两边均对齐，而且每个段落的最后一行不满一行时，将拉开字符间距使该行均匀分布。

此外，按 Ctrl+E 快捷键，可以设置段落居中对齐；按 Ctrl+Shift+J 快捷键，可以设置段落分散对齐；按 Ctrl+L 快捷键，可以设置段落左对齐；按 Ctrl+R 快捷键，可以设置段落右对齐；按 Ctrl+J 快捷键，可以设置段落两端对齐。

2) 设置段落缩进

段落缩进是指设置段落中的文本与页边距之间的距离。Word 2010 提供了以下 4 种段落缩进的方式。

- 左缩进：设置整个段落左边界的缩进位置。
- 右缩进：设置整个段落右边界的缩进位置。
- 悬挂缩进：设置段落中除首行以外的其他行的起始位置。
- 首行缩进：设置段落中首行的起始位置。

通过水平标尺可以快速设置段落的缩进方式及缩进量。水平标尺中包括首行缩进、悬挂缩进、左缩进和右缩进 4 个标记，如图 4-33 所示。拖动各标记就可以设置相应的段落缩进方式。

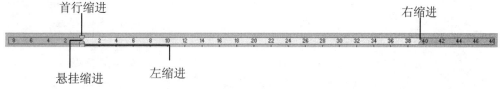

图 4-33　水平标尺

使用标尺设置段落缩进时，在文档中选择要改变缩进的段落，然后拖动缩进标记到缩进位置，可以使某些行缩进。在拖动鼠标时，整个页面上出现一条垂直虚线，以显示新边距的位置。

在使用水平标尺格式化段落时，按住 Alt 键不放，使用鼠标拖动标记，水平标尺上将显示具体的度量值。拖动首行缩进标记到缩进位置，将以左边界为基准缩进第一行。拖动左缩进标记的正三角至缩进位置，可以设置除首行外的所有行的缩进。拖动左缩进标记下方的小矩形至缩进位置，可以使所有行均左缩进。

使用【段落】对话框可以准确地设置缩进尺寸。打开【开始】选项卡，单击【段落】命令组对话框启动器，打开【段落】对话框的【缩进和间距】选项卡，在该选择卡中可以进行相关设置，即可设置段落缩进。

【例4-7】在"关于举办第十届学生运动会的通知"文档中，设置标题文本居中对齐，设置部分段落文本首行缩进2个字符。

(1) 打开"关于举办第十届学生运动会的通知"文档后，选中标题文本"关于举办第十届学生运动会的通知"，在【开始】选项卡的【段落】命令组中单击【居中】按钮，设置文本居中对齐，如图4-34所示。

(2) 选择【视图】选项卡，在【显示】命令组中选中【标尺】复选框，设置在编辑窗口中显示标尺。

(3) 向右拖动【首行缩进】标记，将其拖动到标尺【2】处，释放鼠标，即可将第1段文本设置为首行缩进2个字符，如图4-35所示。

图4-34　设置文本居中对齐

图4-35　设置段落首行缩进2个字符

(4) 按住Ctrl键选中文档中需要设置首行缩进的段落，右击，在弹出的菜单中选择【段落】命令，如图4-36所示，打开【段落】对话框。

(5) 在【段落】对话框中设置【特殊格式】为【首行缩进】，其后的【磅值】为【2字符】，然后单击【确定】按钮即可，如图4-37所示。此时，选中的文本段将以首行缩进2个字符显示。

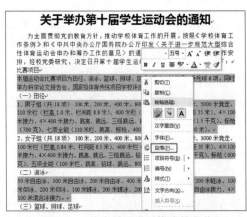

图4-36　选中需要设置格式的段落

图4-37　设置【段落】对话框

3) 设置段落间距

段落间距的设置包括文档行间距与段间距的设置。所谓行间距，是指段落中行与行之间的距离；所谓段间距，就是指前后相邻的段落之间的距离。

行间距决定段落中各行文本之间的垂直距离。Word 默认的行间距值是单倍行距，用户可以根据需要重新对其进行设置。在【段落】对话框中，打开【缩进和间距】选项卡，在【行距】下拉列表框中选择相应选项，并在【设置值】微调框中输入数值即可。

段间距决定段落前后空白距离的大小。在【段落】对话框中，打开【缩进和间距】选项卡，在【段前】和【段后】微调框中输入值，就可以设置段间距。

【例 4-8】在"关于举办第十届学生运动会的通知"文档中，设置标题文本的段间距(段前和段后)为【12 磅】。

(1) 打开"关于举办第十届学生运动会的通知"文档后，选中并右击标题文本"关于举办第十届学生运动会的通知"，在弹出的菜单中选择【段落】命令。

(2) 打开【段落】对话框，在【段前】和【段后】数值框中输入【12 磅】，然后单击【确定】按钮，即可设置标题文本的行间距，如图 4-38 所示。

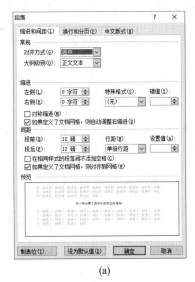
(a)

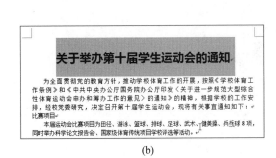
(b)

图 4-38　设置标题文本的行间距

3. 使用项目符号

使用项目符号和编号列表，可以对文档中并列的项目进行组织，或者将内容的顺序进行编号，以使这些项目的层次结构更加清晰、更有条理。Word 2010 提供了 7 种标准的项目符号和编号，并且允许用户自定义项目符号和编号。

1) 添加项目符号和编号

Word 2010 提供了自动添加项目符号和编号的功能。在以【1.】、【(1)】、【a】等字符开始的段落中按 Enter 键，下一段开始将会自动出现【2.】、【(2)】、【b】等字符。

另外，也可以在输入文本之后，选中要添加项目符号或编号的段落，打开【开始】选项卡，在【段落】命令组中单击【项目符号】按钮，将自动在每段前面添加项目符号；单击【编号】按钮将以【1.】、【2.】、【3.】的形式编号，如图 4-39 所示。

图 4-39　自动添加项目符号(a)或编号(b)

若用户要为多段文本添加项目符号和编号，可以打开【开始】选项卡，在【段落】命令组中，单击【项目符号】下拉按钮和【编号】下拉按钮，在弹出的下拉菜单中选择项目符号和编号的样式即可。

【例4-9】在"关于举办第十届学生运动会的通知"文档中，为段落文本设置项目符号和编号。

(1) 打开"关于举办第十届学生运动会的通知"文档后，选中多段文本，单击【段落】命令组中的【编号】下拉按钮，在弹出的列表中选择一种编号样式，如图4-40所示。

(2) 选中需要设置项目符号的多段文本，单击【段落】命令组中的【项目符号】下拉按钮，在弹出的列表中选择一种项目符号样式，如图4-41所示。

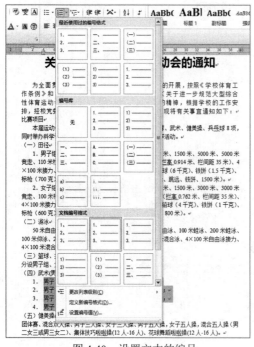

图 4-40　设置文本的编号

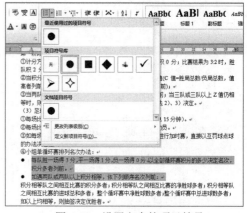

图 4-41　设置文本的项目符号

2) 自定义项目符号和编号

在使用项目符号和编号功能时，用户除了可以使用系统自带的项目符号和编号样式外，还可以对项目符号和编号进行自定义设置。

选取项目符号段落，打开【开始】选项卡，在【段落】命令组中单击【项目符号】下拉按钮，在弹出的下拉菜单中选择【定义新项目符号】命令，打开【定义新项目符号】对话框，在其中自定义一种项目符号即可，如图4-42所示。其中单击【符号】按钮，打开【符号】对话框，可从中选择合适的符号作为项目符号，如图4-43所示。

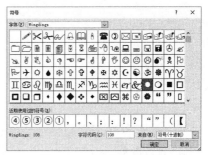

图 4-42　【定义新项目符号】对话框　　　　图 4-43　【符号】对话框

选取编号段落，打开【开始】选项卡，在【段落】命令组中单击【编号】下拉按钮，在弹出的下拉菜单中选择【定义新编号格式】命令，打开【定义新编号格式】对话框，如图 4-44 所示。在【编号样式】下拉列表中选择其他编号的样式，并在【起始编号】文本框中输入起始编号；单击【字体】按钮，可以在打开的对话框中设置项目编号的字体；在【对齐方式】下拉列表中选择编号的对齐方式。

另外，选中已设置编号的文本后，在【开始】选项卡的【段落】命令组中单击【编号】按钮，在弹出的下拉菜单中选择【设置编号值】命令，打开【起始编号】对话框，如图 4-45 所示，在其中可以自定义编号的起始数值。

图 4-44　【定义新编号格式】对话框　　　图 4-45　【起始编号】对话框

在【段落】命令组中单击【多级列表】下拉按钮，可以应用多级列表样式，也可以自定义多级符号，从而使得文档的条理更分明。

此外，在创建的项目符号或编号段下，按下 Enter 键后可以自动生成项目符号或编号，要结束自动创建项目符号或编号，可以连续按两次 Enter 键，也可以按 Backspace 键删除新创建的项目符号或编号。

3) 删除项目符号和编号

要删除项目符号，可以在【开始】选项卡中单击【段落】命令组中的【项目符号】下拉按钮，在弹出的【项目符号库】列表框中选择【无】选项即可；要删除编号，可以在【开始】选项卡中单击【编号】下拉按钮，在弹出的【编号库】列表框中选择【无】选项即可。

如果要删除单个项目符号或编号，可以选中该项目符号或编号，然后按 Backspace 键。

4. 使用样式排版文本域段落

所谓样式，就是字体格式和段落格式等特性的组合。在排版中使用样式，可以快速提高工作效率，从而迅速改变和美化文档的外观。

　　样式是应用于文档中的文本、表格和列表的一套格式特征，是 Word 针对文档中一组格式进行的定义。这些格式包括字体、字号、字形、段落间距、行间距及缩进量等内容，其作用是方便用户对重复的格式进行设置。

　　在 Word 2010 中，当应用样式时，可以在一个简单的任务中应用一组格式。一般来说，可以创建或应用以下类型的样式。

- 段落样式：控制段落外观的所有方面，如文本对齐、制表符、行间距和边框等，也可能包括字符格式。
- 字符样式：控制段落内选定文字的外观，如文字的字体、字号等格式。
- 表格样式：为表格的边框、阴影、对齐方式和字体提供一致的外观。
- 列表样式：为列表应用相似的对齐方式、编号、项目符号或字体。

　　每个文档都是基于一个特定的模板，每个模板中都会自带一些样式，又称为内置样式。如果需要应用的格式组合和某内置样式的定义相符，就可以直接应用该样式而不用新建文档的样式。如果内置样式中有部分样式定义和需要应用的样式不相符，还可以自定义该样式。

　　1) 应用样式

　　Word 2010 自带的样式库中内置了多种样式，可以为文档中的文本设置标题、字体和背景等样式，使用这些样式可以快速地美化文档。

　　在 Word 2010 中，选择要应用某种内置样式的文本，打开【开始】选项卡，在【样式】命令组中进行相关设置，如图 4-46 所示。在【样式】命令组中单击对话框启动器 ，将会打开【样式】任务窗格，在【样式】列表框中可以选择样式，如图 4-47 所示。

图 4-46　【样式】命令组　　　　　　图 4-47　【样式】任务窗格

　　【例 4-10】在"关于举办第十届学生运动会的通知"文档中，通过应用样式，将"比赛项目"文本中的格式应用到其他段落中。

　　(1) 打开"关于举办第十届学生运动会的通知"文档后，选中文本"比赛项目"，然后在【开始】选项卡的【样式】命令组中单击【副标题】选项，在【段落】命令组中单击【左对齐】选项，为文本应用【副标题】样式，并设置应用样式后的文本【左对齐】。

　　(2) 在【样式】命令组中单击对话框启动器 ，打开【样式】任务窗格，其中将自动添加一个名为【副标题+左】的样式，如图 4-48 所示。

　　(3) 选中文档中其他需要应用【副标题+左】样式的文本，单击【样式】任务窗格的【副标题+左】选项，即可将其应用在其上，效果如图 4-49 所示。

　　(4) 使用同样的方法，为文档中其他文本和段落应用合适的样式。

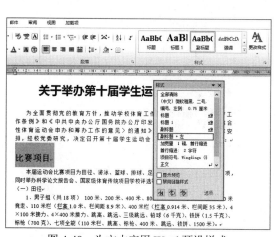

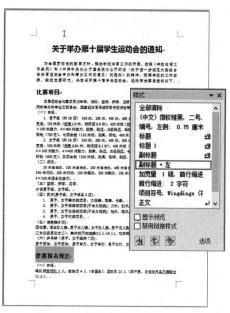

图 4-48　为文本应用 Word 预设样式　　　　　图 4-49　将样式应用到更多文本上

2) 修改样式

如果某些内置样式无法完全满足某组格式设置的要求，则可以在内置样式的基础上进行修改。这时在【样式】任务窗格中，单击样式选项的下拉列表框旁的箭头按钮，在弹出的菜单中选择【修改】命令，如图 4-50 所示。在打开的图 4-51 所示的【修改样式】对话框中更改相应的选项即可。

图 4-50　修改样式　　　　　　图 4-51　【修改样式】对话框

3) 删除样式

在 Word 2010 中，可以在【样式】任务窗格中删除样式，但无法删除模板的内置样式。

在【样式】任务窗格中，单击需要删除的样式旁的箭头按钮，在弹出的菜单中选择【删除】命令，打开【确认删除】对话框，如图 4-52 所示。单击【是】按钮，即可删除该样式。

另外，在【样式】任务窗格中单击【管理样式】按钮，打开【管理样式】对话框，如图 4-53 所示。在【选择要编辑的样式】列表框中选择要删除的样式，单击【删除】按钮，同样可以删除选中的样式。

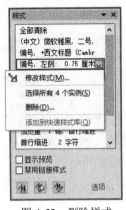

图 4-52　删除样式

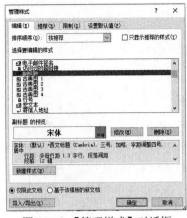

图 4-53　【管理样式】对话框

如果删除了创建的样式，Word 2010 将对所有具有此样式的段落应用【正文】样式。

5. 使用格式刷

使用【格式刷】功能可以快速地将制定的文本、段落格式复制到目标文本、段落上，可以大大提高工作效率。

1) 应用文本格式

要在文档中不同的位置应用相同的文本格式，可以使用【格式刷】工具快速复制格式，方法很简单：选中要复制其格式的文本，在【开始】选项卡的【剪切板】命令组中单击【格式刷】按钮 ，如图 4-54 所示，当鼠标光标变为 形状时，拖动鼠标选中目标文本即可。

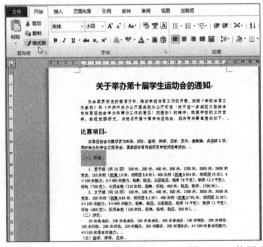

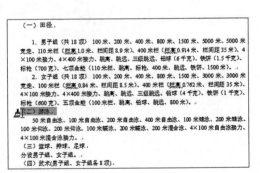

图 4-54　使用【格式刷】工具

2) 应用段落格式

要在文档中不同的位置应用相同的段落格式，同样可以使用【格式刷】工具快速复制格式。方法很简单：将光标定位在某个将要复制其格式的段落任意位置，在【开始】选项卡的【剪切板】命令组中单击【格式刷】按钮 ，当鼠标光标变为 形状时，拖动鼠标选中更改目标段落即可。移动鼠标光标到目标段落所在的左边距区域内，当鼠标光标变成 形状时按下鼠标左键不放，在垂直方向上进行拖动，即可将格式复制给选中的若干个段落。

单击【格式刷】按钮复制一次格式后，系统会自动退出复制状态。如果是双击而不是单击时，则可以多次复制格式。要退出格式复制状态，可以再次单击【格式刷】按钮或按 Esc 键。另外，复制格式的快捷键是 Ctrl+Shift+C，即格式刷的快捷键；粘贴格式的快捷键是 Ctrl+Shift+V。

4.1.4　输出与打印文档

文档制作完成后，必须先对其进行打印预览，并根据需求进行修改和调整，然后对打印文档的页面范围、打印份数和纸张大小等参数进行设置，最后打印文档。

1．预览文档

在打印文档之前，如果想预览打印效果，可以使用【打印预览】功能，利用该功能查看文档效果，以便及时纠正错误。

在 Word 2010 窗口中，单击【文件】按钮，在弹出的菜单中选择【打印】命令，在右侧的预览窗格中可以预览打印效果，如图 4-55 所示。

(a)

(b)

图 4-55　预览文档打印效果

如果看不清楚预览的文档，可以多次单击预览窗格下方的缩放比例工具右侧的 ⊕ 按钮，以达到合适的缩放比例方便查看。多次单击 ⊖ 按钮，可以将文档缩小至合适大小，以多页方式查看文档效果。单击【缩放到页面】按钮，可以将文档自动调节到当前窗格合适的大小以方便显示内容。

另外，拖动图 4-55(a)中底部滑块同样可以对文档的显示比例进行调整。

2. 简单设置打印参数并执行打印

如果一台打印机与计算机已正常连接，并且安装了所需的驱动程序，就可以在 Word 中将所需的文档直接输出。

在 Word 2010 文档中，单击【文件】按钮，在弹出的菜单中选择【打印】命令，打开 Microsoft Office Backstage 视图，在其中部的【打印】窗格中可以设置打印份数、打印机属性、打印页数和双页打印等内容。

【例 4-11】设置"关于举办第十届学生运动会的通知"文档的打印份数与打印范围，然后打印该文档。

(1) 打开"关于举办第十届学生运动会的通知"文档后，单击【文件】按钮，在打开的 Microsoft Office Backstage 视图中选择【打印】选项，在右侧的预览窗格中单击【下一页】按钮，预览打印效果，如图 4-56 所示。

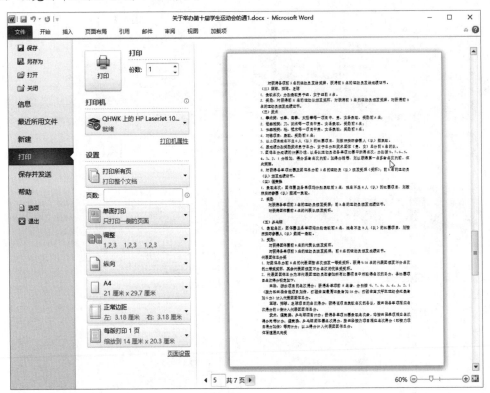

图 4-56　预览文档打印效果

(2) 在【打印】窗格的【份数】微调框中输入 3；在【打印机】列表框中自动显示默认的打印机，此处设置为【QHWK 上的 HP LaserJet】，状态显示为就绪，表示该打印机处于空闲状态。

(3) 在【设置】选项区域的【打印所有页】下拉列表框中选择【打印所有页】选项，设置打印文档的所有页。

(4) 单击【单页打印】下拉按钮，在弹出的下拉菜单中选择【手动双面打印】选项，如图 4-57 所示。

(5) 设置完打印参数后，单击【打印】按钮，即可开始打印文档。

手动双面打印时，打印机会先打印奇数页，将所有奇数页打印完成后，弹出提示对话框，提示用户手动换纸，将打印的文稿重新放入到打印机纸盒中，单击对话框中的【确定】按钮，打印偶数页。

图 4-57 设置手动双面打印

4.2 制作"第十届学生运动会项目安排表"文档

为了更形象地说明问题与记录数据，常常需要在文档中制作各种各样的表格。Word 2010 提供了强大的表格功能，可以帮助用户快速创建与编辑表格。本节将通过制作"第十届学生运动会项目安排表"文档，帮助用户掌握在 Word 中创建、编辑与设置表格的基本方法与技巧。

4.2.1 在文档中快速绘制表格

表格由行和列组成，用户可以直接在 Word 文档中插入指定行列数的表格，也可以通过手动的方法绘制完整的表格或表格的部分。另外，如果需要对表格中的数据进行较复杂的运算，还可以引入 Excel 表格。

当用户需要在 Word 文档中插入列数和行数在 10×8(10 为列数，8 为行数)范围内的表格，如 8×8 时，可以按下列步骤操作。

【例 4-12】创建"第十届学生运动会项目安排表"文档，并在其中绘制一个 6×4 表格。

(1) 按下 Ctrl+N 快捷键新建一个空白文档，然后按下 F12 键打开【另存为】对话框，将文档以文件名"第十届学生运动会项目安排表"保存，如图 4-58 所示。

(2) 选择【插入】选项卡，单击【表格】命令组中的【表格】下拉按钮，在弹出的菜单中移动鼠标让列表中的表格处于选中状态。

(3) 此时，列表上方将显示出相应的表格列数和行数，同时在 Word 文档中也将显示出相应的表格，如图 4-59 所示。

(4) 单击鼠标，即可在文档中插入所需的表格。

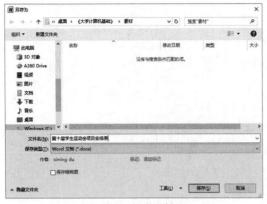

图 4-58　保存文档　　　　　　　　　　图 4-59　快速在文档中插入表格

4.2.2　制作表格标题

在 Word 文档中插入表格后，如果需要在表格之前插入标题文本，用户可以将鼠标指针插入表格左上角第一个单元格中，然后按下 Enter 键，在表格之前插入一个空行，如图 4-60 所示。

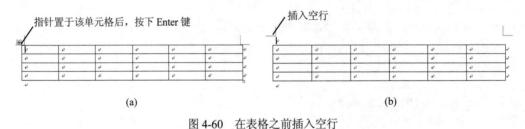

(a)　　　　　　　　　　　　　　　　　(b)

图 4-60　在表格之前插入空行

【例 4-13】在"第十届学生运动会项目安排表"文档中为表格制作标题。

(1) 继续【例 4-12】的操作，并参考图 4-60 介绍的方法，在表格之前插入 2 个空行。

(2) 在空行中输入标题文本并设置文本的字体、字号和对齐方式，如图 4-61 所示。

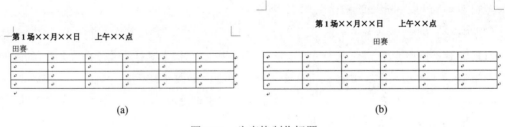

(a)　　　　　　　　　　　　　　　　　(b)

图 4-61　为表格制作标题

4.2.3　输入表格数据

在 Word 表格中输入数据的方法与在文档中一样，用户将鼠标指针置于表格的单元格中，即可在其中输入所需的数据。在表格中输入的数超出单元格宽度时，表格将自动换行，如图 4-62 所示。

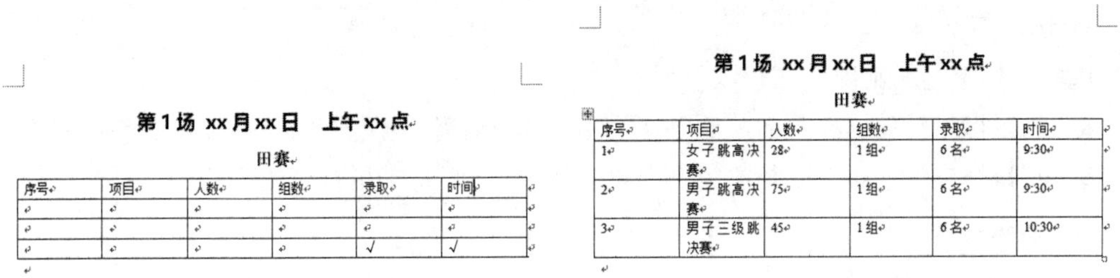

第1场 xx月xx日　上午xx点

序号	项目	人数	组数	录取	时间
				√	√

(a)

第1场 xx月xx日　上午xx点

田赛

序号	项目	人数	组数	录取	时间
1	女子跳高决赛	28	1组	6名	9:30
2	男子跳高决赛	75	1组	6名	9:30
3	男子三级跳决赛	45	1组	6名	10:30

(b)

图 4-62　在表格中输入数据

4.2.4　设置行高与列宽

在 Word 2010 中制作表格时，用户可以快速选取表格的全部，或者表格中的某些行、列、单元格，然后对其进行设置，同时还可以根据需要编辑单元格的行宽、列高等参数。

1. 快速选取行、列及整个表格

在编辑表格时，可以根据需要选取行、列及整个表格，然后对多个单元格进行设置。

1) 选取整个表格

在 Word 中选取整个表格的常用方法有以下几种。

- 使用鼠标拖动选择：当表格较小时，先选择表格中的一个单元格，然后按住鼠标左键拖动至表格的最后一个单元格即可，如图4-63所示。
- 单击表格控制柄选择：在表格任意位置单击，然后单击表格左上角显示的控制柄选取整个表格，如图4-64所示。

图 4-63　拖动鼠标选取整个表格 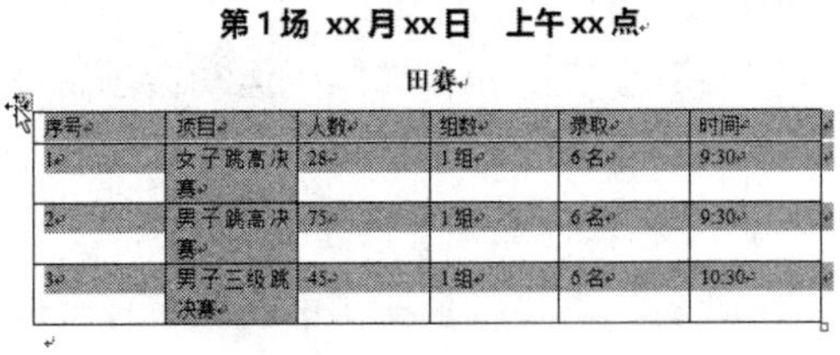　　　　　图 4-64　单击控制柄选取整个表格

- 在Num Lock键关闭的状态下，按下Alt+5快捷键(5是小键盘上的5键)。
- 将鼠标光标定位于表格中，选择【布局】选项卡，在【表】命令组中单击【选择】下拉按钮，在弹出的菜单中选中【选择表格】命令。

2) 选取单个单元格

将鼠标指针悬停在某个单元格左侧，当鼠标指针变为 ↗ 形状时单击，即可选中该单元格，如图 4-65 所示。

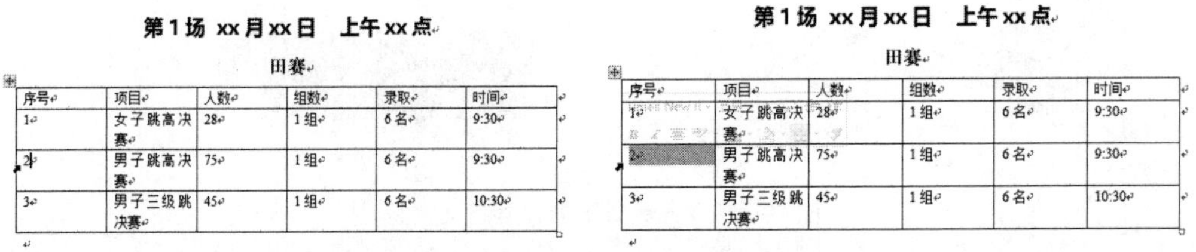

第1场 xx月xx日　上午xx点

田赛

序号	项目	人数	组数	录取	时间
1	女子跳高决赛	28	1组	6名	9:30
2	男子跳高决赛	75	1组	6名	9:30
3	男子三级跳决赛	45	1组	6名	10:30

第1场 xx月xx日　上午xx点

田赛

序号	项目	人数	组数	录取	时间
1	女子跳高决赛	28	1组	6名	9:30
2	男子跳高决赛	75	1组	6名	9:30
3	男子三级跳决赛	45	1组	6名	10:30

图 4-65　选取表格中的单个单元格

3) 选取整行

选取表格整行的常用方法有以下列两种：

- 将鼠标指针放置在页面左侧(左页边距区)，当指针变为↗形状后单击，如图4-66所示。
- 将鼠标指针放置在一行的第一个单元格中，然后拖动鼠标至该列的最后一个单元格，如图4-67所示。

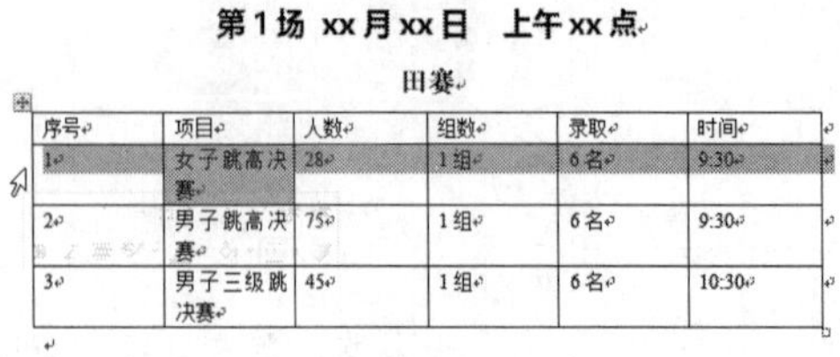

图 4-66　单击表格左页边距区 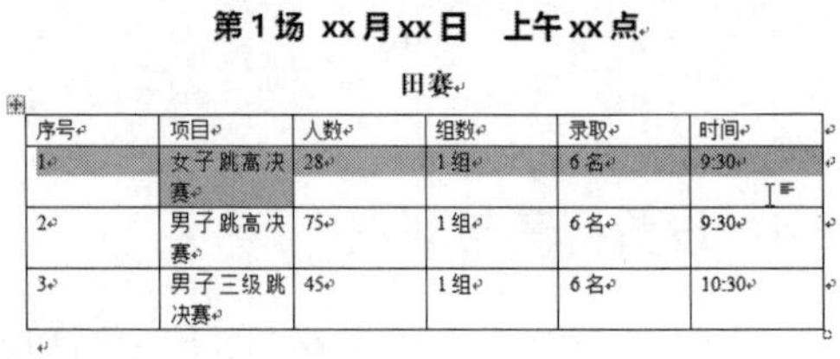　　　　　图 4-67　拖动选取整行

4) 选取整列

选取表格整列的常用方法有以下两种：

- 将鼠标指针放置在表格最上方的表格上边框，当指针变为↓形状后单击。
- 将鼠标指针放置一列第一个单元格，然后拖动鼠标至该列的最后一个单元格。

如果用户需要同时选取连续的多行或者多列，可以在选中一行或一列时，按住鼠标左键拖动选中相邻的行或列，如果用户需要选取不连续的多行或多列，可以按住 Ctrl 键执行选取操作。

2. 设置表格内容自动调整

在文档中编辑表格时，如果想要表格根据表格中输入内容的多少自动调整大小，让行高和列宽刚好容纳单元格中的字符，可以参考下列方法操作。

【例 4-14】在"第十届学生运动会项目安排表"文档中设置表格根据内容自动调整。

(1) 继续【例 4-13】的操作，选取文档中的整个表格，右击，在弹出的菜单中选择【自动调整】|【根据内容调整表格】命令。

(2) 此时，表格将根据其中的内容自动调整大小，如图 4-68 所示。

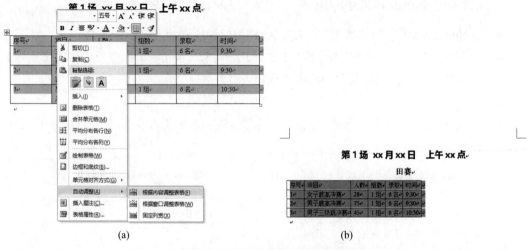

(a)　　　　　　　　　(b)

图 4-68　设置表格根据内容自动调整

3. 精确设定表格列宽与行高

在文档中编辑表格时，对于某些单元格，可能需要精确设置它们的列宽和行高，相关的设置方法如下。

【例 4-15】在"第十届学生运动会项目安排表"文档中设置表格的列宽和行高参数。

(1) 继续【例 4-14】的操作，选择需要设置列宽与行高的表格区域，在【布局】选项卡的【单元格大小】命令组中的【高度】和【宽度】文本框中输入行高和列宽数值。

(2) 完成设置后表格行高和列宽效果将如图 4-69 所示。

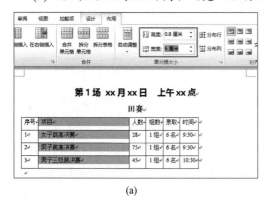

(a)　　　　　　　　　　　(b)

图 4-69　在【单元格大小】命令组中设置行高和列宽

4. 固定表格列宽

在文档中设置好表格的列宽后，为了避免列宽发生变化，影响文档版面的美观，可以通过设置固定表格列宽，使其一直保持不变。

右击需要设置的表格，在弹出的菜单中选择【自动调整】|【固定列宽】命令。此时，在固定列宽的单元格中输入文本，单元格宽度不会发生变化。

5. 单独改变单元格的列宽

有时用户需要单独对某个或几个单元格列宽进行局部调整而不影响整个表格，可以将鼠标指针移动至目标单元格的左侧框线附近，当指针变为 ➚ 形状时单击选中单元格。将鼠标指针移动至目标单元格右侧的框线上，当鼠标指针变为十字形状时按住鼠标左键不放，左右拖动改变宽度。

4.2.5　设置内容对齐方式

Word 提供多种表格内容对齐方式，可以让文字居中对齐、右对齐或两端对齐等，而居中又可以分为靠上居中、水平居中和靠下居中；靠右对齐可以分为靠上右对齐、中部右对齐和靠下右对齐；两端对齐可以分为靠上两端对齐、中部两端对齐和靠下两端对齐。

【例 4-16】在"第十届学生运动会项目安排表"文档中设置表格除比赛项目以外的内容水平居中对齐。

(1) 继续【例 4-15】的操作，选中整个表格，选择【布局】选项卡，在【对齐方式】命令组中单击【水平居中】按钮，如图 4-70 所示。

(2) 选中比赛项目内容所在的单元格区域，在【对齐方式】命令组中单击【中部两端对齐】按钮▤，设置其内容靠左对齐，如图 4-71 所示。

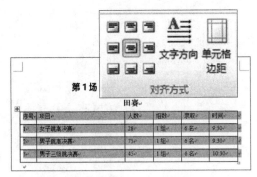

图 4-70　设置水平居中对齐文本

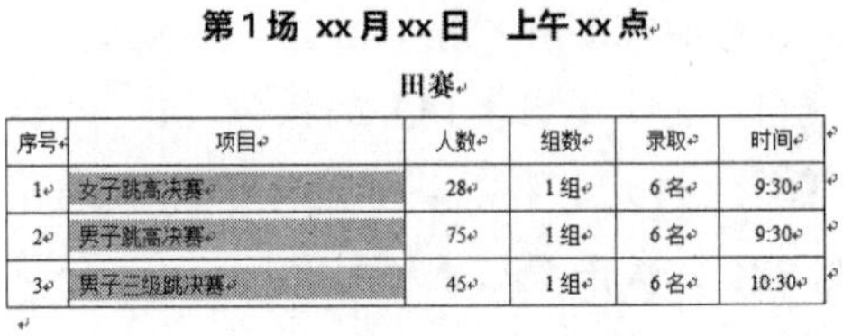

图 4-71　文本对齐效果

4.2.6　插入与删除/行列

在 Word 文档中使用表格时，用户可以根据制表的需要插入或删除表格行或列。

1. 在表格中增加空行

在 Word 中，要在表格中增加一行空行，可以使用以下几种方法：

- 将鼠标指针移动至表格右侧边缘，当显示【+】符号后，单击该符号。
- 将鼠标指针插入表格中的任意单元格中，右击，在弹出的菜单中选择【在上方插入行】或【在下方插入行】命令。
- 选择【布局】选项卡，在【行和列】命令组中单击【在上方插入】按钮或【在下方插入】按钮。

【例 4-17】在"第十届学生运动会项目安排表"文档中以制作好的"田赛"项目安排表为模板，制作其他比赛项目安排表。

(1) 继续【例 4-16】的操作，选中文档中的"田赛"项目安排表，按下 Ctrl+C 快捷键将其复制，然后将鼠标指针放置在页面中合适的位置，按下 Ctrl+V 快捷键，如图 4-72 所示。

(2) 选中复制表格中包含比赛项目的单元格，按下 Delete 键将内容删除。

(3) 选中表格中最后一行，右击，在弹出的菜单中选择【插入】|【在下方插入行】命令，如图 4-73 所示。

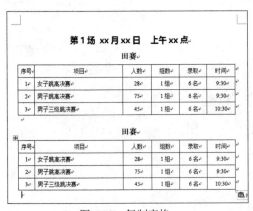

图 4-72　复制表格

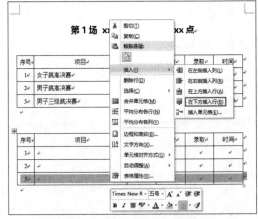

图 4-73　在选中行的下方插入行

(4) 此时，将在选中行的下方插入图 4-74 所示空行。

（5）在空行中输入内容，然后使用相同的方法，完成"第十届学生运动会项目安排表"中其他比赛项目的项目安排表的制作，如图 4-75 所示。

第1场 xx月xx日　上午xx点

田赛

序号	项目	人数	组数	录取	时间
1	女子跳高决赛	28	1组	6名	9:30
2	男子跳高决赛	75	1组	6名	9:30
3	男子三级跳决赛	45	1组	6名	10:30

田赛

序号	项目	人数	组数	录取	时间
1					
2					
3					

图 4-74　插入空行

第1场 xx月xx日　上午xx点

田赛

序号	项目	人数	组数	录取	时间
1	女子跳高决赛	28	1组	6名	9:30
2	男子跳高决赛	75	1组	6名	9:30
3	男子三级跳决赛	45	1组	6名	10:30

径赛

序号	项目	人数	组数	录取	时间
1	女子 100 米预赛	32	3组		9:30
2	男子 100 米预赛	54	4组	3名	9:30
3	女子 800 米决赛	23	1组	6名	10:30
4	男子 800 米决赛	41	7组	6名	10:00

第2场 xx月xx日　上午xx点

田赛

序号	项目	人数	组数	录取	时间
1	男子跳高决赛	32	2组	6名	9:30
2	男子铅球决赛	44	3组	6名	9:30
3	女子三级跳决赛	35	2组	6名	9:30
4	教工男、女铅球决赛	65	4组	6名	10:00
5	教工男、女跳高决赛	45	3组	6名	10:30

图 4-75　完成安排表的制作

2. 在表格中增加空列

要在表格中增加一列空列，可以参考以下几种方法：

- 将鼠标指针移动至表格上方两列框线之间，当显示【+】符号后，单击该符号。
- 将鼠标指针插入表格中的任意单元格中，右击，在弹出的菜单中选择【在左侧插入列】或【在右侧插入列】命令。
- 选择【布局】选项卡，在【行和列】命令组中单击【在左侧插入】按钮📇或【在右侧插入】按钮📇。

3. 删除表格中的行或列

若用户需要删除表格中的行或列，可以参考以下方法：

- 将鼠标指针插入表格单元格中，右击，在弹出的菜单中选择【删除单元格】命令，打开【删除单元格】对话框，选择【删除整行】命令，可以删除所选单元格所在的行，选择【删除整列】命令，可以删除所选单元格所在的列，如图4-76所示。
- 将鼠标指针插入表格单元格中，选择【布局】选项卡，在【行和列】命令组中单击【删除】下拉按钮，在弹出的菜单中选择【删除行】或【删除列】命令，如图4-77所示。

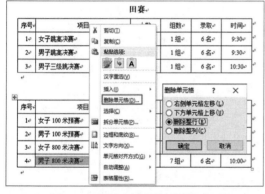

图 4-76　通过右键菜单删除行或列

图 4-77　通过【布局】选项卡删除行或列

4.2.7 合并与拆分单元格

Word 直接插入的表格都是行列平均分布的，但在编辑表格时，经常需要根据录入的内容的总分关系，合并其中的某些相邻单元格，或者将一个单元格拆分成多个单元格。

1. 合并若干相邻的单元格

在文档中编辑表格时，有时需要将几个相邻的单元格合并为一个单元格，以表达不同的总分关系。此时，可以参考下面介绍的方法合并表格中的单元格。

【例4-18】在"第十届学生运动会项目安排表"文档中合并"时间"列的单元格。

(1) 继续【例4-17】的操作，选中表格中需要合并的单元格，右击，在弹出的菜单中选择【合并单元格】命令，如图4-78所示。

(2) 此时，被选中的单元格将合并，其中的内容将被保留，如图4-79所示。

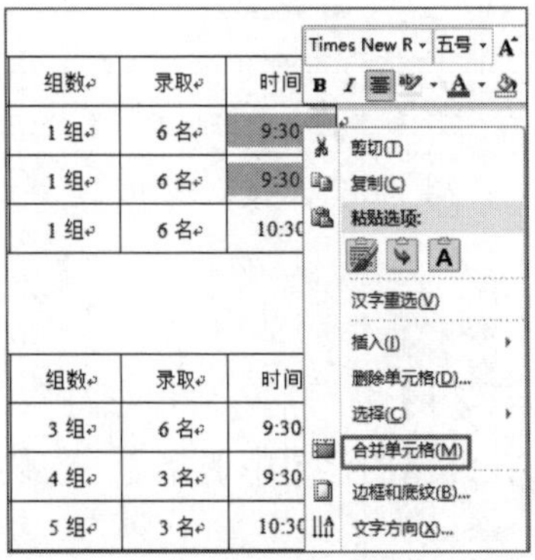

图 4-78 合并选中的单元格 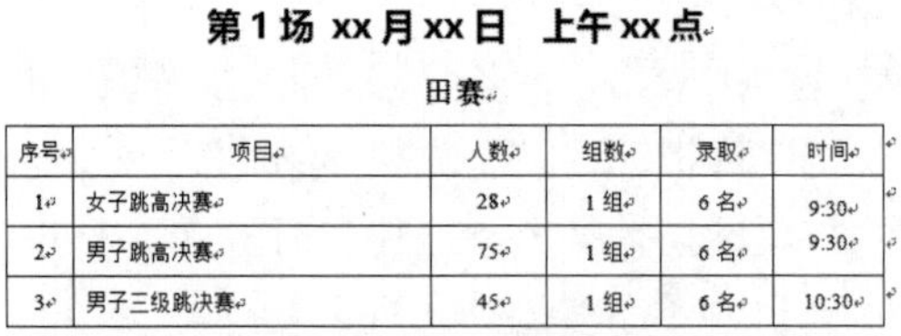　　　　图 4-79 单元格合并效果

(3) 删除合并后单元格中多余的数据，然后使用相同的方法，合并文档中其他表格中有相同数据的单元格。

2. 拆分单元格

在 Word 中编辑表格时，经常需要将某个单元格拆分成多个单元格，以分别输入各个分类的数据。此时，可以参考下面介绍的方法进行操作。

选取需要拆分的单元格，右击，在弹出的菜单中选择【拆分单元格】命令，打开【拆分单元格】对话框，设置具体的拆分行数和列数后，单击【确定】按钮，即可将选取的单元格拆分，如图4-80所示。

图 4-80 使用【拆分单元格】对话框拆分单元格

4.2.8 设置边框与底纹

在 Word 中，用户可以参考下面介绍的方法为表格设置边框与底纹。

【例 4-19】以本节制作的"第十届学生运动会项目安排表"文档为例，练习为表格设置边框与底纹。

(1) 继续【例 4-18】的操作，选中表格后在【设计】选项卡的【表格样式】命令组中，单击【底纹】下拉按钮，在弹出的菜单中选择一种颜色即可为表格设置简单的底纹颜色，如图 4-81 所示。

(2) 保持表格的选中状态，在【设计】选项卡的【表格样式】命令组中单击【边框】下拉按钮，在弹出的菜单中选择【边框和底纹】选项。

(3) 打开【边框和底纹】对话框，在【边框】选项卡的【设置】列表中先选择一种边框设置方式，再在【样式】列表中选择表格边框的线条样式，然后在【颜色】下拉列表框中选择边框的颜色，最后在【宽度】下拉列表中选择【边框】的宽度大小，如图 4-82 所示。

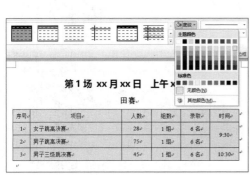

图 4-81　设置表格底纹颜色

图 4-82　设置表格边框

(4) 选择【底纹】选项卡，在【填充】下拉列表中选择底纹的颜色，如果需要填充图案，可以在【样式】下拉列表中选择图案的样式，在【颜色】下拉列表中选择图案颜色，然后单击【确定】按钮，应用表格边框和底纹效果，如图 4-83 所示。

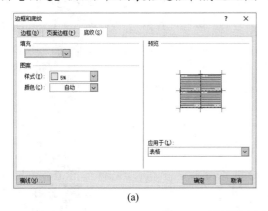

(a)　　　　　　　　　　　　　　　　　　(b)

图 4-83　设置并应用表格边框和底纹样式

4.2.9　设置表格属性

选中 Word 文档中的表格后，右击，在弹出的菜单中选择【表格属性】命令，可以打开【表格属性】对话框设置表格的属性。通过设置表格属性，可以使表格实现各种效果独特的变化，下面将举例介绍。

1. 设置跨页表格自动重复标题

对于包含有较多行的表格，可能会跨页显示在文档的多个页面上，而在默认情况下，表格的标题行并不会在每页的表格上面都自动显示，这就为表格的编辑和阅读带来了一定阻碍，让用户难以辨认每一页表格中各列存储内容的性质。为了避免这种情况，对于跨页显示的表格，在编辑时可以通过以下设置，让表格在每一页自动重复标题行。

将鼠标光标定位在表格第一行中的任意单元格中，右击，在弹出的菜单中选择【表格属性】命令，打开【表格属性】对话框。选择【行】选项卡，选中【在各页顶端以标题形式重复出现】复选框，然后单击【确定】按钮，如图 4-84 所示。此时，当表格行列超过一页文档时，将在下一页中自动添加表格标题，如图 4-85 所示。

图 4-84　【表格属性】对话框

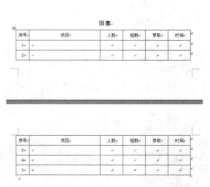
图 4-85　表格跨页自动重复标题

2. 设置文字自动适应单元格

在 Word 表格中如果要实现某个单元格中不论宽度为多少，其中的内容都自动填满单元格，可以通过设置【表格属性】对话框来实现：

将鼠标指针定位于表格中，右击，在弹出的菜单中选择【表格属性】命令，打开【表格属性】对话框。选择【单元格】选项卡，单击【选项】按钮，打开【单元格选项】对话框，选中【适应文字】复选框，单击【确定】按钮，如图 4-86 所示。此时，单元格中的内容将自动填满单元格，效果如图 4-87 所示。

图 4-86　【单元格选项】对话框

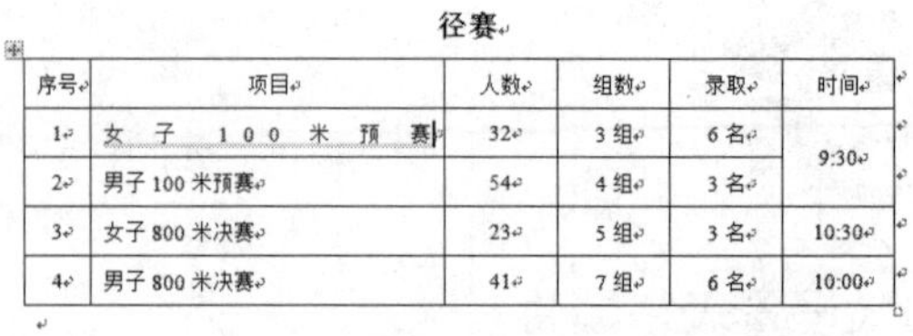

图 4-87　内容自适应单元格效果

3. 设置单元格间距

通过设置表格属性，可以为表格中的每个单元格设置间距。

选中整个表格后右击，在弹出的菜单中选择【表格属性】命令，打开【表格属性】对话框，并单击【表格】选项卡中的【选项】按钮，打开【表格选项】对话框，选中【允许调整单元格间距】复选框，并在其后输入要设置的单元格间距值，如图 4-88 所示。单击【确定】按钮，文档中表格的各单元格之间将显示间距，如图 4-89 所示。

图 4-88　【表格选项】对话框　　　　　　　　图 4-89　表格间距效果

4.3　制作"第十届学生运动会成绩统计表"文档

在 Word 中，除了可以制作出用于承载数据的表格，对于表格中的数据，还可以实现简单的求和、取平均值、最大值和最小值等计算，以及对数据进行排序。本节将通过制作"第十届学生运动会成绩统计表"文档，介绍在 Word 中对表格数据进行计算和排序的方法和技巧。

4.3.1　页面设置

在处理文档的过程中，为了使文档页面更加美观，可以根据需求规范文档的页面，如设置页边距、纸张、版式和文档网格等，从而制作出一个满足需求的文档版面。

1. 设置页边距

页边距就是页面上打印区域之处的空白空间。设置页边距，包括调整上、下、左、右边距，调整装订线的距离和纸张的方向。

选择【页面布局】选项卡，在【页面设置】命令组中单击【页边距】按钮，在弹出的下拉列表框中选择页边距样式，即可快速为页面应用该页边距样式。若选择【自定义边距】命令，打开【页面设置】对话框的【页边距】选项卡，在其中可以精确设置页面边距和装订线距离。

【例 4-20】新建"第十届学生运动会成绩统计表"文档，设置文档的页边距、装订线和纸张方向。

(1) 按下 Ctrl+N 快捷键创建一个空白文档，然后按下 F12 键打开【另存为】对话框将文档命名为"第十届学生运动会成绩统计表"。

(2) 选择【页面布局】选项卡，在【页面设置】命令组中单击【页边距】按钮，在弹出的菜单中选择【自定义边距】命令，如图 4-90 所示。

(3) 打开【页面设置】对话框选择【页边距】选项卡，在【纸张方向】选项区域中选择【横向】选项，在【页边距】的【上】微调框中输入"1.5 厘米"，在【下】微调框中输入"1厘米"，在【左】和【右】微调框中输入"1 厘米"，在【装订线位置】下拉列表框中选择【左】选项，在【装订线】微调框中输入"0.5 厘米"，如图 4-91 所示。

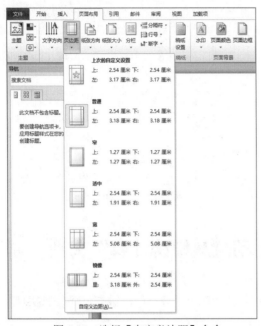

图 4-90　选择【自定义边距】命令

图 4-91　设置页边距

(4) 单击【确定】按钮，为文档应用所设置的页边距样式。

2. 设置纸张

纸张的设置决定了要打印的效果，默认情况下，Word 2010 文档的纸张大小为 A4。在制作某些特殊文档(如明信片、名片或贺卡)时，可以根据需要调整纸张的大小，从而使文档更具特色。

日常使用的纸张大小一般有 A4、16 开、32 开和 B5 等几种类型。不同的文档，其页面大小也不同，此时就需要对页面大小进行设置，即选择要使用的纸型。每一种纸型的高度与宽度都有标准的规定，但也可以根据需要进行修改。在【页面设置】命令组中单击【纸张大小】按钮，在弹出的下拉列表中选择设定的规格选项即可快速设置纸张大小。

【例 4-21】为"第十届学生运动会成绩统计表"文档设置纸张大小。

(1) 继续【例 4-20】的操作，选择【页面布局】选项卡，在【页面设置】命令组中单击【纸张大小】按钮，在弹出的菜单中选择【其他页面大小】命令。

(2) 打开【页面设置】对话框的【纸张】选项卡，在【纸张大小】下拉列表框中选择【自定义大小】选项，在【宽度】和【高度】微调框中分别输入"27 厘米"和"17 厘米"，如图 4-92 所示。

(3) 单击【确定】按钮，即可为文档应用所设置的页面大小，效果如图 4-93 所示。

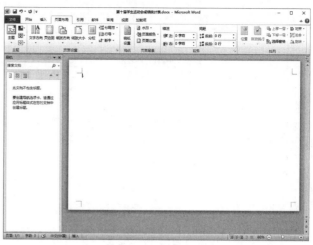

图 4-92　自定义纸张大小　　　　　　　　　　　图 4-93　页面设置效果

4.3.2　创建超大表格

当用户需要在文档中插入的表格列数超过 10 或行数超过 8 的表格，如 12×10 的表格时，可以按下列步骤操作。

【例 4-22】在"第十届学生运动会成绩统计表"文档中创建一个 12×10 的表格并输入表格数据。

(1) 继续【例 4-21】的操作，选择【插入】选项卡，单击【表格】命令组中的【表格】下拉按钮，在弹出的菜单中选择【插入表格】命令。

(2) 打开【插入表格】对话框，在【列数】文本框中输入 12，在【行数】文本框中输入 10，然后单击【确定】按钮，如图 4-94 所示。

(3) 此时，将在文档中插入如图 4-95 所示的 12×10 的表格。

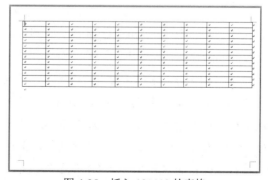

图 4-94　【插入表格】对话框　　　　　　　　图 4-95　插入 12×10 的表格

(4) 将鼠标指针插入表格左侧的第一个单元格中，按下 Enter 键在表格之前插入一个空行，并在该行中输入并设置表格标题"第十届学生运动会成绩统计表(铅球)"，如图 4-96 所示。

(5) 分别设置表格各列的列宽后，选中整个表格并右击，在弹出的菜单中选择【表格属性】命令，打开【表格属性】对话框，在【对齐方式】栏中选中【居中】选项，单击【确定】按钮，设置表格相对于文档页面整体居中，如图 4-97 所示。

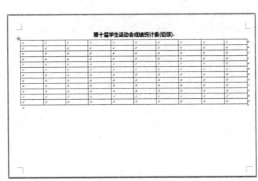

图 4-96　设置表格标题　　　　　　　　图 4-97　设置表格居中

(6) 合并表格中的单元格，并设置表格单元格的高度和宽度，制作效果如图 4-98 所示的表格。

(7) 在表格中输入数据，并设置数据在表格中的对齐方式，如图 4-99 所示。

图 4-98　设置表格结构　　　　　　　　图 4-99　输入表格数据

4.3.3　绘制自选图形

自选图形是运用现有的图形，如矩形、圆等基本形状，以各种线条或连接符来绘制出的用户需要的图形样式，例如使用矩形、圆、箭头、直线等形状制作一个流程图。

在 Word 2010 中，选择【插入】选项卡，在【插图】命令组中单击【形状】下拉按钮，从弹出的列表中选择一种自选图形，然后在文档窗口中按住鼠标拖动即可绘制该图形。

【例 4-23】在"第十届学生运动会成绩统计表"文档中绘制两条直线。

(1) 继续【例 4-22】的操作，选择【插入】选项卡，在【插图】命令组中单击【形状】下拉按钮，从弹出的列表中选择【直线】选项，如图 4-100 所示。

(2) 在文档窗口中单击一点作为直线的起点，然后按住鼠标左键拖动即可绘制一条直线，如图 4-101 所示。

(3) 在显示的【格式】选项卡的【形状样式】命令组中选择直线图形的样式，如图 4-102 所示。

(4) 重复同样的操作绘制第二条直线，完成后表格效果如图 4-103 所示。

图 4-100　选择形状

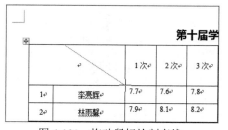

图 4-101　拖动鼠标绘制直线

图 4-102　设置形状格式

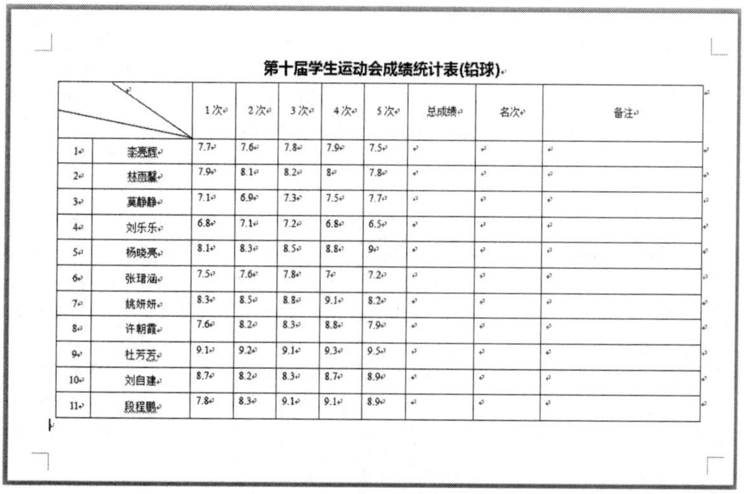

图 4-103　为表格制作分栏线

4.3.4　使用文本框

在编辑一些特殊版面的文稿时，常常需要用到 Word 中的文本框将一些文本内容显示在特定的位置。文本框是一种特殊的图形，常见的文本框有横排文本框和竖排文本框。

1．使用横排文本框

横排文本是用于输入横排方向文本的图形。在特殊情况下，用户无法在目标位置处直接输入需要的内容，此时就可以使用文本框进行插入。

【例4-24】在"第十届学生运动会成绩统计表"文档中绘制横排文本框。

(1) 继续【例4-23】的操作，选择【插入】选项卡，在【文本】命令组中单击【文本框】下拉按钮，在展开的库中选择【绘制文本框】选项，如图4-104所示。

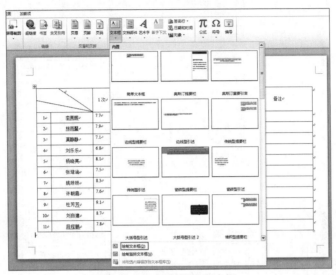

图4-104　插入横排文本框

(2) 此时鼠标指针将变为十字形状，在文档中的目标位置处按住鼠标左键不放并拖动，拖至目标位置处释放鼠标，如图4-105所示。

(3) 释放鼠标后即绘制出文本框，默认情况下为白色背景。在其中输入需要的文本框内容，然后右击文本框，在弹出的菜单中选择【设置形状格式】命令，如图4-106所示。

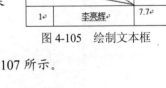

图4-105　绘制文本框

(4) 打开【设置形状格式】对话框，选择【填充】选项卡，然后选中【无填充】选项，设置文本框没有填充颜色，如图4-107所示。

图4-106　设置文本框属性　　　　　图4-107　设置文本框无填充色

（5）在图 4-107 所示的【设置形状格式】对话框中选择【线条颜色】选项卡，然后选中【无线条】单选按钮，设置文本框没有线条颜色，如图 4-108 所示。

（6）使用同样的方法，在表格中插入更多的文本框，并在其中输入文本，完成后"第十届学生运动会成绩统计表"文档的效果如图 4-109 所示。

图 4-108　设置文本框无线条

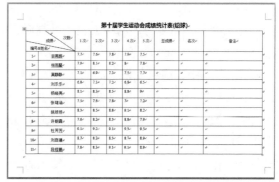

图 4-109　文本框在文档中的应用效果

2. 使用竖排文本框

用户除了可以在文档中插入横排文本框以外，还可以根据需要使用竖排样式的文本框，以实现特殊的版式效果：

选择【插入】选项卡，单击【文本】命令组中的【文本框】下拉按钮，在展开的库中选择【绘制竖排文本框】选项。在文档中的目标位置处按住鼠标左键不放并拖动，拖至目标位置处释放鼠标，绘制一个竖排文本框。

4.3.5　计算运动会竞赛总成绩

对于表格中的数据，常常需要对它们进行计算与排序，如果是简单的求和、取平均值、最大值及最小值等计算，可以直接使用 Word 2010 提供的计算公式来完成。下面以计算"第十届学生运动会成绩统计表"文档中运动会竞赛总成绩为例，介绍公式的应用。

1. Word 表格数据计算的基础知识

在 Word 表格中使用公式和函数计算数据时，大多需要引用单元格名称。表格中单元格的命名和 Excel 单元格的命名方式相同，都是由单元格所在的行和列的序号组合而成(列号在前，行号在后)。其中列号用字母顺序 a、b、c、d、……表示(大小写都可以)，行号则用阿拉伯数字 1、2、3、4、……表示。例如第一列中第一行(即表格左上角的单元格)的单元格命名为 A1，如表 4-2 所示。

表 4-2　Word 表格中各个单元格的命名

A1	B1	C1	D1	E1	F1
A2	B2	C2	D2	E2	F2
A3	B3	C3	D3	E3	F3
A4	B4	C4	D4	E4	F4
A5	B5	C5	D5	E5	F5
A6	B6	C6	D6	E6	F6

利用单元格名称除了指定单个单元格外，还可以用于表示表格区域，用冒号 ":" 将表格区域中首个单元格的名称和最后一个单元格的名称连起来即可(冒号必须使用半角输入)。例如同一列中 C2、C3、C4 三个单元格组成的区域，用 C2:C4 表示，同一行中 B2、C2、D2、E2 四个单元格组成的区域，用 B2:E2 表示，相邻的几个单元格如 D2、E2、F2、D3、E3、F3、F4、E4 和 F4 组成的区域，用 D2:F4 表示。

在计算某个单元格上方所有单元格的数据时，除了引用单元格名称以外，用户还可以用 above、below、right、left 来表示，其中 above 表示同一列中当前单元格上面的所有单元格；below 表示同一列中当前单元格下面的所有单元格；right 表示同一行中当前单元格右边的所有单元格；left 表示同一行中当前单元格左边的所有单元格。例如计算 C1、C2、C3、C4 四个单元格内的数据之和，计算结果保存在 C5 单元格中，在引用计算目标时，可以用 C1:C4 表示，也可以直接用 above 表示。

计算 Word 表格中的数据时，公式的输入方式和 Excel 相同，可以用 "=函数名称(数据引用范围)" 表示(方括号不算)，也可以在 "=" 后面直接加数学公式。例如计算 B3、C3、D3、E3 四个单元格的平均值，结果保存在单元格 F3 中，可以用公式=AVERAGE(B3:E3)来实现，也可以公式=(B3+C3+D3+E3)/4 来实现。

2. Word 表格求和

计算 Word 表格中若干单元格内的数据之和，可以用函数 SUM 来实现。例如要在图 4-109 所示的表格中计算运动会竞赛总成绩，可以按下列方法操作。

【例 4-25】在 "第十届学生运动会成绩统计表" 文档中计算运动会竞赛总成绩。

(1) 继续【例 4-24】的操作，将鼠标指针定位在 H2 单元格中，选择【布局】选项卡，在【数据】命令组中单击【公式】按钮，如图 4-110 所示。

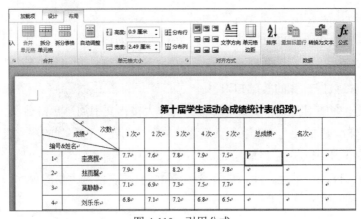

图 4-110　引用公式

(2) 打开【公式】对话框，在【公式】文本框中输入等号 "="，然后在【粘贴函数】下拉列表中选择 SUM 选项，在【公式】文本框中将出现函数 SUM()，在括号中输入计算对象的单元格区域 C2:G2，在【编号格式】下拉列表中选择计算结果的格式(本例选择 0)，然后单击【确定】按钮即可，如图 4-111 所示。

(3) 使用同样的方法，在表格中计算每位参赛者的总成绩。

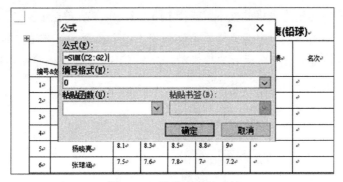

图 4-111 计算竞赛总成绩

4.3.6 按总成绩高低排序表格

Word 2010 提供表格排序功能，该功能对表格中指定单元格区域按照字母顺序或者数字大小排序，例如在图 4-112 所示的表格中，按"总成绩"从高到低排序，操作步骤如下。

【例 4-26】在"第十届学生运动会成绩统计表"文档中按竞赛总成绩排序表格。

(1) 继续【例 4-25】的操作，选中要排序的单元格区域后，选择【布局】选项卡，在【数据】命令组中单击【排序】按钮，如图 4-112 所示。

(2) 打开【排序】对话框，选中【主要关键字】选项区域中的【降序】单选按钮，然后单击【确定】按钮，如图 4-113 所示。

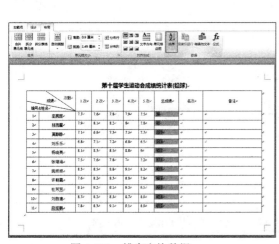

图 4-112 排序表格数据

图 4-113 使用【排序】对话框

对 Word 表格进行排序，有可能使用一个关键字时会出现几个单元格处于并列的地位，此时可以设置次要关键字、第三关键字，对于处于并列地位的单元格再次排序。

4.3.7 设置表格与文本转换

在 Word 中，用户既可将文本转换为表格，也可以将制作好的表格转换为文本。

1. 将文本转换为表格

在 Word 中，可以将文本转换为表格：

选中文档中需要转化为表格的文本，选择【插入】选项卡，单击【表格】命令组中的【表格】下拉按钮，在弹出的菜单中选择【文本转化为表格】命令，打开【将文字转化成表格】对话框，根据文本的特点设置合适的选项参数，单击【确定】按钮，如图 4-114 所示。此时，将在文档中插入一个图 4-115 所示的表格。

图 4-114　设置将文本转换为表格

图 4-115　文本转换为表格的效果

2. 将表格转换为文本

若要将表格转换为文本，可以在选中表格后，单击【布局】选项卡【数据】命令组中的【转换为文本】按钮，打开【表格转换成文本】对话框。选择一种文字分隔符后，单击【确定】按钮即可，如图 4-116 所示。

图 4-116　设置将表格转换为文本

4.4　制作"第十届学生运动会专题"文档

Word 软件最强的功能在于其对电子文档的排版与美化，在文档中适当地插入一些图形、图片、艺术字、文本框等对象，并设置合理的版式，不仅会使文章、报告显得生动有趣，还能帮助用户更快地理解文章内容。本章将通过制作"第十届学生运动会专题"文档，介绍使用 Word 2010 排版与美化图文混排文档的方法。

4.4.1　设置封面

为了美化 Word 文档，经常会需要制作一些精美的封面。一般情况下制作封面需要用户有一定的平面设计能力，但在 Word 2010 中，软件预设了多种封面样式，用户即便没有设计能力，也可以制作出满意的封面。

【例 4-27】创建"第十届学生运动会专题"文档并在其中插入封面。

(1) 按下 Ctrl+N 快捷键创建一个空白文档，然后按下 F12 键打开【另存为】对话框，将文档保存为"第十届学生运动会专题"。

(2) 选择【页面布局】选项卡，单击【页面设置】命令组中的对话框启动器按钮 ，打开【页面设置】对话框，在【页边距】选项卡中将【上】、【下】、【左】、【右】都设置为 0，然后单击【确定】按钮，如图 4-117 所示。

(3) 选择【插入】选项卡，在【页】命令组中单击【封面】下拉按钮，在弹出的菜单中选择【传统型】封面，如图 4-118 所示。

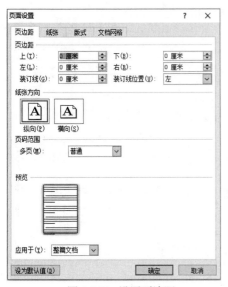

图 4-117　设置页边距

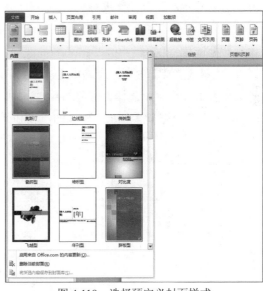

图 4-118　选择预定义封面样式

(4) 此时，在文档中生成 Word 预定义的传统型封面。将鼠标指针置于封面预定义的标题、副标题、日期、摘要等文本框中输入相应的文本，如图 4-119 所示。

图 4-119　在预定义封面中输入文本

4.4.2　设置页面背景

为了使文档更加美观，用户可以为文档设置背景，文档的背景包括页面颜色和水印效果。为文档设置页面颜色时，可以使用纯色背景以及渐变、纹理、图案、图片等填充效果，为文档添加水印效果时可以使用文字或图片。

1. 设置页面颜色

为 Word 文档设置页面颜色，可以使文档变得更加美观，具体操作方法如下。

【例 4-28】在"第十届学生运动会专题"文档中设置页面背景颜色。

(1) 继续【例 4-27】的操作，选择【页面布局】选项卡，在【页面背景】命令组中单击【页面颜色】下拉按钮，在展开的库中选择一种颜色，如图 4-120 所示。此时，文档页面将应用所选择的颜色作为背景进行填充。

(2) 再次单击【页面颜色】下拉按钮，在展开的库中选择【填充效果】选项，打开【填充效果】对话框。

(3) 选择【渐变】选项卡，选中【双色】单选按钮，设置【颜色 1】和【颜色 2】的颜色，在【变形】选项区域中选择变形的样式。

(4) 单击【确定】按钮后，即可为页面应用设置渐变效果，如图 4-121 所示。

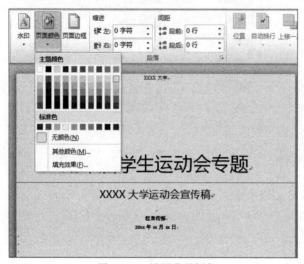

图 4-120　设置背景颜色

图 4-121　设置背景颜色的渐变效果

在【渐变填充】对话框中，如果需要设置纹理填充效果，可以选择【纹理】选项卡，选择需要的纹理效果。设置图案、图片填充效果的方法与此类似，分别选择相应的选项卡进行设置即可。

2. 设置水印效果

水印是出现在文本下方的文字或图片。如果用户使用图片水印，可以对其进行淡化或冲蚀设置以免图片影响文档中文本的显示。如果用户使用文本水印，则可以从内置短语中选择需要的文字，也可以输入所需的文本。

设置水印效果，可以选择【页面布局】选项卡，在【页面背景】命令组中单击【水印】下拉按钮，在展开的库中选择【自定义水印】选项。打开【水印】对话框，选择【图片水印】

单选按钮，然后单击【选择图片】按钮，如图 4-122 所示。

打开【插入图片】对话框，选择一个图片文件后，单击【插入】按钮。返回【水印】对话框，选中【冲蚀】复选框，然后单击【确定】按钮即可为文档设置如图 4-123 所示的水印效果。

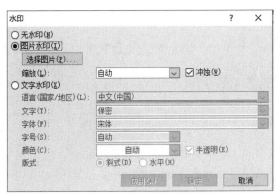

图 4-122　【水印】对话框

图 4-123　为文档设置水印

4.4.3　使用图片

图片是日常文档中的重要元素，在制作文档时，常常需要插入相应的图片文件使文档内容信息更加形象和直观。一般情况下，用户在文档中插入图片后，通常还需要对图片的大小、效果和位置进行设置。

1. 在文档中插入图片

在 Word 2010 中，用户可以在文档中插入电脑中保存的图片，也可以插入屏幕截图或剪贴画。

1) 插入文件中的图片

用户可以直接将保存在计算机中的图片插入 Word 文档中，也可以利用扫描仪或者其他图形软件插入图片到 Word 文档中。

【例 4-29】在"第十届学生运动会专题"文档中插入图片。

(1) 继续【例 4-28】的操作，选择【插入】选项卡，在【插图】命令组中单击【图片】按钮，打开【插入图片】对话框。

(2) 在【插入图片】对话框中选择一个图片文件后，单击【插入】按钮，即可将图片插入文档中，如图 4-124 所示。

2) 插入剪贴画

选择【插入】选项卡，在【插图】命令组中单击【剪贴画】按钮，可以打开【剪贴画】窗格。在该窗格的【搜索文字】文本框中输入关键字(例如"运动")并单击【搜索】按钮，可以通过网络搜索剪贴画。将搜索结果拖动至文档中即可在文档中插入剪贴画，如图 4-125 所示。

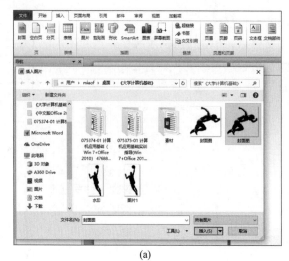

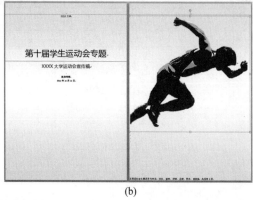

(a)　　　　　　　　　　　　　　　　　(b)

图 4-124　在文档中插入图片

(a)　　　　　　　　　　　　　(b)

图 4-125　在文档中插入剪贴画

3) 使用"屏幕截图"功能

用户如果需要在 Word 文档中使用当前页面中的某个图片或者图片的一部分，则可以利用 Word 2010 的"屏幕截图"功能来实现。

屏幕视图指的是当前打开的窗口，用户可以快速捕捉打开的窗口并插入到文档中。选择屏幕窗口，在【插入】选项卡的【插图】命令组中单击【屏幕截图】下拉按钮，在展开的库中选择当前打开的窗口缩略图，如图 4-126 所示。此时，将在文档中插入图 4-127 所示的窗口屏幕截图。

如果用户正在浏览某个页面，也可以将页面中的部分内容以图片的形式插入 Word 文档中，此时需要使用自定义屏幕截图功能来截取所需图片。

在【插入】选项卡的【插图】命令组中单击【屏幕截图】下拉按钮，在展开的库中选择【屏幕剪辑】选项，然后在需要截取图片的开始位置按住鼠标左键拖动，拖至合适位置处释放鼠标。此时，即可在文档中插入指定范围的屏幕截图。

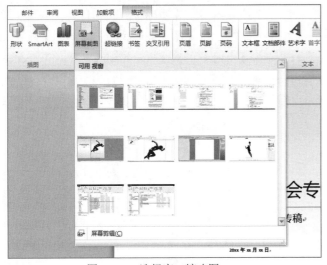

图 4-126　选择窗口缩略图

图 4-127　在文档中插入屏幕视图

2. 编辑图片

在文档中插入图片后，通常还需要进行设置才能达到用户的需求，比如调整图片的大小、位置以及图片的文字环绕方式和图片样式等。下面介绍编辑图片的具体操作步骤。

1）调整图片的大小

下面将介绍调整图片大小的方法。

【例 4-30】在"第十届学生运动会专题"文档中调整图片的大小。

(1) 继续【例 4-29】的操作，选中文档中插入的图片，将指针移动至图片右下角的控制柄上，当指针变成双向箭头形状时按住鼠标左键拖动。

(2) 当图片大小变化为合适的大小后，释放鼠标即可改变图片大小，如图 4-128 所示。

(a)　　　　　　　　　　　　　　　　　　(b)

图 4-128　调整图片的大小

2）调整图片的位置

在默认情况下，在文档中插入图片是以嵌入的方式显示的，用户可以通过设置环绕文字来改变图片在文档中的位置，具体操作如下文所示。

【例4-31】在"第十届学生运动会专题"文档中调整图片的环绕方式和位置。

(1) 继续【例4-30】的操作,选中文档中的图片,在【格式】选项卡的【排列】命令组中单击【位置】下拉按钮,在弹出的菜单中选择【中间居中】选项,可以设置图片浮于文档的中间位置,并通过拖动更改图片在文档的位置,如图4-129所示。

(2) 将鼠标指针放置在图片上方,当指针变为十字箭头时按住鼠标左键拖动,调整图片在文档中的位置,如图4-130所示。

图 4-129　设置图片的位置

图 4-130　拖动鼠标调整图片位置

3) 裁剪图片

如果只需要插入图片中的某一部分,可以对图片进行裁剪,将不需要的图片部分裁掉。

选择文档中需要裁剪的图片,在【格式】选项卡的【大小】命令组中单击【裁剪】下拉按钮,在弹出的菜单中选择【裁剪】命令。调整图片边缘出现的裁剪控制手柄,拖动需要裁剪边缘的手柄。按下 Enter 键,即可裁剪图片,并显示裁剪后的图片效果,如图4-131所示。

(a)　　　　　　　　　　　(b)

图 4-131　裁剪图片

4) 应用图片样式

Word 2010 提供了多种图片样式,用户可以选择图片样式快速对图片进行设置,具体方法是:选择图片,在【格式】选项卡的【图片样式】命令组中单击【其他】按钮▽,在弹出的下拉列表中选择一种图片样式即可。

3. 调整图片

在 Word 2010 中,用户可以快速地设置文档中图片的效果,例如删除图片背景、更正图片亮度和对比度、重新设置图片颜色等。

1) 删除图片背景

如果不要图片的背景部分，可以使用 Word 2010 删除图片的背景：

选中文档中插入的图片，在【格式】选项卡的【调整】命令组中单击【删除背景】按钮。在图片中显示保留区域控制柄，拖动手柄调整需要保留的区域，如图 4-132 所示。选择【优化】命令组中单击【标记要删除的区域】按钮，在图片中单击鼠标标记删除的区域，如图 4-133 所示。按下 Enter 键，即可得到删除背景后的图片。

　　图 4-132　设置删除背景的图片区域　　　　　图 4-133　设置需要删除的区域

2) 更正图片的亮度和对比度

Word 2010 为用户提供了设置图片亮度和对比度功能，用户可以通过预览到的图片效果来进行选择，快速得到所需的图片效果。具体操作方法是：选中文档中的图片后，在【格式】选项卡的【调整】命令组中单击【更正】下拉按钮，在弹出的菜单中选择需要的效果即可，如图 4-134 所示。

3) 重新设置图片颜色

如果用户对图片的颜色不满意，可以对图片颜色进行调整。在 Word 2010 中，可以快速得到不同的图片颜色效果，具体操作方法是：选择文档中的图片，在【格式】选项卡的【调整】命令组中单击【颜色】下拉按钮，在展开的库中选择需要的图片颜色即可，如图 4-135 所示。

　　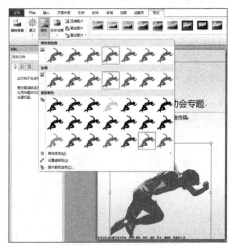

　　图 4-134　更正图片的亮度和对比度　　　　　图 4-135　设置图片的颜色

4) 为图片应用艺术效果

Word 2010 提供多种图片艺术效果，用户可以直接选择所需的艺术效果对图片进行调整。具体操作方法是：选中文档中的图片，在【格式】选项卡的【调整】命令组中单击【艺术效果】下拉按钮，在展开的库中选择一种艺术字效果即可，如选【模糊】选项，效果如图 4-136 所示。

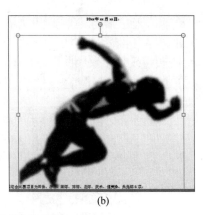

　　　　　　　(a)　　　　　　　　　　　　　　　　　　　(b)

图 4-136　　为图片应用【模糊】效果

4.4.4　使用艺术字

　　在 Word 文档中灵活地应用艺术字功能，可以为文档添加生动且具有特殊视觉效果的文字。由于在文档中插入艺术字会被作为图形对象处理，因此在添加艺术字时，需要对艺术字的样式、位置、大小进行设置。

1. 插入艺术字

　　插入艺术字的方法有两种，一种是先输入文本，再将输入的文本应用为艺术字样式；另一种是先选择艺术字的样式，然后在 Word 软件提供的文本占位符中输入需要的艺术字文本。

　　【例 4-32】在"第十届学生运动会专题"文档中将标题文本替换为艺术字。

　　(1) 继续【例 4-31】的操作，删除文档封面中的标题文本"第十届学生运动会专题"，然后在【插入】选项卡的【文本】工作组中单击【艺术字】下拉按钮，在展开的库中选择需要的艺术字样式，如图 4-137 所示。

　　(2) 此时，将在文档中插入一个所选的艺术字样式，在其中显示"请在此放置您的文字"，如图 4-138 所示。

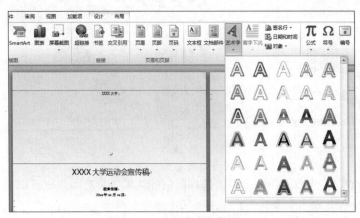

图 4-137　　选择艺术字样式　　　　　　　　　　图 4-138　　插入艺术字样式

　　(3) 删除艺术字样式中显示的文本，输入需要的艺术字内容"第十届学生运动会专题"。

2. 设置艺术字效果

艺术字是作为图形对象放置在文档中的，用户可以将其作为图片来处理，例如为艺术字设置一种特殊的效果等。

选择艺术字并选择【格式】选项卡，在【艺术字样式】命令组中单击 按钮，打开【设置文本效果格式】对话框。在【设置文本效果格式】对话框左侧的列表框中，用户可以为艺术字选择一种效果(例如【映像】)，然后在对话框右侧的选项区域中设置效果的参数。单击【关闭】按钮，即可为艺术字设置了特殊效果，如图 4-139 所示。

图 4-139　为艺术字应用【映像】效果

4.4.5　使用主题

主题是一套统一的元素和颜色设计方案，为文档提供一套完整的格式集合。利用主题，用户可以轻松地创建具有专业水准、设计精美的文档。在 Word 2010 中，除了使用内置主题样式外，还可以通过设置主题的颜色、字体或效果来自定义文档主题。

要快速设置主题，可以打开【页面设置】选项卡，在【主题】命令组中单击【主题】按钮，在弹出图 4-140 所示的【内置】列表中选择适当的文档主题样式。

　　　　(a)　　　　　　　　　　　　　　　　　(b)

图 4-140　使用 Word 内置主题

1. 设置主题颜色

主题颜色包括 4 种文本和背景颜色、6 种强调文字颜色和 2 种超链接颜色。要设置主题颜色，可在打开的【页面设置】选项卡的【主题】命令组中，单击【主题颜色】按钮，在弹出的内置列表中显示了 45 种颜色组合供用户选择。选择【新建主题颜色】命令，打开【新建主题颜色】对话框，如图 4-141 所示，使用该对话框可以自定义主题颜色。

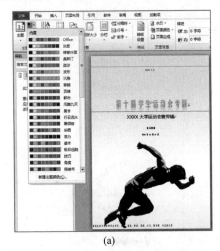

(a)　　　　　　　　　　　　(b)

图 4-141　设置主题颜色

2. 设置主题字体

主题字体包括标题字体和正文字体。要设置主题字体，可在打开的【页面设置】选项卡的【主题】命令组中，单击【主题字体】按钮，在弹出的内置列表中显示了 47 种主题字体供用户选择。选择【新建主题字体】命令，打开【新建主题字体】对话框，如图 4-142 所示，使用该对话框可以自定义主题字体。

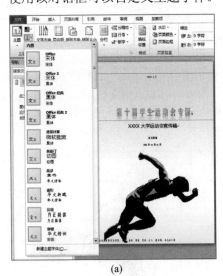
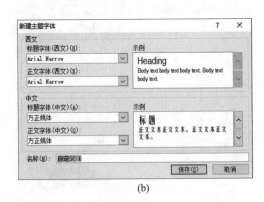

(a)　　　　　　　　　　　　(b)

图 4-142　设置主题字体

3. 设置主题效果

主题效果包括线条和填充效果。要设置主题效果，可在打开的【页面设置】选项卡的【主题】命令组中，单击【主题效果】按钮 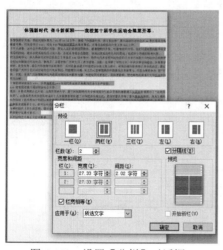，在弹出的内置列表中显示了 44 种主题效果供用户
选择。

4.4.6　设置分栏

　　分栏是指按实际排版需求将文本分成若干个条块，使版面更加简洁整齐。在阅读报纸杂
志时，常常会有许多页面被分成多个栏目。这些栏目有的是等宽的，有的是不等宽的，从而
使得整个页面布局显得错落有致，易于读者阅读。

　　Word 2010 具有分栏功能，可以把每一栏都视为一节，这样就可以对每一栏文本内容单
独进行格式化和版面设计。

　　【例 4-33】在"第十届学生运动会专题"文档中输入专题内容文本，并设置分栏版式。

　　(1) 继续【例 4-32】的操作，在文档中输入专题内容文本，并设置标题和内容格式。

　　(2) 选中需要分栏显示的文本，选择【页面布局】选项卡，在【页面设置】命令组中单
击【分栏】按钮 ，在弹出的菜单中选择【更多分栏】命令，打开【分栏】对话框，如
图 4-143 所示。在其中可进行相关分栏设置，如栏数、宽度、间距和分割线等。

　　(3) 单击【确定】按钮，即可为内容设置分栏，效果如图 4-144 所示。

图 4-143　设置【分栏】对话框

图 4-144　分栏排版效果

4.4.7　设置首字下沉

　　首字下沉是报刊杂志中较为常用的一种文本修饰方式，使用该方式可以很好地改善文档
的外观，使文档更美观、更引人注目。设置首字下沉，就是使第一段开头的第一个字放大。
放大的程度可以自行设定，占据两行或者三行的位置，而其他字符围绕在它的右下方。

　　在 Word 2010 中，首字下沉共有两种不同的方式，一个是普通的下沉，另外一个是悬挂
下沉。两种方式区别之处就在于：前者方式设置的下沉字符紧靠其他文字，而后者方式设置
的字符可以随意地移动其位置。

　　打开【插入】选项卡，在【文本】命令组中单击【首字下沉】按钮，在弹出的菜单中选
择默认的首字下沉样式。选择【首字下沉选项】命令，将打开【首字下沉】对话框，在其中
进行相关设置，然后单击【确定】按钮即可，如图 4-145 所示。

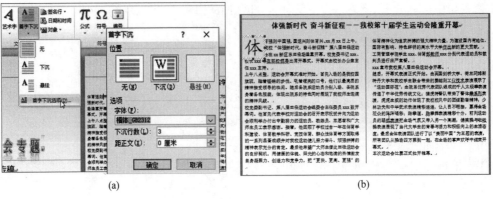

图 4-145　设置段落文本是"首字下沉"效果

4.4.8　设置图文混排

当用户为文档设置版式后(例如分栏版式)，在文档中插入图片，图片将根据版式自动调整自身的大小，如图 4-146 所示。此时，用户可以通过设置图片的"环绕方式"，调整图片与文字之间的关系，实现图文混排。

【例 4-34】在"第十届学生运动会专题"文档中插入图片，并设置图片的环绕方式。

(1) 继续【例 4-33】的操作，在文档中插入图 4-146 所示文档中的图片，然后选中其中的一张图片，右击，在弹出的菜单中选择【大小和位置】命令。

(2) 打开【布局】对话框，选择【文字环绕】选项卡，然后选中【四周型】单选按钮，并单击【确定】按钮，如图 4-147 所示。

图 4-146　在文档中插入图片

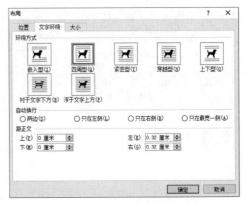

图 4-147　设置【布局】选项卡

(3) 此时，用户可以通过拖动图片，使用图片与文字混排，调整图片的大小，文字在版式中显示的数量和位置都会发生变化，如图 4-148 所示。

(4) 在【文字环绕】对话框的【自动换行】选项区域中可以设置文字受图片影响自动换行的规则，在【距正文】选项区域中则可以设置图片与文字之间相距的距离。

(5) 重复以上操作，为文档中其他图片设置文字环绕效果，制作出图 4-149 所示图文排版文档页面。

图 4-148　调整图片的位置

图 4-149　制作图文混排效果

4.4.9　设置页眉页脚

页眉和页脚是文档中每个页面的顶部、底部和两侧页边距(即页面上打印区域之外的空白空间)中的区域。许多文稿特别是比较正式的文稿，都需要设置页眉和页脚。得体的页眉和页脚，会使文稿更为规范，也会给读者带来方便。

【例 4-35】在"第十届学生运动会专题"文档中设置页眉与页脚。

(1) 继续【例 4-34】的操作，打开【插入】选项卡，在【页眉和页脚】命令组中单击【页眉】按钮，在弹出的菜单中选择【编辑页眉】命令，进入页眉和页脚编辑状态，自动打开【页眉和页脚工具】的【设计】选项卡，在【选项】命令组中选中【首页不同】复选框，如图 4-150所示。

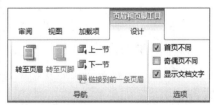

图 4-150　设置页眉首页不同

(2) 将插入点定位在页眉文本编辑区，在"首页页眉"和"页眉"区域分别设置不同的页眉文字，并设置文字字体、字号、颜色，以及对齐方式等属性，如图 4-151 所示。

(3) 单击【设计】选项卡【导航】命令组中的【转至页脚】按钮切换至页脚部分，单击【页眉和页脚】命令组中的【页脚】下拉按钮，在弹出的菜单中选择【空白】选项，设置页脚的格式，然后在【页脚】处输入页脚文本(首页页脚本例不设置文字)，如图 4-152 所示。

(4) 完成以上设置后，单击【设计】选项卡【关闭】命令组中的【关闭页眉和页脚】按钮。

输入页眉文本

图 4-151　设置页眉

输入页脚文本

图 4-152　设置页脚

4.4.10　设置页码

要为文档插入页码，可以打开【插入】选项卡，在【页眉和页脚】命令组中单击【页码】按钮，在弹出的菜单中选择页码的位置和样式即可。

Word 中显示的动态页码的本质就是域，可以通过插入页码域的方式来直接插入页码，最简单的操作是将插入点定位在页眉或页脚区域中，按 Ctrl+F9 快捷键，输入 PAGE，然后按 F9 键即可。

4.4.11　使用分页符和分节符

使用正常模板编辑一个文档时，Word 2010 将整个文档作为一个大章节来处理，但在一些特殊情况下，例如要求前后两页、一页中两部分之间有特殊格式时，操作起来相当不便，此时可在其中插入分页符或分节符。

1. 插入分页符

分页符是分隔相邻页之间文档内容的符号，是用来标记一页终止并开始下一页的点。在 Word 2010 中，可以很方便地插入分页符。

要插入分页符，可打开【页面布局】选项卡，在【页面设置】命令组中单击【分隔符】按钮，在弹出的【分页符】菜单选项中选择相应的命令即可。

2. 插入分节符

如果把一个较长的文档分成几节，就可以单独设置每节的格式和版式，从而使文档的排版和编辑更加灵活。

要插入分节符，可打开【页面布局】选项卡，在【页面设置】命令组中单击【分隔符】按钮，在弹出的【分节符】菜单选项中选择相应的命令即可。

3. 删除分页符和分节符

如果要删除分页符和分节符，只需将插入点定位在分页符或分节符之前(或者选中分页符或分节符)，然后按 Delete 键即可。

4.4.12 创建文档目录

目录与一篇文章的纲要类似，通过它可以了解全文的结构和整个文档所要讨论的内容。在 Word 2010 中，可以为一个已完成编辑和排版的长文档制作出美观的目录。

1. 插入目录

Word 2010 有自动提取目录的功能，用户可以很方便地为文档创建目录。

【例 4-36】在"第十届学生运动会专题"文档中创建目录。

(1) 继续【例 4-35】的操作，在"第十届学生运动会专题"文档中设置更多的内容(内容自定)，并为内容设置标题，如图 4-153 所示。

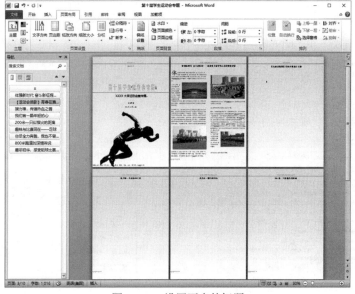

图 4-153 设置更多的标题

(2) 将鼠标指针插入第 1 页内容页的标题之前，选择【插入】选项卡，单击【页】命令组中的【空白页】按钮，在文档的封面和第 1 页内容之间插入一个空白页，并在其中输入文本"目录"，如图 4-154 所示。

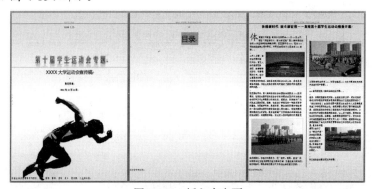

图 4-154 插入空白页

(3) 按下 Enter 键换行。打开【引用】选项卡，在【目录】命令组中单击【目录】按钮，在弹出的菜单中选择【插入目录】命令，如图 4-155 所示。

(4) 打开【目录】对话框的【目录】选项卡，在【显示级别】微调框中输入 1，单击【确定】按钮，如图 4-156 所示。

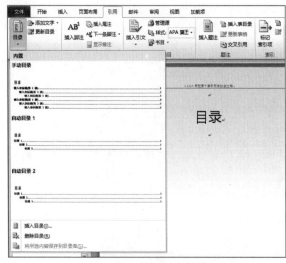

图 4-155　设置插入目录　　　　　　　　　　图 4-156　【目录】对话框

(5) 此时，即可在页面中插入目录，调整目录的文字大小以及段落对齐方式后，在文档中生成效果如图 4-157 所示的目录。

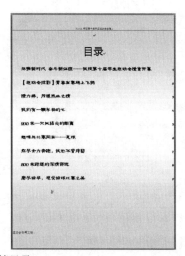

图 4-157　提取文档目录

在长文档中插入目录后，只需按住 Ctrl 键，再单击目录中的某个页码，就可以将插入点快速跳转到该页的标题处。

2. 更新目录

当创建了一个目录后，如果对正文文档中的内容进行编辑修改了，那么标题和页码都有可能发生变化，与原始目录中的页码不一致，此时就需要更新目录，以保证目录中标题和页码的正确性。

要更新目录，可以先选择整个目录，然后在目录任意处右击，在弹出的快捷菜单中选择【更新域】命令，打开【更新目录】对话框，在其中进行设置，如图 4-158 所示。

如果只更新页码，而不想更新已直接应用于目录的格式，可以选中【只更新页码】单选按钮；如果在创建目录以后，对文档作了具体修改，可以选中【更新整个目录】单选按钮，将更新整个目录。

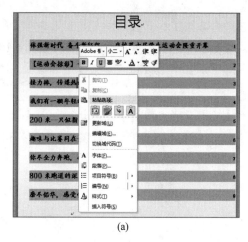

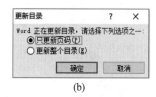

(a)　　　　　　　　　　　　　　　　　　　(b)

图 4-158　更新文档目录

4.5　使用"邮件合并"功能

邮件合并是 Word 的一项高级功能，能够在任何需要大量制作模板化文档的场合中大显身手。用户可以借助 Word 的邮件合并功能来批量处理电子邮件，如通知书、邀请函、明信片、准考证、成绩单、毕业证书等，从而提高办公效率。邮件合并是将作为邮件发送的文档与由收信人信息组成的数据源合并在一起，作为完整的邮件。

完整使用"邮件合并"功能通常需要以下 3 个步骤。

(1) 创建主文档。

(2) 选择数据源。

(3) "邮件合并"生成新文档。

其中，数据源可以是 Excel 工作表、Word 表格，也可以是其他类型的文件。

4.5.1　创建主文档

要合并的邮件由两部分组成，一个是在合并过程中保持不变的主文档；另一个是包含多种信息(如姓名、单位等)的数据源。因此，进行邮件合并时，首先应该创建主文档。创建主文档的方法有两种，一种是新建一个文档作为主文档，另一种是将已有的文档转换为主文档，下面将具体介绍这两种方法。

- 新建一个文档作为主文档：新建一篇Word文档，打开【邮件】选项卡，在【开始邮件合并】命令组中单击【开始邮件合并】按钮，在弹出的快捷菜单中选择文档类型，如【信函】、【电子邮件】、【信封】、【标签】和【目录】等，就可创建一个主文档。

- 将已有的文档转换为主文档：打开一篇已有的文档，打开【邮件】选项卡。在【开始邮件合并】命令组中单击【开始邮件合并】按钮，在弹出的快捷菜单中选择【邮件合并分步向导】命令，打开【邮件合并】任务窗格。在其中进行相应的设置，就可以将该文档转换为主文档。

【例 4-37】打开"百度简介"文档，将其转换为信函类型的主文档。

(1) 打开"百度简介"文档，打开【邮件】选项卡，在【开始邮件合并】命令组中单击【开始邮件合并】按钮，在弹出的菜单中选择【邮件合并分步向导】命令，如图 4-159 所示。

(2) 打开【邮件合并】任务窗格，选中【信函】单选按钮，单击【下一步：正在启动文档】链接。

(3) 打开【邮件合并】任务窗格，选中【使用当前文档】单选按钮，如图 4-160 所示。

图 4-159　使用【邮件合并分布向导】命令

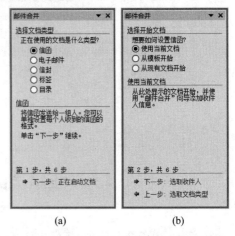

图 4-160　设置文档类型和开始文档

4.5.2　选择数据源

数据源是指要合并到文档中的信息文件，如要在邮件合并中使用的名称和地址列表等。主文档必须连接到数据源，才能使用数据源中的信息。在邮件合并过程中所使用的【地址列表】是一个专门用于邮件合并的数据源。

【例 4-38】创建一个名为"地址簿"的数据源，并输入信息。

(1) 继续【4-37】的操作，单击图 4-160(b)中的【下一步：选取收件人】链接，打开图 4-161所示的任务窗格，选中【键入新列表】单选按钮，在【键入新列表】选项区域中单击【创建】链接。

(2) 打开【新建地址列表】对话框，在相应的域文本框中输入有关信息，如图 4-162 所示。

图 4-161　设置收件人

图 4-162　【新建地址列表】对话框

(3) 单击【新建条目】按钮，可以继续输入若干条其他条目，然后单击【确定】按钮，如图 4-163 所示。

(4) 打开【保存通讯录】对话框，在【文件名】下拉列表框中输入"地址簿"，单击【保存】按钮。

(5) 打开【邮件合并收件人】对话框，在该对话框列出了创建的所有条目，单击【确定】按钮，如图 4-164 所示。

图 4-163　设置更多条目　　　　　　　　图 4-164　【邮件合并收件人】对话框

(6) 返回到【邮件合并】任务窗格，在【使用现有列表】选项区域中，可以看到创建的列表名称。

4.5.3　编辑主文档

创建完数据源后就可以编辑主文档。在编辑主文档的过程中，需要插入各种域，只有在插入域后，Word 文档才成为真正的主文档。

1. 插入地址块和问候语

要插入地址块，将插入点定位在要插入合并域的位置，以【例 4-38】为例，在图 4-161 所示的【邮件合并】任务窗格中单击【下一步：撰写信函】选项，在打开图 4-165 所示的界面中单击【地址块】链接，将打开【插入地址块】对话框，在该对话框中使用 3 个合并域插入收件人的基本信息，如图 4-166 所示。

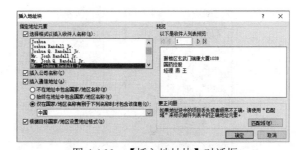

图 4-165　设置地址块　　　　　　　　图 4-166　【插入地址块】对话框

插入问候语与插入地址块的方法类似。将插入点定位在要插入合并域的位置，在【邮件合并】任务窗格的第 4 步，单击【问候语】链接，打开【插入问候语】对话框，在该对话框中可以自定义称呼、姓名格式等。

2. 插入其他合并域

在使用中文编辑邮件合并时，应使用【其他项目】来完成主文档的编辑操作，使其符合中国人的阅读习惯。

【例 4-39】继续【例 4-38】的操作，设置"邮件合并"功能，插入姓名到称呼处。

(1) 继续【例 4-38】的操作，单击【下一步：撰写信函】链接，打开图 4-165 所示的【邮件合并】任务窗格，单击【其他项目】链接。

(2) 打开【插入合并域】对话框，在【域】列表框中选择【姓氏】选项，单击【插入】按钮，如图 4-167 所示。

(3) 此时，将域"姓氏"插入文档，如图 4-168 所示。使用同样的方法，在文档中插入域"名字"。

图 4-167　【插入合并域】对话框

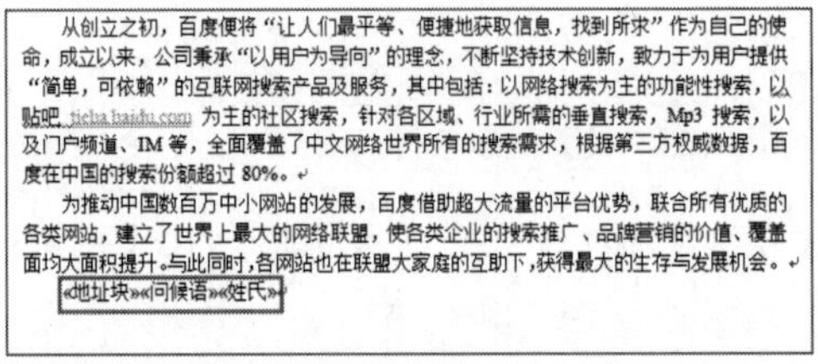

图 4-168　插入"姓氏"域

(4) 在【邮件合并】任务窗格中单击【下一步：预览信函】链接，在文档中插入收件人的信息，并进行预览。

在【邮件合并】任务窗格的【预览信函】选项区域中，单击【收件人】左右两侧的《和》按钮，可选择收件人的信息，并自动插入文档中进行预览，如图 4-169 所示。

4.5.4　合并文档

主文档编辑完成并设置数据源后，需要将两者进行合并，从而完成邮件合并工作。要合并文档，只需在图 4-169 所示的任务窗格中，单击【下一步：完成合并】链接即可。

完成文档合并后，在任务窗格的【合并】选项区域中可实现两个功能：合并到打印机和合并到新文档，用户可以根据需要进行选择，如图 4-170 所示。

图 4-169　预览信函并完成合并

图 4-170　完成合并

1. 合并到打印机

在任务窗格中单击【打印】链接，将打开图 4-171 所示的【合并到打印机】对话框，该对话框中主要选项的功能如下。

- 【全部】单选按钮：打印所有收件人的邮件。
- 【当前记录】单选按钮：只打印当前收件人的邮件。
- 【从】和【到】单选按钮：打印从第X收件人到第Y收件人的邮件。

2. 合并到新文档

在任务窗格中单击【编辑单个信函】链接，将打开图 4-172 所示的【合并到新文档】对话框，该对话框中主要选项的功能如下。

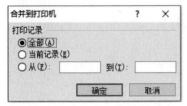
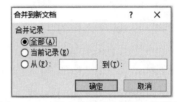

图 4-171 【合并到打印机】对话框　　　　图 4-172 【合并到新文档】对话框

- 【全部】单选按钮：所有收件人的邮件形成一篇新文档。
- 【当前记录】单选按钮：只有当前收件人的邮件形成一篇新文档。
- 【从】和【到】单选按钮：第X收件人到第Y收件人的邮件形成新文档。

使用邮件合并功能的文档，其文本不能使用类似 1., 2., 3., ……数字或字母序列的自动编号，应使用非自动编号，否则邮件合并后生成的文档，下文将自动接上文继续编号，造成文本内容的改变。

4.6 课后习题

1. 刘娜同学想做英语家教，同学们给她出主意，在校内广告牌上张贴家教广告。请你帮她制作一份适合的家教广告，你会选择哪个软件？如何做？

2. Word 2010 的基本元素和主要功能盘点。

3. 应用聚焦——短文档。短文档是指文档篇幅普遍较短，通常只在一页或几页的文档范围内，呈现出所有想要传递和表达的文档信息。通常对这类文档的编排设计，主要注重的是版面布局的多样性和整体视觉的协调性，插图和装饰要恰到好处地衬托和渲染主题。你知道的短文档有哪些？请制作"圣地延安"短文档。

4. 应用聚焦——长文档。长文档是指文档篇幅相对较长，通常在十几页或几十页以上的文档范围内，呈现出所有想要传递和表达的文档信息。对于这类文档的编排设计，主要注重的是版面布局的一致性、整体文档格式的统一性和文字标题编号的规范性。同时，通过合理分隔文档区域，达到灵活控制不同区域的页面呈现不同效果的目的。你知道的长文档有哪些？请制作"延安精神，永放光芒"长文档。

5. 在日常生活中，文字处理软件还能为我们做什么？

第5章 电子表格软件Excel 2010

通过本章的学习和实践，读者应掌握以下内容：

(1) 了解电子表格软件的基本功能。

(2) 理解 Excel 中工作簿、工作表、单元格的概念。

(3) 能够使用 Excel 制作表格。

(4) 掌握 Excel 的计算操作。

(5) 掌握数据管理的基本操作。

(6) 掌握 Excel 数据图表化操作。

本章主要介绍 Excel 2010 电子表格软件的基本功能和使用方法，主要知识点如下：

(1) 数据输入方法。

(2) 单元格格式化。

(3) 公式与函数。

(4) 数据管理。

(5) 数据图表化。

5.1 表格制作

Excel 最基本的功能就是制作表格，Excel 在表格制作方面功能十分强大，为了帮助读者更好地使用这一工具实现表格制作，需要进行以下基础知识的学习。

5.1.1 Excel 概述

Excel 是 Microsoft 公司开发的 Office 系列办公软件中的一个组件。该软件是一款功能强大、技术先进、使用方便灵活的电子表格软件，可以用来制作电子表格、完成复杂的数据运算、进行数据分析和预测，并且具有强大的制作图表的功能以及打印功能等。

1. Excel 的主要功能

Excel 在日常办公应用中的主要功能如下。

(1) 创建数据统计表格：Excel 软件的制表功能支持把用户所用到的数据输入到 Excel 中并形成表格。

(2) 进行数据计算：在 Excel 的工作表中输入完数据后，还可以对用户所输入的数据进行计算，比如求和、平均值、最大值及最小值等。此外，Excel 2010 还提供了强大的公式运算与函数处理功能，可以对数据进行更复杂的计算工作。

(3) 创建多样化的统计图表：在 Excel 2010 中，可以根据输入的数据来建立统计图表，以便更加直观地显示数据之间的关系，支持用户比较数据之间的变动、成长关系及趋势等。

(4) 分析与筛选数据：Excel 具有强大的数据管理功能，支持用户对数据进行统计和分析。如可以对数据进行排序、筛选，还可以对数据进行数据透视表、单变量求解、模拟运算表和方案管理统计分析等操作。

2. Excel 的工作界面

Excel 2010 的工作界面主要由标题栏、快速访问工具栏、功能区、工作表格区和状态栏等元素组成，如图 5-1 所示。

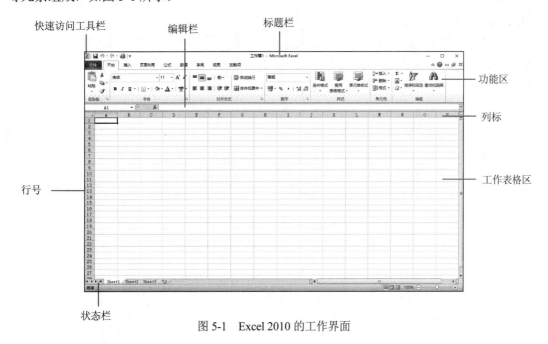

图 5-1　Excel 2010 的工作界面

下面将介绍 Excel 2010 工作界面中几个比较重要元素的功能。

(1) 标题栏：位于应用程序窗口的最上面，用于显示当前正在运行的程序名及文件名等信息。如果是刚打开的新工作簿文件，用户所看到的是"工作簿 1"，它是 Excel 2010 默认建立的文件名。

(2)【文件】按钮：是 Excel 2010 中的新功能之一，它取代了 Excel 2007 中的 Office 按钮和 Excel 2003 的【文件】菜单。单击【文件】按钮，会弹出【文件】菜单，在其中显示一些基本命令，包括【新建】、【打开】、【保存】、【打印】、【选项】及其他一些命令。

(3) 功能区：Excel 2010 的功能区和 Excel 2007 的功能区一样，都是由功能选项卡和选项卡中的各种命令按钮组成。使用 Excel 2010 功能区，用户可以轻松地查找以前版本中隐藏在复杂菜单和工具栏中的命令与功能。

(4) 状态栏：状态栏位于 Excel 2010 窗口底部，用来显示当前工作区的状态。在大多数情况下，状态栏的左端显示【就绪】，表明活动工作表单元格准备接收新的信息；在向单元格中输入数据时，在状态栏的左端显示【输入】字样；对单元格中的数据进行编辑时，状态栏显示【编辑】字样。

(5) 其他组件：Excel 2010 工作界面中，除了包含与其他 Office 软件相同界面元素外，还有许多其他特有的组件，如编辑栏、工作表编辑区、工作表标签、快速访问工具栏、行号及列标等。

3. Excel 的 3 大元素

一个完整的 Excel 电子表格文档主要由 3 个部分组成，分别是工作簿、工作表和单元格，这 3 个部分相辅相成缺一不可。

(1) 工作簿：Excel 以工作簿为单元来处理工作数据和存储数据的文件。工作簿文件是 Excel 存储在磁盘上的最小独立单位，其扩展名为.xlsx，低版本的工作簿文件扩展名为.xls。工作簿窗口是 Excel 打开的工作簿文档窗口，它由多个工作表组成。初次启动 Excel 时，系统默认打开一个名为"工作簿 1"的空白工作簿。

(2) 工作表：工在 Excel 中用于存储和处理数据的电子表格，是工作簿的重要组成部分。工作表是 Excel 的工作平台，若干个工作表构成一个工作簿。在默认情况下，新建的 Excel 工作簿有 3 个工作表，分别为 sheet1，sheet2，sheet3，单击工作表标签右侧的【新工作表】按钮⊕，可以添加新的工作表。不同的工作表可以在工作表标签中通过单击进行切换、删除、重命名、复制、移动等操作，但在使用工作表时，只能有一个工作表处于当前活动状态。

(3) 单元格：是工作表中的小方格，它是工作表的基本元素，也是 Excel 独立操作的最小单位。单元格的定位是通过它所在的行号和列标确定的，列标由 A、B、C 等字母表示，行号由 1、2、3 等数字表示。行与列的交叉形成一个单元格。单元格的名称由列标和行号组成，例如 B3 表示的是 B 列第 3 行将交叉的单元格。

工作簿、工作表与单元格之间的关系是包含与被包含的关系，即工作表由多个单元格组成，而工作簿又包含一个或多个工作表(Excel 的一个工作簿中理论上可以制作无限的工作表，不过受电脑内存大小的限制)。

5.1.2　创建"学生基本信息表"

在 Excel 中，用于存储并处理工作数据的文件被称为工作簿，它是用户使用 Excel 进行操作的主要对象和载体。熟练掌握工作簿的相关操作，不仅可以在工作中保障表格中的数据被正确地创建、打开、保存和关闭，还能够在出现特殊情况时帮助用户快速恢复数据。本节将通过创建"学生基本信息表"，帮助用户快速了解 Excel 工作簿的基本操作。

1. 创建工作簿

在任何版本的 Excel 中，按下 Ctrl+N 快捷键可以新建一个空白工作簿。除此之外，选择【文件】选项卡，在弹出的菜单中选择【新建】命令，并在展开的工作簿列表中双击【空白工作簿】图标或任意一种工作簿模板，也可以创建新的工作簿，如图 5-2 所示。

2. 保存工作簿

当用户需要将工作簿保存在计算机硬盘中时，可以参考以下几种方法：

● 在功能区中选择【文件】选项卡，在打开的菜单中选择【保存】或【另存为】命令，如图 5-3 所示。

- 单击窗口左上角快速访问工具栏中的【保存】按钮🖫。
- 按下 Ctrl+S 快捷键。
- 按下 Shift+F12 快捷键执行保存命令，按下 F12 执行【另存为】命令。

图 5-2　新建工作簿

图 5-3　保存工作簿

此外，经过编辑修改却未经过保存的工作簿在被关闭时，将自动弹出一个警告对话框，询问用户是否需要保存工作簿，单击其中的【保存】按钮，也可以保存当前工作簿。

3. 保存和另存为的区别

Excel 中有两个和保存功能相关的命令，分别是【保存】和【另存为】，这两个命令有以下区别：

- 新工作簿第一次执行【保存】命令后，将会打开【另存为】对话框，允许用户设置工作簿的存放路径、文件名并设置保存选项。此后再次执行【保存】命令不会打开【另存为】对话框，而是直接将编辑修改后的数据保存到当前工作簿中。工作簿在保存后文件名、存放路径不会发生任何改变。
- 执行【另存为】命令后，将会打开【另存为】对话框，允许用户重新设置工作簿的存放路径、文件名并设置保存选项。

综上应注意，在对新建工作簿进行第一次【保存】命令保存时，或使用【另存为】命令保存工作簿时，将打开图 5-4 所示的【另存为】对话框。在该对话框左侧列表框中可以选择具体的文件存放路径，如果需要将工作簿保存在新建的文件夹中，可以单击对话框左上角的【新建文件夹】按钮。

用户可以在【另存为】对话框的【文件名】文本框中为工作簿命名，新建工作簿的默认名称为"工作簿 1"，文件保存类型一般为【Excel 工作簿】，即以.xlsx 为扩展名的文件。用户可以通过单击【保存类型】按钮自定义工作簿的保存类型，如图 5-5 所示。最后单击【保存】按钮关闭【另存为】对话框，完成工作簿的保存。

4. 工作簿的更多保存选项

在保存工作簿时打开的【另存为】对话框底部单击【工具】下拉按钮，从弹出的列表中选择【常规选项】选项，将打开图 5-6 所示的【常规选项】对话框。

新建文件夹

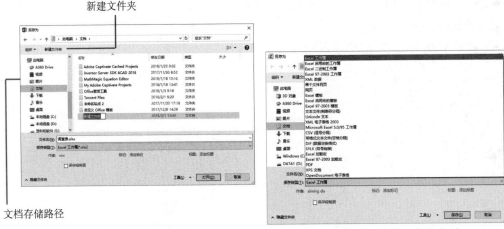

文档存储路径

图 5-4　【另存为】对话框　　　　　　　　图 5-5　设置工作簿文件的类型

1) 设置在保存工作簿时生成备份文件

打开【常规选项】对话框后，选中【生成备份文件】复选框，然后单击【确定】按钮。返回【另存为】对话框再次单击【确定】按钮，则可以设置在每次保存工作簿时自动创建工作簿备份文件，如图 5-7 所示。

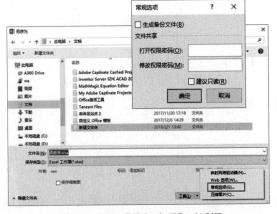

图 5-6　打开【常规选项】对话框　　　　　　图 5-7　保存文件时创建备份文件

这里需要注意的是：备份文件只在保存工作簿时生成，它不会自动生成。用户使用备份文件恢复工作簿内容只能获取前一次保存时的状态，并不能恢复更久以前的状态。

2) 在保存工作簿时设置打开权限密码

打开【常规选项】对话框后，在【打开权限密码】文本框中输入一个用于打开工作簿的权限密码，然后单击【确定】按钮，如图 5-8 所示。打开【确认密码】对话框，在【重新输入密码】文本框中再次输入工作簿打开权限密码，然后单击【确定】按钮，如图 5-9 所示。返回【另存为】对话框，单击【确定】按钮，即可为工作簿设置一个打开权限密码。此后，在打开工作簿文件时将打开一个提示对话框要求用户输入打开权限密码。

3) 以"只读"方式保存工作簿

打开【常规选项】对话框后，选中【建议只读】复选框，然后单击【确定】按钮。返回【另存为】对话框，单击【确定】按钮将工作簿保存后，双击工作簿文件将其打开时，将显示提示对话框，建议用户以"只读方式"打开工作簿。

图 5-8　设置打开工作簿权限密码

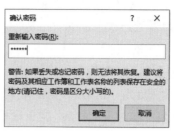

图 5-9　【确认密码】对话框

5. 自动保存工作簿

在电脑出现意外情况时，Excel 中的数据可能会丢失。此时，如果使用了"自动保存"功能，则能够减少损失。

要设置自动保存功能，选择【文件】选项卡，单击左下角的【选项】选项，如图 5-10 所示，打开【Excel 选项】对话框，选择对话框左侧的【保存】选项卡。在对话框右侧选项区域的【保存工作簿】选项区域中选中【保存自动恢复信息时间间隔】复选框(默认为选中状态)，即可启用"自动保存"功能。在右侧的文本框中输入 10，可以设置 Excel 自动保存的时间为 10 分钟，如图 5-11 所示。选中【如果我没保存就关闭，请保留上次自动保留的版本】复选框，在下方的【自动恢复文件位置】文本框中输入需要保存工作簿的位置。最后，单击【确定】按钮关闭【Excel 选项】对话框即可。

图 5-10　选择【选项】命令

图 5-11　设置【Excel 选项】对话框

在设置"自动保存"工作簿时，应遵循以下几条原则：

● 只有在工作簿发生新的修改时，"自动保存"功能的计时器才会开始启动计时，到达指定的间隔时间后发生保存动作。如果在保存后没有新的编辑修改产生，计时器不会再次激活，也不会有新的备份副本产生。

● 在一个计时周期中，如果用户对工作簿执行了手动保存，计时器将立即清零。

如果用户要使用自动保存的文档恢复工作簿，可以在上面实例的步骤中设置的【自动恢复文件位置】文件夹路径双击工作簿文件实现，如果正在使用的 Windows 以用户名 dsm 登录的，则其默认路径为：

C:\Users\dsm\AppData\Roaming\Microsoft\Excel\。

除此之外，当计算机意外关闭或程序崩溃导致 Excel 被强行关闭时，再次启动 Excel 软件将打开【文档恢复】任务窗格。在该窗格中用户可以选择打开自动保存的工作簿文件(一般为最近一次自动保存时的状态)，或工作簿的原始文件(最后一次手动保存时的文件)。

【例 5-1】创建一个空白工作簿，并将其保存为"学生基本信息"。

(1) 启动 Excel，选择【文件】选项卡，在弹出的菜单中选择【新建】选项，在【可用模板】选项区域中双击【空白工作簿】选项，新建一个包含 Sheet1、Sheet2 和 Sheet3 的空白工作簿，如图 5-12 所示。

(2) 按下 F12 键，打开【另存为】对话框，在【文件名】文本框中输入"学生基本信息"，单击【确定】按钮，如图 5-13 所示，保存工作簿。

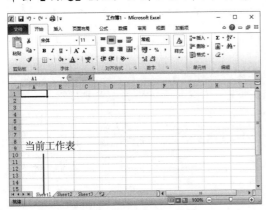
图 5-12　新建空白工作簿

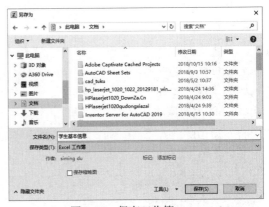
图 5-13　保存工作簿

6. 操作工作表

工作表包含于工作簿之中，用于保存 Excel 中所有的数据，是工作簿的必要组成部分。工作簿总是包含一个或者多个工作表，如图 5-12 所示，它们之间的关系就好比是书本与图书中书页的关系。

1) 选取工作表

在实际工作中，由于一个工作簿中往往包含多个工作表，因此操作前需要选取工作表。在 Excel 窗口底部的工作表标签栏中，选取工作表的常用操作包括以下 4 种：

- 选定一张工作表，直接单击该工作表的标签即可，如图5-14所示。
- 选定相邻的工作表，首先选定第一张工作表标签，然后按住Shift键不松并单击其他相邻工作表的标签即可，如图5-15所示。

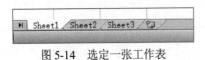
图 5-14　选定一张工作表

图 5-15　选定相邻的工作表

- 选定不相邻的工作表，首先选定第一张工作表，然后按住Ctrl键不放并单击其他任意一张工作表标签即可，如图5-16所示。
- 选定工作簿中的所有工作表，右击任意一个工作表标签，在弹出的菜单中选择【选定全部工作表】命令即可，如图5-17所示。

　　图 5-16　选定不相邻的工作表　　　　　　　图 5-17　选定所有工作表

　　除了上面介绍的几种方法以外，按下 Ctrl+PageDown 快捷键可以切换到当前工作表右侧的工作表，按下 Ctrl+PageUp 快捷键可以切换到当前工作表左侧的工作表。

　　2) 创建工作表

　　如果工作簿中的工作表数量不够使用，用户可以在工作簿中创建新的工作表，不仅可以创建空白的工作表，还可以根据模板插入带有样式的新工作表。Excel 中常用创建工作表的方法有 4 种，分别如下：

- 在工作表标签栏的右侧单击【插入新工作表】按钮 。
- 按下 Shift+F11 快捷键，则会在当前工作表前插入一个新工作表。
- 右击工作表标签，在弹出的快捷菜单中选择【插入】命令，然后在打开的【插入】对话框中选择【工作表】选项，并单击【确定】按钮即可。
- 在【开始】选项卡的【单元格】命令组中单击【插入】下拉按钮，在弹出的下拉列表中选择【工作表】命令。

　　在工作簿中插入工作表后，工作表的默认名称为 Sheet1、Sheet2……如果用户需要重命名工作表的名称，可以右击工作表在弹出的菜单中选择【重命名】命令(或者双击工作表标签)，然后输入新的工作表名称即可。

　　3) 复制/移动工作表

　　复制与移动工作表是办公中的常用操作，通过复制操作，工作表可以在另一个工作簿或者不同的工作簿创建副本；通过移动操作，可以将工作表在同一个工作簿中改变排列顺序，也可以将工作表在不同的工作簿之间转移。

　　在 Excel 中有以下方法可以打开【移动或复制工作表】对话框，移动或复制工作表：

- 右击工作表标签，在弹出的菜单中选择【移动或复制工作表】命令。
- 选择【开始】选项卡，在【单元格】命令组中单击【格式】拆分按钮，在弹出的菜单中选择【移动或复制工作表】命令，如图 5-18 所示。

　　执行上面介绍的两种方法之一，打开【移动或复制工作表】对话框，在【工作簿】下拉列表中选择【复制】或【移动】的目标工作簿，如图 5-19 所示。在【下列选定工作表之前】列表中显示了指定工作簿中包含的所有工作表，选中其中的某个工作表，指定复制或移动工作表后被操作工作表在目标工作簿中的位置。选中对话框中的【建立副本】复选框，确定当前对工作表的操作为"复制"；取消【建立副本】复选框的选中状态，则将确定对工作表的操作为"移动"。最后，单击【确定】按钮即可完成对当前选定工作表的复制或移动操作。

图 5-18　移动或复制工作表

图 5-19　设置【移动或复制工作表】对话框

拖动工作簿标签来实现移动或者复制工作表的操作非常简单，具体如下：

● 将鼠标光标移动至需要移动的工作表标签上，按住鼠标左键，鼠标指针显示出文档的图标，此时可以拖动鼠标将当前工作表移动至其他位置，如图 5-20 所示。

● 如果按住鼠标左键的同时，按住 Ctrl 键则执行【复制】操作，此时鼠标指针下将显示的文档图标上还会出现一个+号，以此来表示当前操作方式为"复制"，复制工作表操作效果如图 5-21 所示。

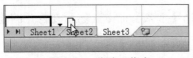

图 5-20　移动工作表

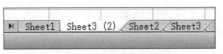

图 5-21　复制工作表效果

如在当前屏幕中同时显示了多个工作簿，拖动工作表标签的操作也可以在不同工作簿中进行。

4）重命名工作表

Excel 默认的工作表名称为 Sheet 后面跟一个数字，这样的名称在工作中没有具体的含义，不方便使用。一般我们需要将工作表标签重新命名。重命名工作表的方法有以下几种：

● 右击工作表标签，在弹出快捷菜单后选择【重命名】命令或者按下R键，当工作表名称变为可编辑状态时，然后输入新的工作表名称。

● 双击工作表标签，当工作表名称变为可编辑状态时，输入新的名称。

● 选择【开始】选项卡，在【单元格】命令组中单击【格式】拆分按钮，在弹出的菜单中选择【重命名工作表】命令，当工作表名称变为可编辑状态时，输入新的名称。

这里需要特别注意的是：在执行"重命名"操作重命名工作表时，新的工作表名称不能与工作簿中其他工作表重名，工作表名不区分英文大小写，名称中不能包含"*""/"":""?""[""["""\"""]"等字符。

5）删除工作表

对工作表进行编辑操作时，可以删除一些多余的工作表。这样不仅可以方便用户对工作表进行管理，也可以节省系统资源。在 Excel 中删除工作表的常用方法有以下几种：

● 在工作簿中选定要删除的工作表，在【开始】选项卡的【单元格】命令组中单击【删除】下拉按钮，在弹出的下拉列表中选中【删除工作表】命令即可。

● 右击要删除工作表的标签，在弹出的快捷菜单中选择【删除】命令，即可删除该工作表。

【例 5-2】以【例 5-1】创建的"学生基本信息"工作簿为基础，将工作簿中的 Sheet1 工作表重命名为"学生基本信息表"，然后删除创建工作簿时 Excel 默认建立的 Sheet2 和 Sheet3 工作表。

(1) 双击"学生基本信息"工作簿将其打开后，右击 Sheet1 工作表标签，在弹出的菜单中选择【重命名】命令，如图 5-22 所示。

(2) 输入"学生基本信息表"，然后单击工作表中的任意单元格，将 Sheet1 工作表重命名。

(3) 按住 Ctrl 键，同时选中 Sheet2 和 Sheet3 工作表，右击，在弹出的菜单中选择【删除】命令，如图 5-23 所示，即可将 Sheet2 和 Sheet3 工作表从工作簿中删除。

图 5-22　重命名工作表

图 5-23　删除工作表

(4) 最后，按下 Ctrl+S 快捷键将编辑过的工作簿文件保存。

5.1.3　输入表格数据

Excel 工作表中有各种类型的数据，我们必须理解不同数据类型的含义，分清各种数据类型之间的区别，才能高效、正确地输入与编辑数据。同时，Excel 各类数据的输入、使用和修改还有很多方法和技巧，了解并掌握它们可以大大提高日常办公的效率

1. Excel 数据简介

在工作表中输入和编辑数据是用户使用 Excel 时最基础的操作之一。工作表中的数据都保存在单元格内，单元格内可以输入和保存的数据包括数值、日期、文本和公式 4 种基本类型。除此以外，还有逻辑型、错误值等一些特殊的数值类型。

1) 数值

数值指的是代表数量的数字形式，例如企业的销售额、利润等。数值可以是正数，也可以是负数，是可以用于进行数值计算的数据，例如可以进行加、减、求和、求平均值等计算。除了普通的数字以外，还有一些使用特殊符号的数字也被 Excel 理解为数值，例如百分号%、货币符号¥、千分间隔符以及科学计数符号 E 等。

Excel 可以表示和存储的数字最大精确到 15 位有效数字。对于超过 15 位的整数数字，例如 342 312 345 657 843 742(18 位)，Excel 会自动将 15 位以后的数字变为零，如 342 312 345 657 843 000。对于大于 15 位有效数字的小数，则会将超出的部分截去。

因此，对于超出 15 位有效数字的数值，Excel 无法进行精确的精算或处理，例如无法比

较两个相差无几的 20 位数字的大小，无法用数值的形式存储身份证号码等。用户可以通过使用文本形式来保存位数过多的数字，来处理和避免上面的这些情况。例如，在单元格中输入身份证号码的首位之前加上单引号，或者先将单元格格式设置为文本后，再输入身份证号码。

另外，对于一些很大或者很小的数值，Excel 会自动以科学计数法来表示。例如 342 312 345 657 843 会以科学计数法表示为 3.42312E+14，即为 3.42312×10^{14} 的意思，其中用于代表 10 的乘方的大写字母 E 不可以缺省。

2) 日期和时间

在 Excel 中，日期和时间是以一种特殊的数值形式存储的，这种数值形式被称为"序列值"，在早期的版本中也被称为"系列值"。序列值是介于一个大于等于 0，小于 2 958 466 的数值区间的数值，因此，日期型数据实际上是一个包括在数值数据范畴中的数值区间。

在 Windows 系统中所使用的 Excel 版本中，日期系统默认使用的是"1900 年日期系统"，即以 1900 年 1 月 1 日作为序列值的基准日，当日的序列值计为 1，这之后的日期均以距基准日期的天数作为其序列值，例如 1900 年 2 月 1 日的序列值为 32，2017 年 10 月 2 日的序列值为 43 010。在 Excel 中可以表示的最后一个日期是 9999 年 12 月 31 日，当日的序列值为 2 958 465。如果用户需要查看一个日期的序列值，具体操作方法如下：

在单元格中输入图 5-24 所示的日期后，右击单元格，在弹出的菜单中选择【设置单元格格式】命令(或按下 Ctrl+1 快捷键)。在打开的【设置单元格格式】对话框的【数字】选项卡中，选择【常规】选项，然后单击【确定】按钮，将单元格格式设置为"常规"，如图 5-25 所示。

图 5-24　输入日期　　　　　　　图 5-25　【设置单元格格式】对话框

由于日期存储为数值的形式，因此它继承数值的所有运算功能，例如日期数据可以参与加、减等数值的运算。日期运算的实质就是序列值的数值运算。例如要计算两个日期之间相距的天数，可以直接在单元格中输入两个日期，再用减法运算的公式来求得。

日期系统的序列值是一个整数数值，一天的数值单位就是 1，那么 1 小时就可以表示为 1/24 天，1 分钟就可以表示为 $1/(24 \times 60)$ 天等，一天中的每一个时刻都可以由小数形式的序列值来表示。例如，中午 12:00:00 的序列值为 0.5(一天的一半)，12:05:00 的序列值近似为 0.503 472。

如果输入的时间值超过 24 小时，Excel 会自动以天为单位进行整数进位处理。例如 25:01:00，转换为序列值为 1.04 236，即为 1+0.4236(1 天+1 小时 1 分)。Excel 中允许输入的最大时间为 9999:59:59。

将小数部分表示的时间和整数部分所表示的日期结合起来，就可以以序列值表示一个完整的日期时间点。例如，2017 年 10 月 2 日 12:00:00 的序列值为 43 010.5。

3) 文本型数据

文本通常指的是一些非数值型文字、符号等，例如企业的部门名称、员工的考核科目、产品的名称等。除此之外，许多不代表数量的、不需要进行数值计算的数字也可以保存为文本形式，例如电话号码、身份证号码、股票代码等。所以，文本并没有严格意义上的概念。事实上，Excel 将许多不能理解为数值(包括日期时间)和公式的数据都视为文本。文本不能用于数值计算，但可以比较大小、连接运算以及通过函数方式进行计算。

4) 逻辑值

逻辑值是一种特殊的参数，它只有 TRUE(真)和 FALSE(假)两种类型。

例如公式：

```
=IF(A3=0,"0",A2/A3)
```

其中，A3=0 就是一个可以返回 TRUE(真)或 FLASE(假)两种结果的参数。当 A3=0 为 TRUE 时，则公式返回结果为 0，否则返回 A2/A3 的计算结果。

逻辑值之间进行四则运算，可以认为 TRUE=1，FLASE=0，例如：

```
TRUE+TRUE=2
FALSE*TRUE=0
```

逻辑值与数值之间的运算，可以认为 TRUE=1，FLASE=0，例如：

```
TRUE-1=0
FALSE*5=0
```

在逻辑判断中，非 0 的不一定都是 TRUE，例如公式：

```
=TRUE<5
```

如果把 TRUE 理解为 1，公式的结果应该是 TRUE。但实际上结果是 FALSE，原因是逻辑值就是逻辑值，不是 1，也不是数值。在 Excel 中规定，数字<字母<逻辑值，因此应该是 TRUE>5。

总之，TRUE 不是 1，FALSE 也不是 0，它们不是数值，它们就是逻辑值。只不过有些时候可以把它"当成"1 和 0 来使用。但是逻辑值和数值有着本质的不同。

5) 错误值

经常使用 Excel 的用户可能都会遇到一些错误信息，例如#N/A!、#VALUE!等。出现这些错误的原因有很多种，如果公式不能计算正确结果，Excel 将显示一个错误值。例如，在需要数字的公式中使用文本或删除了被公式引用的单元格等均会导致出现错误值。

6) 公式

公式是 Excel 中一种非常重要的数据类型。Excel 作为一种电子数据表格，其许多强大的计算功能都是通过公式来实现的。

公式通常都是以"="开头，它的内容可以是简单的数学公式，例如：

```
=16*62*2600/60-12
```

也可以包括 Excel 的内嵌函数，甚至是用户自定义的函数，例如：

```
=IF(F3<H3,"",IF(MINUTE(F3-H3)>30,"50 元","20 元"))
```

用户要在单元格中输入公式，可以在开始输入的时候以一个等号"="开头，表示当前输入的是公式。除了等号以外，使用"+"或者"-"开头也可以使 Excel 识别其内容为公式，但是在按下 Enter 键确认后，Excel 还是会把公式的开头自动加上"="。

当用户在单元格内输入公式并确认后，默认情况下会在单元格内显示公式的运算结果。从数据类型上来说，公式的运算结果大致可以区分为数值型数据和文本型数据两大类。选中公式所在的单元格后，在编辑栏内也会显示公式的内容。在 Excel 中有以下 3 种等效方法，可以在单元格中直接显示公式的内容。

- 选择【公式】选项卡，在【公式审核】命令组中单击【显示公式】切换按钮，使公式内容直接显示在单元格中，再次单击该按钮，则显示公式计算结果。
- 在【Excel选项】对话框中选择【高级】选项卡，然后选中或取消选中该选项卡中的【在单元格中显示公式而非计算结果】复选框。
- 按下Ctrl+~快捷键，在"公式"与"值"的显示方式之间进行切换。

2. 输入数据

输入数据是日常办公中使用 Excel 工作的一项必不可少的工作，对于某些特定的行业和特定的岗位来说，在工作中输入数据甚至是一项频率很高却又效率极低的工作。如果用户学习并掌握一些数据输入的技巧，就可以极大地简化数据输入的操作，提高工作效率。

要在单元格内输入数值和文本类型的数据，用户可以在选中目标单元格后，直接向单元格内输入数据，如图 5-26 所示。数据输入结束后按下 Enter 键或者使用鼠标单击其他单元格都可以确认完成输入。要在输入过程中取消本次输入的内容，则可以按下 Esc 键退出输入状态。

当用户输入数据的时候(Excel 工作窗口底部状态栏的左侧显示"输入"字样)，编辑栏的左边出现两个新的按钮，分别是 ✖ 和 ✔。如果用户单击 ✔ 按钮，可以对当前输入的内容进行确认，如果单击 ✖ 按钮，则表示取消输入，如图 5-27 所示。

图 5-26 输入数据

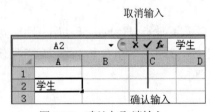

图 5-27 确认与取消输入

3. 数据显示与输入的关系

在单元格中输入数据后，将在单元格中显示数据的内容(或者公式的结果)，同时在选中单元格时，在编辑栏中显示输入的内容。用户可能会发现，有些情况下单元格中输入的数值和文本，与单元格中的实际显示并不完全相同。

实际上，Excel 对于用户输入的数据存在一种智能分析功能，软件总是会对输入数据的标识符及结构进行分析，然后以它所认为最理想的方式显示在单元格中，有时甚至会自动更改数据的格式或者数据的内容。对于此类现象及其原因，大致可以归纳为以下几种情况。

1) Excel 系统规范

如果用户在单元格中输入位数较多的小数，例如 111.555 678 333，而单元格列宽设置为默认值时，单元格内会显示 111.5557。这是由于 Excel 系统默认设置了对数值进行四舍五入的显示。

当单元格列宽无法完整显示数据的所有部分时，Excel 将会自动以四舍五入的方式对数值的小数部分进行截取显示。如果将单元格的列宽调整得很大，显示的位数相应增多，但是最大也只能显示到保留 10 位有效数字。虽然单元格的显示与实际数值不符，但是当用户选中此单元格时，在编辑栏中仍可以完整显示整个数值，并且在数据计算过程中，Excel 也是根据完整的数值进行计算，而不是代之以四舍五入后的数值。

如果用户希望以实际单元格中实际显示的数值来参与数值计算，可打开【Excel 选项】对话框，选择【高级】选项卡，选中【将精度设置为所显示的精度】复选框，并在弹出的提示对话框中单击【确定】按钮，如图 5-28 所示。在【Excel 选项】对话框中单击【确定】按钮完成设置。

(a)　　　　　　　　　　　　　　　　(b)

图 5-28　设置以实际单元格显示的数值来参与数值计算

如果单元格的列宽很小，则数值的单元格内容显示会变为"#"符号，此时只要增加单元格列宽就可以重新显示数字。

与以上 Excel 系统规范类似，还有一些数值方面的规范，使得数据输入与实际显示不符，具体如下：

- 当用户在单元格中输入非常大或者非常小的数值时，Excel会在单元格中自动以科学记数法的形式来显示。
- 输入大于15位有效数字的数值时，例如18位身份证号码，Excel会对原数值进行15位有效数字的自动截断处理，如果输入数值是正数，则超过15位部分补零。
- 当输入的数值外面包括一对半角小括号时，例如(123456)，Excel会自动以负数的形式来保存和显示括号内的数值，而括号不再显示。
- 当用户输入以0开头的数值时，例如股票代码，Excel因将其识别为数值而将前置的0清除。

当用户输入末尾为 0 的小数时，系统会自动将非有效位数上的 0 清除，如果用户需要以完整的形式输入数据，可以参考下面的方法解决问题：

- 对于不需要进行数值计算的数字，例如身份证号码、信用卡号码、股票代码等，可以将数据形式转换成文本形式来保存和显示完整数字内容。在输入数据时，以英文单引号开始输入数据，先输入字符'，再输入数据，Excel会将所输入的内容自动识别为文本数据，并以文本形式在单元格中保存和显示，其中的英文单引号不显示在单元格中(但在编辑栏中能够显示)。

- 用户也可以先选中目标单元格，右击，在弹出的菜单中选择【设置单元格格式】命令，打开【设置单元格格式】对话框，选择【数字】选项卡，在【分类】列表框中选择【文本】选项，并单击【确定】按钮，如图5-29所示。这样，可以将单元格格式设置为文本形式，在单元格中输入的数据将保存并显示为文本。

- 设置成文本后的数据无法正常参与数值计算，如果用户不希望改变数值类型，希望在单元格中能够完整显示的同时，仍可以保留数值的特性。以学生编号代码000321为例，选取目标单元格，打开【设置单元格格式】对话框，选择【数字】选项卡，在【分类】列表框中选择【自定义】选项。在对话框右侧的【类型】文本框中输入000000，然后单击【确定】按钮，如图5-30所示。此时再在单元格中输入000321，即可完全显示数据，并且仍保留数值的格式。

图 5-29 将数据设置为"文本"类型　　　　　图 5-30 定义数据类型

- 对于小数末尾中的0的保留显示(例如某些数字保留位数)，与上面的例子类似。用户可以在输入数据的单元格中设置自定义的格式，例如0.00000(小数点后面0的个数表示需要保留显示小数的位数)。除了自定义的格式以外，使用系统内置的"数值"格式也可以达到相同的效果。在【设置单元格格式】对话框中选择【数值】选项后，对话框右侧会显示【小数位数】的微调框，使用微调框调整需要显示的小数位数，就可以将用户输入的数据按照需要的保留位置来显示。

除了以上提到的这些数值输入情况以外，某些文本数据的输入也存在输入与显示不符的情况。例如在单元格中输入内容较长的文本时(文本长度大于列宽)，如果目标单元格右侧的单元格内没有内容，则文本会完整显示甚至"侵占"到右侧的单元格，如图 5-31 所示(A1 单元格的显示)；而如果右侧单元格中本身就包含内容时，则文本就会显示不完全，如图 5-32 所示。

图 5-31 数据"侵占"右侧单元格　　　　　图 5-32 数据显示不全

若用户需要将图 5-32 所示的文本在单元格中完整显示出来，有以下几种方法：

- 将单元格所在的列宽调整得更大，容纳更多字符的显示(列宽最大可以有255个字符)。
- 选中单元格，打开【设置单元格格式】对话框，选择【对齐】选项卡，在【文本控制】区域中选中【自动换行】复选框(或者在【开始】选项卡的【对齐方式】命令组中单击【自动换行】按钮)，如图5-33所示。此时，单元格中数据的效果如图5-34所示。

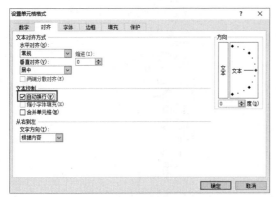

图 5-33　【对齐】选项卡

图 5-34　数据输入自动换行效果

2) 自动格式

在实际工作中，当用户输入的数据中带有一些特殊符号时，会被 Excel 识别为具有特殊含义，从而自动为数据设定特有的数字格式来显示。

- 在单元格中输入某些分数时，如11/12，单元格会自动将输入数据识别为日期形式，显示为日期格式数据"11月12日"，同时单元格的格式也会自动被更改。当然，如果用户输入的对应日期不存在，例如11/32(11月没有32天)，单元格还会保持原有输入显示。但实际上此时单元格还是文本格式，并没有被赋予真正的分数数值意义。
- 当单元格中输入带有货币符号的数值时，例如$500，Excel会自动将单元格格式设置为相应的货币格式，在单元格中也可以以货币的格式显示(自动添加千位分隔符、数标红显示或者加括号显示)。如果选中单元格，可以看到在编辑栏内显示的是实际数值(不带货币符号)。

3) 自动更正

Excel 软件中预置有一种"纠错"功能，会在用户输入数据时进行检查，在发现包含有特定条件的内容时，自动进行更正，例如以下几种情况：

- 在单元格中输入(R)时，单元格中会自动更正为®。
- 在输入英文单词时，如果开头有连续两个大写字母，例如EXcel，则Excel软件会自动将其更正为首字母大写Excel。

以上情况的产生，都是基于 Excel 中【自动更正】选项的相关设置。"自动更正"是一项非常实用的功能，它不仅可以帮助用户减少英文拼写错误，纠正一些中文成语错别字和错误用法，还可以为用户提供一种高效的输入替换用法——输入缩写或者特殊字符，系统自动替换为全称或者用户需要的内容。上面列举的第一种情况，就是通过"自动更正"中内置的替换选项来实现的。用户也可以根据自己的需要进行设置。

选择【文件】选项卡，在显示的选项区域中选择【选项】选项，打开【Excel 选项】对话框，选择【校对】选项卡。在显示的【校对】选项区域中单击【自动更正选项】按钮，如

图 5-35 所示。在打开的【自动更正】对话框中，用户可以通过选中相应复选框及列表框中的内容对原有的更正替换项目进行修改设置，也可以新增用户的自定义设置。例如，要在单元格中输入 EX 的时候，就自动替换为 Excel，可以在【替换】文本框中输入 EX，然后在【替换为】文本框中输入 Excel，最后单击【添加】按钮，这样就可以成功添加一条用户自定义的自动更正项目，添加完毕后单击【确定】按钮确认操作，如图 5-36 所示。

图 5-35　【校对】选项卡

图 5-36　【自动更正】对话框

如果用户不希望输入的内容被 Excel 自动更改，可以对自动更正选项进行以下设置：

- 打开【自动更正】对话框，取消【键入时自动替换】复选框的选中状态，以使所有的更正项目停止使用。
- 取消选中某个单独的复选框，或者在对话框下面的列表框中删除某些特定的替换内容，可以中止一些特定的自动更正项目。例如，要取消前面提到的连续两个大写字母开头的英文更正功能，可以取消【更正前两个字母连续大写】复选框的选中状态。

4）自动套用格式

自动套用格式与自动更正类似，当在输入内容中发现包含特殊文本标记时，Excel 会自动对单元格加入超链接。例如，当用户输入的数据中包含@、WWW、FTP、FTP://、HTTP://等文本内容时，Excel 会自动为此单元格添加超链接，并在输入数据下显示下划线，如图 5-37 所示。

如果用户不愿意输入的文本内容被加入超链接，可以在确认输入后未做其他操作前按下Ctrl+Z 快捷键来取消超链接的自动加入，也可以通过【自动更新选项】按钮来进行操作。例如在单元格中输入 www.sina.com，Excel 会自动为单元格加上超链接，当鼠标移动至文字上方时，会在开头文字的下方出现一个条状符号，将鼠标移动到该符号上，会显示【自动更正选项】下拉按钮，单击该下拉按钮，将显示如图 5-38 所示的列表。

图 5-37　Excel 为网址自动添加超链接

图 5-38　【自动更正选项】下拉列表

- 在图 5-38 所示的下拉列表中选择【撤销超链接】命令，可以取消在单元格中创建的超链接。如果选择【停止自动创建超链接】命令，在今后类似输入时就不会再加入超链接(但之前已经生成的超链接将继续保留)。

- 如果在图 5-38 所示的下拉列表中选择【控制自动更正选项】命令，将显示【自动更正】对话框。在该对话框中，取消选中【Internet 及网络路径替换为超链接】复选框，同样可以达到停止自动创建超链接的效果。

4. 日期与时间的输入与识别

日期和时间属于一类特殊的数值类型，其特殊的属性使此类数据的输入以及 Excel 对输入内容的识别，都有一些特别之处。

在中文 Windows 系统的默认日期设置下，可以被 Excel 自动识别为日期数据的输入形式如下。

(1) 使用短横线分隔符 "-" 的输入，如表 5-1 所示。

表 5-1　Excel 识别短横线分隔符 "-" 的情况

单元格输入	Excel 识别	单元格输入	Excel 识别
2027-1-2	2027 年 1 月 2 日	27-1-2	2027 年 1 月 2 日
90-1-2	1990 年 1 月 2 日	2027-1	2027 年 1 月 1 日
1-2	当前年份的 1 月 2 日		

(2) 使用斜线分隔符 "/" 的输入，如表 5-2 所示。

表 5-2　Excel 识别斜线分隔符 "/" 的情况

单元格输入	Excel 识别	单元格输入	Excel 识别
2027/1/2	2027 年 1 月 2 日	27/1/2	2027 年 1 月 2 日
90/1/2	1990 年 1 月 2 日	2027/1	2027 年 1 月 1 日
1/2	当前年份的 1 月 2 日		

(3) 使用中文 "年月日" 的输入，如表 5-3 所示。

表 5-3　Excel 识别 "年月日" 输入的情况

单元格输入	Excel 识别	单元格输入	Excel 识别
2027 年 1 月 2 日	2027 年 1 月 2 日	27 年 1 月 2 日	2027 年 1 月 2 日
90 年 1 月 2 日	1990 年 1 月 2 日	2027 年 1 月	2027 年 1 月 1 日
1 月 2 日	当前年份的 1 月 2 日		

(4) 使用包括英文月份的输入，如表 5-4 所示。

表 5-4　Excel 识别包括英文月份输入的情况

单元格输入	Excel 识别	单元格输入	Excel 识别
March 2		Mar 2	
2 Mar	当前年份的 3 月 2 日	Mar-2	当前年份的 3 月 2 日
2-Mar		Mar/2	

对于以上 4 类可以被 Excel 识别的日期输入，有以下几点补充说明：

- 年份的输入方式包括短日期(如 90 年)和长日期(如 1990 年)两种。当用户以两位数字的短日期方式来输入年份时，软件默认将 0~29 之间的数字识别为 2000 年~2029 年，而将 30~99 之间的数字识别为 1930 年~1999 年。为了避免系统自动识别造成的错误理解，建议在输入年份的时候，使用 4 位完整数字的长日期方式，以确保数据的准确性。

- 短横线分隔符 "-" 与斜线分隔符 "/" 可以结合使用，例如输入2027-1/2与2027/1/2都可以表示 "2027年1月2日"。
- 当用户输入的数据只包含年份和月份时，Excel会自动以这个月的1号作为它的完整日期值。例如，输入2027-1时，会被系统自动识别为2027年1月1日。
- 当用户输入的数据只包含月份和日期时，Excel会自动以系统当年年份作为这个日期的年份值。例如输入1-2，如果当前系统年份为2027年，则会被Excel自动识别为2027年1月2日。
- 包含英文月份的输入方式可以用于只包含月份和日期的数据输入，其中月份的英文单词可以使用完整拼写，也可以使用标准缩写。

除了上面介绍的可以被 Excel 自动识别为日期的输入方式以外，其他不被识别的日期输入方式，则会被识别为文本形式的数据。例如使用 "." 分隔符来输入日期 2027.1.2，这样输入的数据只会被 Excel 识别为文本格式，而不是日期格式，导致数据无法参与各种运算，使用户对数据的处理和计算造成不必要的麻烦。

5. 应用填充与序列

除了通常的数据输入方式以外，如果数据本身包括某些顺序上的关联特性，用户还可以使用 Excel 所提供的填充功能快速地批量录入数据。

1) 快速填充数据

当用户需要在工作表中连续输入某些 "顺序" 数据时，例如星期一、星期二、……，甲、乙、丙、……，可以利用 Excel 的自动填充功能实现快速输入。例如，要在 A 列连续输入 1~10 的数字，只需要在 A1 单元格中输入 1，在 A2 单元格中输入 2，然后选中 A1:A2 单元格区域，拖动单元格右下角的控制柄即可，如图 5-39 所示。

　　　　(a)　　　　　　　　　　　(b)　　　　　　　　　　　(c)

图 5-39　快速填充数据

使用同样的方法也可以连续输入甲、乙、丙等。

2) 认识与填充序列

在 Excel 中可以实现自动填充的 "顺序" 数据被称为序列。在前几个单元格内输入序列中的元素，就可以为 Excel 提供识别序列的内容及顺序信息，以及 Excel 在使用自动填充功能时，自动按照序列中的元素、间隔顺序来依次填充。

用户可以在【Excel 选项】对话框中查看可以被自动填充的序列包括哪些，如图 5-40 所示。

在图 5-40(b)所示的【自定义序列】对话框左侧的列表中显示了当前 Excel 中可以被识别的序列(所有的数值型、日期型数据都是可以被自动填充的序列，不再显示于列表中)，用户也可以在右侧的【输入序列】文本框中手动添加新的数据序列作为自定义系列，或者引用表格中已经存在的数据列表作为自定义序列进行导入。

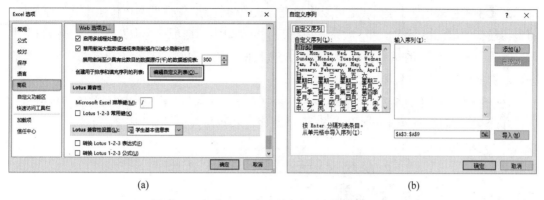

图 5-40　查看 Excel 自动填充包含的序列

Excel 中自动填充的使用方式相当灵活，用户并非必须从序列中的一个元素开始自动填充，而是可以始于序列中的任何一个元素。当填充的数据达到序列尾部时，下一个填充数据会自动取序列开头的元素，循环往复地继续填充。例如在图 5-41 所示的表格中，显示了从"六月"开始自动填充多个单元格的结果。

图 5-41　自动填充月份

除了对自动填充的起始元素没有要求之外，填充时序中的元素的顺序间隔也没有严格的限制。

当用户只在一个单元格中输入序列元素时(除了纯数值数据以外)，自动填充功能默认以连续顺序的方式进行填充。而当用户在第 1、第 2 个单元格内输入具有一定间隔的序列元素时，Excel 会自动按照间隔的规律来选择元素进行填充。例如在图 5-42 所示的表格中，显示了从六月、九月开始自动填充多个单元格的结果。

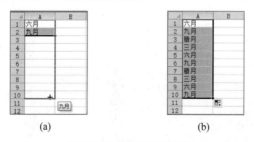

图 5-42　填充具有间隔的序列元素

3) 设置填充选项

自动填充完成后，填充区域的右下角将显示【填充选项】按钮，将鼠标指针移动至该按钮上并单击，在弹出的菜单中可显示更多的填充选项，如图 5-43 所示。

在图 5-43 所示的菜单中，用户可以为填充选择不同的方式，如【填充序列】、【仅填充格式】、【不带格式填充】等，甚至可以将填充方式改为复制，使数据不再按照序列顺序递增，而是与最初的单元格保持一致。填充选项按钮下拉菜单中的选项内容取决于所填充的数据类型。例如图 5-44 所示的填充目标数据是日期型数据，则在菜单中显示了更多与日期有关的选项，例如【以月填充】、【以年填充】等。

【例 5-3】继续【例 5-2】的操作，在"学生基本信息表"工作表中输入并填充数据。

(1) 将鼠标指针分别置于工作表第 1、2 行单元格中输入图 5-45 所示的文本数据，然后在 A3 单元格中输入 1。

图 5-43 填充选项

图 5-44 日期型数据的填充选项

图 5-45 输入表格数据

(2) 选中 A3 单元格，将鼠标指针置于单元格右下角的控制柄上，当指针变为十字状态时，按住 Ctrl 键的同时向下拖动鼠标，创建图 5-46 所示的编号。

(3) 重复以上操作，完成"学生基本信息表"表格结构的输入，如图 5-47 所示。

(4) 选中表格中"出生日期""入学年月""填表日期"和"审核日期"等与日期有关的单元格，按下 Ctrl+1 快捷键，打开【设置单元格格式】对话框，在【分类】列表中选择【日期】选项，然后在【类型】列表中选择一种日期类型，并单击【确定】按钮，如图 5-48 所示。

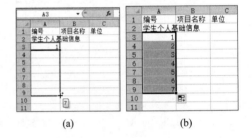

图 5-46 填充表格数据

图 5-47 输入"学生基本信息表"结构

图 5-48 设置日期型数据格式

5.1.4　整理"学生基本信息表"

在完成 Excel 数据表的创建和基本内容输入后，用户可以通过为不同数据设置合理的数字格式，并通过设置单元格格式、应用单元格样式和使用主题等操作，对表格内容进行整理。整理表格内容，可以帮助用户在工作中提高数据的利用效率，优化表格的外观，并为使用 Excel 进行数据的统计和分析做好准备。

1. 设置数据的数字格式

Excel 提供多种对数据进行格式化的功能，除了对齐、字体、字号、边框等常用的格式化功能以外，更重要的是其"数字格式"功能，该功能可以根据数据的意义和表达需求来调整显示外观，完成匹配展示的效果。例如，在图 5-49 中，通过对数据进行格式化设置，可以明显地提高数据的可读性。

Excel 内置的数字格式大部分适用于数值型数据，因此称之为"数字"格式。但数字格式并非数值数据专用，文本型的数据同样也可以被格式化。用户可以通过创建自定义格式，为文本型数据提供各种格式化的效果。

对单元格中的数据应用格式，可以使用以下几种方法：

- 选择【开始】选项卡，在【数字】命令组中使用相应的按钮，如图5-50所示。

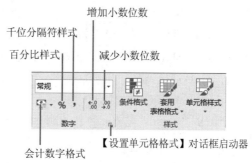

图 5-49　在 Excel 中对数据格式化后的效果　　　　图 5-50　【数字】命令组

- 打开【单元格格式】对话框，选择【数字】选项卡进行设置，如图5-51所示。
- 使用快捷键应用数字格式。

在 Excel 的【开始】选项卡的【数字】命令组中，【数字格式】选项会显示活动单元格的数字格式类型。单击其右侧的下拉按钮，可以为活动单元格中的数据设置如图 5-52 所示的 12 种数字格式。

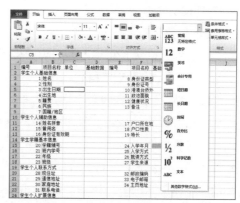

图 5-51　【数字】选项卡　　　　　　　图 5-52　【数字格式】下拉列表

另外，在工作表中选中包含数值的单元格区域，然后单击【数字】命令组中的按钮或选项，即可应用相应的数字格式。【数字】命令组中各个按钮的功能说明如下。

- 【会计数字格式】：在数值开头添加货币符号，并为数值添加千位分隔符，数值显示两位小数。
- 【百分比样式】：以百分数形式显示数值。
- 【千位分隔符样式】：使用千位分隔符分隔数值，显示两位小数。
- 【增加小数位数】：在原数值小数位数的基础上增加一位小数位。
- 【减少小数位数】：在原数值小数位数的基础上减少一位小数位。
- 【常规】：未经特别指定的格式，为Excel的默认数字格式。
- 【长日期与短日期】：以不同的样式显示日期。

1) 使用快捷键应用数字格式

通过键盘上的快捷键也可以快速地对目标单元格和单元格区域设定数字格式，具体如下。

- Ctrl+Shift+~键：设置为常规格式，即不带格式。
- Ctrl+Shift+%键：设置为百分数格式，无小数部分。
- Ctrl+Shift+^键：设置为科学计数法格式，含两位小数。
- Ctrl+Shift+#键：设置为短日期格式。
- Ctrl+Shift+@键：设置为时间格式，包含小时和分钟显示。
- Ctrl+Shift+!键：设置为千位分隔符显示格式，不带小数。

2) 使用对话框应用数字格式

若用户希望在更多的内置数字格式中进行选择，可以通过【设置单元格格式】对话框中的【数字】选项卡来进行数字格式设置。选中包含数据的单元格或区域后，有以下几种等效方式可以打开图 5-51 所示的【设置单元格格式】对话框。

- 在图5-50所示【开始】选项卡的【数字】命令组中单击【设置单元格格式】按钮 。
- 在图5-52所示【数字】命令组的【格式】下拉列表中选择【其他数字格式】选项。
- 按Ctrl+1快捷键。
- 右击单元格，在弹出的菜单中选择【设置单元格格式】命令。

2. 处理文本型数据

"文本型数字"是 Excel 中一种比较特殊的数据类型，它的数据内容是数值，但作为文本类型进行存储，具有和文本类型数据相同的特征。

1) 设置【文本】数字格式

"文本"格式是特殊的数字格式，它的作用是设置单元格数据为"文本"。在实际应用中，这一数字格式并不总是如字面含义那样可以让数据在"文本"和"数值"之间进行转换。如果用户在【设置单元格格式】对话框中，先将空白单元格设置为文本格式，如图 5-53 所示。然后输入数值，Excel 会将其存储为"文本型数字"。"文本型数字"自动左对齐显示，在单元格的左上角显示绿色三角形符号，如图 5-54 所示。

图 5-53　将单元格设置为文本格式

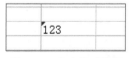

图 5-54　文本格式数据

如果先在空白单元格中输入数值，然后再设置为文本格式，数值虽然也自动左对齐显示，但 Excel 仍将其视作数值型数据。

对于单元格中的"文本型数字"，无论修改其数字格式为"文本"之外的哪一种格式，Excel 仍然视其为"文本"类型的数据，直到重新输入数据才会变为数值型数据。

2）转换文本型数据为数值型

"文本型数字"所在单元格的左上角显示绿色三角形符号，此符号为 Excel"错误检查"功能的标识符，它用于标识单元格可能存在某些错误或需要注意的特点。选中此类单元格，会在单元格一侧出现【错误检查选项】按钮，单击该按钮一侧的下拉按钮会显示如图 5-55 所示的菜单。

在图 5-55 所示的下拉菜单中出现的【以文本形式存储的数字】提示，显示了当前单元格的数据状态。此时如果选择【转换为数字】命令，单元格中的数据将会转换为数值型，如图 5-56 所示。

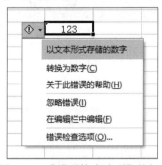

图 5-55　【错误检查选项】按钮

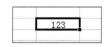

图 5-56　数值型数据

如果用户需要保留这些数据为【文本型数字】类型，而又不需要显示绿色三角符号，可以在图 5-55 所示的菜单中选择【忽略错误】命令，关闭此单元格的【错误检查】功能。

3）转换数值型数据为文本型

如果要将工作表中的数值型数据转换为文本型数字，可以先将单元格设置为【文本】格式，然后双击单元格或按下 F2 键激活单元格的编辑模式，最后按下 Enter 键即可。

【例 5-4】继续【例 5-3】的操作，在"学生基本信息表"工作表中设置用于填写身份证号码的单元格格式，使其中填写的数据类型由数值型转换为文本型。

(1) 在数据表"身份证号"选项后输入学生身份证号，工作表默认显示图 5-57 所示的数据。

(2) 右击填写身份证号的单元格，在弹出的菜单中选择【设置单元格格式】命令，打开
【设置单元格格式】对话框，在【分类】列表中选择【文本】选项，然后单击【确定】按钮。

(3) 双击单元格，使其进入编辑模式，然后单击任意其他单元格，即可在单元格中显示
图 5-58 所示的文本型数据。

图 5-57　输入数值型数据

图 5-58　将数值型数据转换为文本型

使用以上方法只能对单个单元格起作用。如果要同时将多个单元格的数值转换为文本类
型，且这些单元格在同一列，可以选中位于同一列的包含数值型数据的单元格区域，如图 5-59
所示，选择【数据】选项卡，在【数据工具】命令组中单击【分列】按钮。打开【文本分列
向导-第 1 步】对话框，连续单击【下一步】按钮。打开【文本分列向导-第 3 步】对话框，
选中【文本】单选按钮，单击【完成】按钮，如图 5-60 所示。此时，被选中区域中的数值
型数据转换为文本型数据。

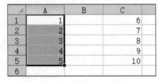

图 5-59　选中一列数据

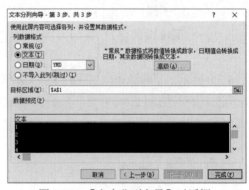

图 5-60　【文本分列向导】对话框

3. 设置表格单元格格式的工具

工作表的整体外观由各个单元格的样式构成，单元格的样式外观在 Excel 的可选设置中
主要包括数据显示格式、字体样式、文本对齐方式、边框样式及单元格颜色等。

在 Excel 中，对于单元格格式的设置和修改，用户可以通过功能区命令组(如图 5-61 所
示)、浮动工具栏以及【设置单元格格式】对话框来实现，下面将分别进行介绍。

(1) 功能区命令组

在【开始】选项卡中提供了多个命令组用于设置单元格格式，包括【字体】、【对齐方式】、
【数字】、【样式】等，如图 5-61 所示，其具体说明如下。

- 【字体】命令组：包括字体、字号、加粗、倾斜、下划线、填充颜色、字体颜色等。
- 【对齐方式】命令组：包括顶端对齐、垂直居中、底端对齐、左对齐、居中对齐、
  右对齐以及方向、调整缩进量、自动换行、合并居中等。
- 【数字】命令组：包括增加/减少小数位数、百分比样式、会计数字格式等对数字进
  行格式化的各种命令。

- 【样式】命令组：包括条件格式、套用表格格式、单元格样式等。

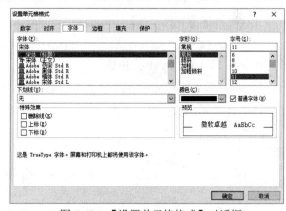

图 5-61　Excel 中的功能区命令组

2) 浮动工具栏

选中并右击单元格，在弹出的菜单上方将会显示图 5-62 所示的浮动工具栏，在浮动工具栏中包括了常用的单元格格式设置命令。

4. 设置单元格格式

用户可以在【开始】选项卡中单击【字体】、【对齐方式】、【数字】等命令组右下角的对话框启动器按钮，或者按下 Ctrl+1 快捷键，打开图 5-63 所示的【设置单元格格式】对话框。

图 5-62　浮动工具栏　　　　　　　图 5-63　【设置单元格格式】对话框

在【设置单元格格式】对话框中，用户可以根据需要选择合适的选项卡，设置表格单元格的格式。

1) 设置对齐

打开【设置单元格格式】对话框，选择【对齐】选项卡，该选项卡主要用于设置单元格文本的对齐方式，此外还可以对文本方向、文字方向以及文本控制等内容进行相关的设置，具体如下：

- 文本方向和文字方向：当用户需要将单元格中的文本以一定倾斜角度进行显示时，

可以通过【对齐】选项卡中的【方向】文本格式设置来实现，如图5-64所示。

- 水平对齐：在Excel中设置水平对齐包括常规、靠左、居中、靠右、填充、两端对齐、跨列居中、分散对齐8种对齐方式，如图5-65所示。

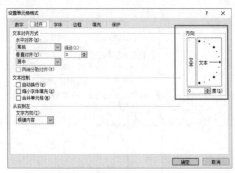

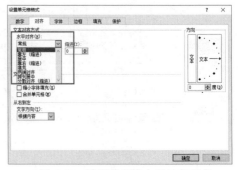

图 5-64　设置文本方向和文字方向　　　　　　图 5-65　设置单元格水平对齐方式

- 垂直对齐：垂直对齐包括靠上、居中、靠下、两端对齐、分散对齐等几种对齐方式。
- 文本控制：在设置文本对齐的同时，还可以对文本进行输出控制，包括自动换行、缩小字体填充、合并单元格。
- 合并单元格：合并单元格就是将两个或两个以上连续单元格区域合并成占有两个或多个单元格空间的"超大"单元格。

【例5-5】继续【例5-4】的操作，在"学生基本信息表"工作表中设置"编号"列的对齐方式为"居中对齐"，并合并 A2:G2、A10:G10、A14:G14、A19:G19、A24:G24 和 A31:G31 等单元格区域。

(1) 按住 Ctrl 键，选中数据表中所有的编号后，单击【开始】选项卡【对齐方式】命令组中的【居中】和【垂直居中】按钮，设置选中单元格中的数据居中于单元格，如图 5-66 所示。

(2) 按住 Ctrl 键，选中 A2:G2、A10:G10、A14:G14、A19:G19、A24:G24 和 A31:G31 等单元格区域，按下 Ctrl+1 快捷键打开【设置单元格格式】对话框，选中【对齐】选项卡，将【水平对齐】和【垂直对齐】设置为【居中】，选中【合并单元格】复选框，单击【确定】按钮，设置合并单元格，如图 5-67 所示。

图 5-66　设置编号居中　　　　　　　　　　图 5-67　设置合并单元格

(3) 选数据表中任意一个设置了居中的"编号"单元格，单击【开始】选项卡最左侧的【格式刷】按钮，然后选中数据表的第 1 行，将"居中对齐"单元格格式应用于表格的第 1 行标题栏，如图 5-68 所示。

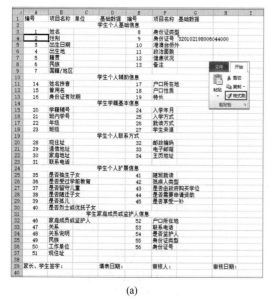
(a)

(b)

图 5-68　使用格式刷复制格式

2) 设置字体

单元格字体格式包括字体、字号、颜色、背景图案等。Excel 中文版的默认设置为：字体为"宋体"、字号为 11 号。用户可以按下 Ctrl+1 快捷键，打开【设置单元格格式】对话框，选择【字体】选项卡，通过更改相应的设置来调整单元格内容的格式，如图 5-69 所示。

【字体】选项卡中各个选项的功能说明如下。

- 字体：在该列表框中显示了Windows系统提供的各种字体。
- 字形：在该列表中提供了包括常规、倾斜、加粗、加粗倾斜4种字形。
- 字号：文字显示大小，用户可以在【字号】列表中选择字号，也可以直接在文本框中输入字号的磅数(范围为1~409)。
- 下划线：在该下拉列表中可以为单元格内容设置下划线，默认设置为无。Excel中可设置的下划线类型包括单下划线、双下划线、会计用单下划线、会计用双下划线4种(会计用下划线比普通下划线离单元格内容更靠下一些，并且会填充整个单元格的宽度)。
- 颜色：单击该按钮将弹出【颜色】下拉调色板，允许用户为字体设置颜色。
- 删除线：在单元格内容上显示横穿内容的直线，表示内容被删除，效果为 ~~删除内容~~ 。
- 上标：将文本内容显示为上标形式，例如K^3。
- 下标：将文本内容显示为下标形式，例如K_3。

3) 设置边框

在 Excel 中，边框用于划分表格区域，增强单元格的视觉效果。在【设置单元格格式】对话框中，用户可以选择【边框】选项卡来设置更多的边框效果，如图 5-70 所示。

图 5-69　【字体】选项卡　　　　　　图 5-70　【边框】选项卡

【例 5-6】继续【例 5-5】的操作，为"学生基本信息表"工作表中的标题文本设置字体格式，并为表格设置边框。

(1) 选中"学生基本信息表"如图 5-68(b)所示的标题栏后，按下 Ctrl+1 快捷键，打开【设置单元格格式】对话框，选择【字体】选项卡，在【字体】列表框中选择【黑体】选项，在【字形】列表框中选择【常规】选项，在【字号】列表框中选择【11】选项，然后单击【确定】按钮，如图 5-71 所示。

(2) 选中表格最左侧的 A1 单元格，按下 Ctrl+A 快捷键，选中图 5-72 所示的整个表格内容。

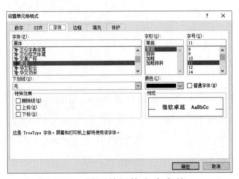
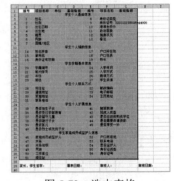

图 5-71　设置单元格文本字体　　　　图 5-72　选中表格

(3) 按下 Ctrl+1 快捷键打开【设置单元格格式】对话框，选择【边框】选项卡，在【样式】列表框中选择表格外边框样式后，单击【外边框】按钮，在【样式】列表框中选择表格内边框样式后，单击【内边框】按钮，并在【边框】选项区域中确认表格边框的效果，如图 5-73 所示。

(4) 单击【确定】按钮，为表格设置效果如图 5-74 所示的边框效果。

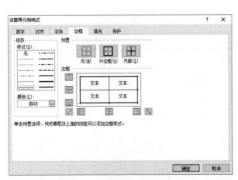

图 5-73　设置表格边框　　　　　　图 5-74　表格边框效果

4) 复制格式

在日常办公中，如果用户需要将现有的单元格格式复制到其他单元格区域中，可以使用以下几种方法。

- 复制粘贴单元格：使用Ctrl+C和Ctrl+V快捷键直接将现有的单元格复制、粘贴到目标单元格，这样在复制单元格格式的同时，目标单元格内原有的数据也将被清除。
- 仅复制粘贴格式：复制现有的单元格，在【开始】选项卡的【剪贴板】命令组中单击【粘贴】下拉按钮，在弹出的下拉列表中选择【格式】命令🖿。
- 利用【格式刷】复制单元格格式：选中一个单元格后，单击【开始】选项卡【剪贴板】命令组中的【格式刷】按钮✍，然后选中目标单元格或区域，即可将选中的单元格格式复制于目标单元格之上。如果在【剪贴板】命令组中双击【格式刷】按钮✍，将进入"格式刷"重复使用模式，在该模式中用户可以将现有单元格中的格式复制到多个单元格，直到再次单击【格式刷】按钮或者按下Esc键结束。

5. 选取行与列

Excel 工作表由许多横条和竖线交叉而成的一排排格子组成，在由这些线条组成的格子中，录入各种数据就构成了办公中所使用的表。以工作表为例，其最基本的结构是由横线间隔而出的"行"(row)与由竖线分隔出的"列"(column)组成。行、列相互交叉所形成的格子称为"单元格"(cell)，如图 5-75 所示。

图 5-75　工作表由横线和竖线组成

在图 5-75 所示的 Excel 工作窗口中，一组垂直的灰色标签中的阿拉数字标识了电子表格的"行号"；而一组水平的灰色标签中的英文字母则标识了表格的"列标"。在实际工作中，用户需要通过"行号"和"列标"来识别表格中的行、列及单元格，从而对其进行有效的设置。

在Excel中，如果当前工作簿文件的扩展名为.xls，其包含工作表的最大行号为 65 536(即 65 536 行)；如果当前工作簿文件的扩展名为.xlsx，其包含工作表的最大行号为 1 048 576(即 1 048 576 行)。在工作表中，最大列标为 XFD 列(即 A~Z，AA~XFD，即 16 384 列)。

如果用户选中工作表中的任意单元格，按下 Ctrl+方向键↓快捷键，可以快速定位到选定单元格所在列向下连续非空的最后一行(若整列为空或选中的单元格所在列下方均为空，则定位至工作表当前列的最后一行)；按下 Ctrl+方向键→快捷键，可以快速定位到选取单元格所在行向右连续非空的最后一列(若整行为空或者选中单元格所在行右侧均为空，将定位到当前行的 XFD 列)；按下 Ctrl+Home 快捷键，可以快速定位到表格左上角单元格；按下 Ctrl+End 快捷键，可以快速定位到表格右下角单元格。

除了上面介绍的几种行列定位方式以外，选取行与列的基础操作有以下几种。

- 选取单行/单列：在工作表中单击具体的行号和列标签即可选中相应的整行或整列。当选中某行(或某列)后，此行(或列)的行号标签将会改变颜色，所有的标签将加亮显示，相应行、列的所有单元格也会加亮显示，以标识出其当前处于被选中状态，如图5-76所示。
- 选取相邻连续的多行/多列：在工作表中单击具体的行号后，按住鼠标左键不放，向上、向下拖动，即可选中与选定行相邻的连续多行。如果单击选中工作表中的列标，然后按住鼠标左键不放，向左、向右拖动，则可以选中相邻的连续多列，如图5-77所示。

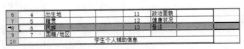

图 5-76　选取单行

图 5-77　选取相邻的多列

- 选取不相邻的多行/多列：要选取工作表中不相邻的多行，用户可以在选中某行后，按住Ctrl键不放，继续使用鼠标单击其他行标签，完成选择后松开Ctrl键即可。选择不相邻多列的方法与此类似。

此外，选中工作表中的某行后，按下 Ctrl+Shift+方向键↓快捷键，若选中行中活动单元格以下的行都不存在非空单元格，则将同时选取该行到工作表中的最后可见行；选中工作表中的某列后，按下 Ctrl+Shift+方向键→快捷键，如果选中列中活动单元格右侧的列中不存在非空单元格，则将同时选中该列到工作表中的最后可见列。使用相反的方向键可以选中相反方向的所有行或列。

6. 调整行高和列宽

在 Excel 工作表中，用户可以根据表格的制作要求，采用不同的设置调整表格中的行高和列宽。

1) 精确设置行高和列宽

精确设置表格的行高和列宽的方法有以下两种：

- 选取列后，在【开始】选项卡的【单元格】命令组中单击【格式】下拉按钮，在弹出的列表中选择【列宽】命令，打开【列宽】对话框，在【列宽】文本框中输入所需要设置的列宽的具体数值，然后单击【确定】按钮即可。
- 选中行或列后，右击，在弹出的菜单中选择【行高】或【列宽】命令，然后在打开的【行高】或【列宽】对话框中进行相应的设置即可。

2) 拖动鼠标调整行高和列宽

除了上面介绍的两种方法以外，用户还可以通过在工作表行、列标签上拖动鼠标来改变行高和列宽。具体操作方法是：在工作表中选中行或列后，当鼠标指针放置在选中的行或列标签相邻的行或列标签之间时，将显示图 5-78 所示的黑色双向箭头。

此时，按住鼠标左键不放，向上方或下方(调整列宽时为左侧或右侧)拖动鼠标即可调整行高和列宽。同时，Excel 将显示图 5-79 所示的提示框，提示当前的行高或列宽值。

图 5-78　显示黑色双向箭头 　　　　图 5-79　根据提示调整行高

3) 自动调整行高和列宽

当用户在工作表中设置了多种行高和列宽，或表格内容长短、高低参差不齐，用户可以参考下面介绍的方法，使用【自动调整列宽】和【自动调整行高】命令，快速设置表格行高和列宽。

【例 5-7】继续【例 5-6】的操作，通过拖动鼠标和设置自动调整行高和列宽，调整"学生基本信息表"。

(1) 选中表格最左侧的 A1 单元格，按下 Ctrl+A 快捷键选中整个表格。单击【开始】选项卡【单元格】命令组中的【格式】下拉按钮，在弹出的菜单中选择【自动调整行高】和【自动调整列宽】选项，如图 5-80 所示。

(2) 选中 C 列，将鼠标指针放置在 C 列与 D 列之间，当指针变为双向十字箭头时，按住左键向右拖动，调整 C 列的列宽，如图 5-81 所示。

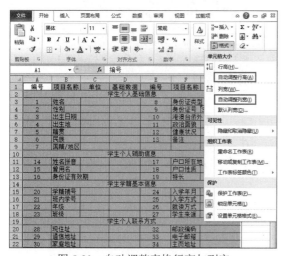

图 5-80　自动调整表格行高与列宽 　　　　图 5-81　拖动鼠标调整列宽

7. 插入行与列

当用户需要在表格中新增一些条目和内容时，就需要在工作表中插入行或列。在 Excel 中，在选定行之前(上方)插入新行方法有以下几种：

- 选择【开始】选项卡，在【单元格】命令组中单击【插入】拆分按钮，在弹出的列表中选择【插入工作表行】命令。
- 右击选中的行，在弹出的菜单中选择【插入】命令(若当前选中的不是整行而是单元格，将打开【插入】对话框，在该对话框中选中【整行】单选按钮，然后单击【确定】按钮即可)。

● 选中目标行后，按下Ctrl+Shift+=快捷键。

要在选定列之前(左侧)插入新列，同样也可以采用上面介绍的3种方法操作。

8.移动/复制/删除行与列

在处理表格时，若用户需要改变表格中行、列的位置或顺序，可以通过使用下面介绍的【移动】行或列的操作来实现。

1) 移动行与列

在工作表中选取要移动的行或列后，要执行"移动"操作，应先对选中的行或列执行"剪切"操作，方法有以下几种：

● 在【开始】选项卡的【剪贴板】命令组中单击【剪切】按钮✂。

● 右击选中的行或列，在弹出的菜单中选择【剪切】命令。

● 按下Ctrl+X快捷键。

行或列被剪切后，将在其四周显示图 5-82 所示的虚线边框。

此时，选取移动行的目标位置行的下一行(或该行的第 1 个单元格)，然后参考以下几种方法之一执行【插入复制的单元格】命令即可剪切行或列：

● 在【开始】选项卡的【单元格】命令组中单击【插入】下拉按钮，在弹出的列表中选择【插入复制的单元格】命令。

● 右击，在弹出的菜单中选择【插入剪切的单元格】命令，如图5-83所示。

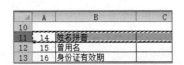

图 5-82　剪切行后显示的虚线边框

图 5-83　插入剪切的单元格

● 按下Ctrl+V快捷键。

完成行或列"移动"操作后，需要移动的行的次序将被调整到目标位置之前，而被移动行的原来位置将被自动清除。若用户选中多行，则"移动"的操作也可以同时对连续的多行执行。

2) 复制行与列

要复制工作表中的行或列，需要在选中行或列后参考以下方法之一执行【复制】命令：

● 选择【开始】选项卡，在【剪贴板】命令组中单击【复制】按钮📋。

● 右击选中的行或列，在弹出的菜单中选择【复制】命令。

● 按下Ctrl+C快捷键。

行或列被复制后，选中需要复制的目标位置的下一行(选取整行或该行的第 1 个单元格)，选择以下方法之一，执行【插入复制的单元格】命令即可完成复制行或列的操作。

● 在【开始】选项卡的【单元格】命令组中单击【插入】下拉按钮，在弹出的列表中选择【插入复制的单元格】命令。

- 右击，在弹出的菜单中选择【插入复制的单元格】命令。
- 按下Ctrl+V快捷键。

【例 5-8】继续【例 5-7】的操作，将表格的第 1~37 行复制到工作表的第 41 行以后。

(1) 选中工作表的第 1 行，然后在行标上按住鼠标左键向下拖动，选中第 1~37 行，按下 Ctrl+C 快捷键复制行，如图 5-84 所示。

(2) 选中工作表的第 41 行，按下 Ctrl+V 快捷键，即可完成粘贴操作，如图 5-85 所示。

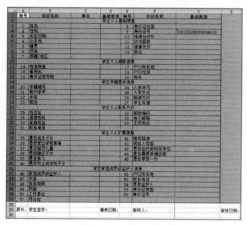

图 5-84　复制多行

图 5-85　粘贴多行

3) 删除行与列

要删除表格中的行与列，用户可以参考下面介绍的方法操作：

- 选中需要删除的整行或整列，在【开始】选项卡的【单元格】命令组中单击【删除】下拉按钮，在弹出的列表中选择【删除工作表行】或【删除工作表列】命令即可。
- 选中要删除行、列中的单元格或区域，右击，在弹出的菜单中选择【删除】命令，打开【删除】对话框，选择【整行】或【整列】命令，然后单击【确定】按钮。

9. 选取单元格和区域

在处理表格时，不可避免地需要对表中的"单元格"进行操作。单元格是构成 Excel 工作表最基础的元素，一张完整的工作表(扩展名为.xlsx 的工作簿)通常包含 17 179 869 184 个单元格，其中每个单元格都可以通过单元格地址来进行标识，单元格地址由它所在列的列标和所在行的行号所组成，其形式为"字母+数字"，以图 5-86 所示的活动单元格为例，该单元格位于 E 列第 8 行，其地址就为 E8(显示在窗口左侧的名称框中)。

在工作表中，无论用户是否执行过任何操作，都存在一个被选中的活动单元格，例如图 5-86 中的 E8 单元格。活动单元格的边框显示为黑色矩形线框，在工作窗口左侧的【名称框】内会显示其单元格地址，在编辑栏中则会显示单元格中的内容。用户可以在活动单元格中输入和编辑数据(其可以保存的数据包括文本、数值、公式等)。

名称框　　　　　　　　　　　　　　　　　　　　　　　编辑栏

图 5-86　活动单元格

1) 选取/定位单元格

要选取工作表中的某个单元格为活动单元格，只要使用鼠标单击目标单元格或按下键盘按键，移动当前活动单元格即可。若通过鼠标直接单击单元格，可以将被单击的单元格直接选取为活动单元格；若使用键盘方向键及 Page UP、Page Down 等按键，则可以在工作表中移动选取活动单元格，具体按键的使用说明如表 5-5 所示。

表 5-5　在工作表中移动活动单元格的快捷键

按键名称	Excel 识别	按键名称	Excel 识别
方向键↑	向上一行移动	方向键↓	向下一行移动
方向键←	水平向左移动	方向键→	水平向右移动
Page UP	向上翻一页	Page Down	向下翻一页
Alt+Page UP	左移一屏	Alt+Page Down	右移一屏

除了使用上方介绍的方法在工作表中选取单元格以外，用户还可以通过在 Excel 窗口左侧的【名称框】文本框中输入目标单元格地址(例如图 5-86 中的 E8)，然后按下 Enter 键快速将活动单元格定位到目标单元格。与此操作效果相似，可使用【定位】功能，定位工作表中的目标单元格。

2) 选取区域

工作表中的"区域"指的是由多个单元格组成的群组。构成区域的多个单元格之间可以是相互连续的，也可以是相互独立不连续的，如图 5-87 所示。

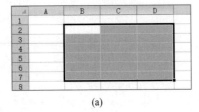(a)　　　　　　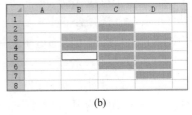(b)

图 5-87　在工作表中选取的区域

对于连续的区域，用户可以使用矩形区域左上角和右下角的单元格地址进行标识，形式上为"左上角单元格地址:右下角单元格地址"，例如图 5-87(a)所示区域地址为 B2:D7，表示该区域包含列从 B2 单元格到 D7 单元格的矩形区域，矩形区域宽度为 3 列，高度为 6 行，一共包含 18 个连续单元格。

要选取工作表中的连续区域，可以使用以下几种方法：

- 选取一个单元格后，按住鼠标左键在工作表中拖动，选取相邻的连续区域。
- 选取一个单元格后，按住Shift键，使用方向键在工作表中选择相邻的连续区域。
- 选取一个单元格后，按下F8键，启动"扩展"模式，在窗口左下角的状态栏中显示"扩展式选定"提示。之后，单击工作表中另一个单元格时，将自动选中该单元格与选定单元格之间所构成的连续区域。再次按下F8键，关闭"扩展"模式。
- 在Excel窗口【名称框】文本框中输入区域的地址，例如"B3:E8"，按下Enter键确认，即可选取并定位到目标区域。

若用户需要在工作表中选取不连续区域，可以参考以下几种方法：

- 选取一个单元格后，按住Ctrl键，然后通过单击或者拖动鼠标选择多个单元格或者连续区域即可(此时，鼠标最后一次单击的单元格或最后一次拖动开始之前选取的单元格就是选取区域中的活动单元格)。
- 按下Shift+F8快捷键，启动"添加"模式，然后使用鼠标选取单元格或区域。完成区域选取后，再次按下Shift+F8快捷键即可。
- 在Excel窗口【名称框】中输入多个单元格或区域的地址，地址之间用半角状态下的逗号隔开，例如"A3:C8,D5,G2:H5"，然后按下Enter键确认即可(此时，最后一个输入的连续区域的左上角或者最后输入的单元格为选取区域中的活动单元格)。
- 在【开始】选项卡的【编辑】命令组中单击【查找和选择】下拉按钮，在弹出的列表中选择【转到】命令(或按下F5键)，打开【定位】对话框，在【引用位置】文本框中输入多个单元格地址(地址之间用半角状态下的逗号隔开)，然后单击【确定】按钮即可。

【例5-9】继续【例5-8】的操作，通过选取单元格和区域对"学生基本信息表"进一步编辑。

(1) 选中表格 A39:B39 区域，单击【开始】选项卡【对齐方式】命令组中的【合并后居中】下拉按钮，在弹出下拉列表中选择【合并单元格】选项，如图 5-88 所示。

(2) 重复以上操作，合并 C39:D39、E39:F39 区域，然后选中 H39 单元格，按下 Ctrl+X 快捷键执行【剪切】命令，如图 5-89 所示。

图 5-88　合并单元格区域

图 5-89　剪切单元格

(3) 选中 G39 单元格，按下 Ctrl+V 快捷键执行【粘贴】命令。

(4) 选中 A39:G39 区域，按下 Ctrl+C 快捷键执行【复制】命令，选中 A79 单元格，按下 Ctrl+V 快捷键执行【粘贴】命令，将 A39:G39 区域复制到 A79:G79 区域，如图 5-90 所示。

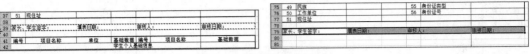

图 5-90　复制单元格区域

5.1.5　设置表格页面效果

在 Excel 中完成电子表格的制作后，如果用户需要对页面执行打印操作，就需要对工作表页面进行更多的设置(例如打印方向、纸张大小、页眉页脚等)。

在【页面布局】选项卡的【页面设置】命令组中单击【打印标题】按钮，可以显示【页面设置】对话框。其中包括【页面】、【页边距】、【页眉/页脚】和【工作表】4 个选项卡，如图 5-91 所示。通过【页面设置】对话框，用户可以设置 Excel 工作表的各项页面效果参数。

(a)

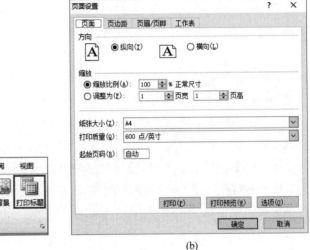

(b)

图 5-91　打开【页面设置】对话框

1. 设置页面

在【页面设置】对话框中选择【页面】选项卡，显示如图 5-91(b)所示。在该选项卡中可以进行以下设置。

- 方向：Excel默认的打印方向为纵向打印，但对于某些行数较少而列数跨度较大的表格，使用横向打印的效果也许更为理想。
- 缩放：可以调整打印时的缩放比例。用户可以在【缩放比例】微调框内选择缩放百分比，可调范围为10%~400%，或者也可以让Excel根据指定的页数来自动调整缩放比例。
- 纸张大小：在该下拉列表中可以选择纸张尺寸。可供选择的纸张尺寸与当前选定的打印机有关。此外，在【页面布局】选项卡中单击【纸张大小】按钮也可对纸张尺寸进行选择。
- 打印质量：可以选择打印的精度。对于需要显示图片细节内容的情况可以选择高质量的打印方式，而对于只需要显示普通文字内容的情况则可以相应地选择较低的打印质量。打印质量的高低影响到打印机耗材的消耗程度。

- 起始页码：Excel默认设置为【自动】，即以数字1开始为页码标号，但如果用户需要页码起始于其他数字，则可在此文本框内填入相应的数字。例如输入数字7，在第1张的页面即为7，第2张页码为8，以此类推。

2. 设置页边距

在【页面设置】对话框中选择【页边距】选项卡，如图 5-92 所示，在该对话框中可以进行以下设置。

- 页边距：可以在上、下、左、右4个方向上设置打印区域与纸张边界之间的留空距离。
- 页眉：在页眉微调框内可以设置页眉至纸张顶端之间的间距，通常此距离需要小于上页边距。
- 页脚：在页脚微调框内可以设置页眉至纸张顶端之间的间距，通常此距离需要小于下页边距。
- 居中方式：如果在页边距范围内的打印区域还没有被打印内容填满，则可以在【居中方式】区域中选择将打印内容显示为【水平】或【垂直】居中，也可以同时选中两种居中方式。在对话框中间的矩形框内会显示当前设置下的表格内容位置。

此外，在【页面布局】选项卡中单击【页边距】按钮也可以对页边距进行调整，【页边距】下拉列表中提供了【普通】、【宽】、【窄】和【自定义边距】4 种设置方式，如图 5-93 所示，单击【自定义边距】后将返回如图 5-92 所示的【页面设置】对话框。

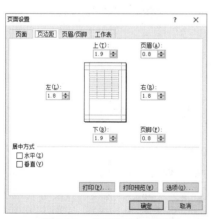

图 5-92　【页边距】选项卡

图 5-93　通过【页边距】按钮调整页边距

3. 设置页眉/页脚

在【页面设置】对话框中选择【页眉/页脚】选项卡，显示如图 5-94 所示。在该对话框中可以对打印输出时的页眉和页脚进行设置。页眉和页脚指的是打印在每张纸张页面顶部和底部的固定文字或图片，通常情况下用户会在这些区域设置一些表格标题、页码、时间、Logo 等内容。

要为当前工作表添加页眉，可在此对话框中单击【页眉】列表框的下拉箭头，在下拉列表中从 Excel 内置的一些页眉样式中选择，然后单击【确定】按钮完成页眉设置。

如果下拉列表中没有用户中意的页眉样式，也可以单击【自定义页眉】按钮自己来设计页眉的样式，显示【页眉】对话框如图 5-95 所示。

图 5-94　【页眉/页脚】选项卡

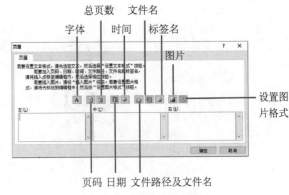

图 5-95　【页眉】对话框

在【页眉】对话框中，用户可以在左、中、右 3 个位置设定页眉的样式，相应的内容会显示在纸张页面顶部的左端、中间和右端。【页眉】对话框中各按钮的含义如下。

- 【字体】：单击该按钮，可以设置页面中所包含文字的字体格式。
- 【页码】：单击该按钮会在页眉中插入页码的代码"&[页码]"，实际打印时显示当前页的页码数。
- 【总页数】：单击该按钮会在页眉中插入总页数的代码"&[总页数]"，实际打印时显示当前分页状态下文档总共所包含的页码数。
- 【日期】：在页眉中插入当前日期的代码"&[日期]"，显示打印时的实际日期。
- 【时间】：在页眉中插入当前时间的代码"&[时间]"，显示打印时的实际时间。
- 【文件路径及文件名】：在页眉中插入包含文件路径及名称的代码"&[路径]&[文件]"，会在打印时显示当前工作簿的路径以及工作簿文件名。
- 【文件名】：在页眉中插入文件名的代码"&[文件]"，会在打印时显示当前工作簿的文件名。
- 【标签名】：在页眉中插入工作表标签的代码"&[标签名]"，会在打印时显示当前工作表的名称。
- 【图片】：可以在页眉中插入图片，例如插入Logo图片。
- 【设置图片格式】：可以对插入的图片进行进一步的设置。

除了上面介绍的按钮，用户也可以在页眉中输入自己定义的文本内容，如果与按钮所生产的代码相结合，则可以显示一些更符合日常习惯且更容易理解的页眉内容。例如使用"&[页码]页，共有&[总页数]页"的代码组合，可以在实际打印时显示为"第几页，共有几页"的样式。设置页脚的方式与此类似。

要删除已经添加的页眉或页脚，在图 5-94 所示的对话框中设置【页眉】或【页脚】列表框中的选项为【无】即可。

5.1.6　打印 Excel 工作表

尽管现在都在提倡无纸办公，但在具体的工作中将电子文档打印成纸质文档还是必不可少的。大多数 Office 软件用户，都擅长使用 Word 软件打印文稿，而对于 Excel 的打印功能可能并不熟悉。下面将介绍使用 Excel 打印文件的方法。

1. 合理设置打印内容

在打印输出之前，用户首先要确定需要打印的内容以及表格区域。通过以下内容的学习，用户将了解到如何选择打印输出的工作表区域以及如何在打印中显示各种表格内容。

1) 选取需要打印的内容

在默认打印设置下，Excel 仅打印活动工作表上的内容。如果用户同时选中多个工作表后执行打印命令，则可以同时打印选中的多个工作表内容。如果用户要打印当前工作簿中的所有工作表，在打印之前同时选中工作簿中的所有工作表，也可以使用【打印】中的【设置】进行设置，具体方法如下：

选择【文件】选项卡，在弹出的菜单中选择【打印】命令，或者按下 Ctrl+P 快捷键，打开【打印】选项菜单，如图 5-96 所示。单击【打印活动工作表】下拉按钮，在弹出的下拉列表中选择【打印整个工作簿】命令，然后单击【打印】按钮，即可打印当前工作簿中的所有工作表，如图 5-97 所示。

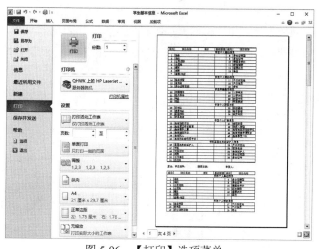

图 5-96　【打印】选项菜单

图 5-97　设置打印内容

2) 设置打印区域

在默认方式下，Excel 只打印那些包含数据或格式的单元格区域，如果选定的工作表中不包含任何数据或格式以及图表图形等对象，则在执行打印命令时会打开警告窗口，提示用户未发现打印内容。但如果用户选定了需要打印的固定区域，即使其中不包含任何内容，Excel 也将允许将其打印输出。设置打印区域有以下几种方法：

- 选定需要打印的区域后，按下 Ctrl+P 快捷键，打开图 5-96 所示的【打印】选项菜单，单击【打印活动工作表】下拉按钮，在弹出的下拉列表中选择【打印选定区域】命令，然后单击【打印】命令。
- 选定需要打印的区域后，单击【页面布局】选项卡中的【打印区域】下拉按钮，在弹出的下拉列表中选择【设置打印区域】命令，即可将当前选定区域设置为打印区域。
- 选择【页面布局】选项卡，在【页面设置】命令组中单击【打印标题】按钮，打开【页面设置】对话框，选择【工作表】选项卡，如图 5-98 所示。将鼠标定位到【打印区域】的编辑栏中，然后在当前工作表中选取需要打印的区域，选取完成后再在对话框中单击【确定】按钮即可。

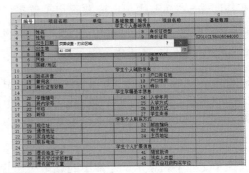

图 5-98　设置打印区域

打印区域可以是连续的单元格区域，也可以是非连续的单元格区域。如果用户选取非连续区域进行打印，Excel 将会把不同的区域各自打印在单独的纸张页面之上。

3) 调整打印区域

在 Excel 中使用【分页浏览】的视图模式，可以很方便地显示当前工作表的打印区域以及分页设置，并且可以直接在视图中调整分页。单击【视图】选项卡中的【分页视图】按钮，可以进入图 5-99 所示的分页预览模式。

在【分页预览】视图中，被粗实线框所围起来的白色表格区域是打印区域，而线框外的灰色区域是非打印区域。

将鼠标指针移动至粗实线的边框上，当鼠标指针显示为黑色双向箭头时，用户可以按住鼠标左键拖动，调整打印区域的范围大小，如图 5-100 所示。

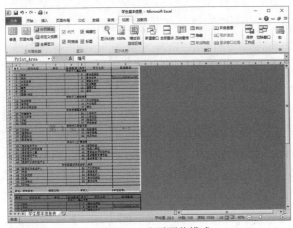

图 5-99　分页预览模式　　　　　　图 5-100　设置打印范围大小

除此之外，用户也可以在选中需要打印的区域后，右击，在弹出的菜单中选择【设置打印区域】命令，重新设置打印区域。

4) 设置打印分页符

在图 5-101 所示的分页浏览视图中，打印区域中粗虚线的名称为"自动分页符"，它是 Excel 根据打印区域和页面范围自动设置的分页标志。在虚线上方的表格区域中，背景下方的灰色文字显示了此区域的页次为"第 2 页"。用户可以对自动产生的分页符位置进行调整，将鼠标移动至粗虚线的上方，当鼠标指针显示为黑色双向箭头时，按住鼠标左键拖动，可以移动分页符的位置，移动后的分页符由粗虚线改变为粗实线显示，此粗实线为"人工分页符"，如图 5-102 所示。

图 5-101 分页预览模式中的自动分页符   图 5-102 设置人工分页符

5) 设置打印标题

许多数据表格都包含标题行或者标题列，在表格内容较多，需要打印成多页时，Excel 允许将标题行或标题列重复打印在每个页面上。

例如，若用户希望对"学生基本信息表"中的标题进行设置，使其列标题及行标题能够在打印时多页重复显示，可以使用以下方法操作。

【例 5-10】继续【例 5-9】的操作，在"学生基本信息表"中添加表格标题行，并设置打印表格时，每一页都打印标题行。

(1) 选中表格的第 1 行后，右击，在弹出的菜单中选择【插入】命令，在表格中插入一个空行。

(2) 选中 A1 单元格，输入文本"学生基本信息表"，并在【开始】选项卡的【字体】命令组中设置文本的字体和字号，如图 5-103 所示。

(3) 选中 A1:G1 单元格区域，按下 Ctrl+1 快捷键，打开【设置单元格格式】对话框，选择【对齐】选项卡，将【水平对齐】设置为【跨列居中】，然后单击【确定】按钮，如图 5-104 所示。

图 5-103 设置文本格式

图 5-104 设置单元格区域中的文本跨列居中

(4) 选择【页面布局】选项卡，在【页面设置】命令组中单击【打印标题】按钮，打开

【页面设置】对话框，选择【工作表】选项卡，如图 5-105 所示。

(5) 单击【顶端标题行】文本框右侧的圖按钮，在工作表中选择行标题区域，如图 5-106 所示。

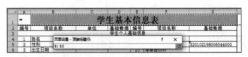

图 5-105　【工作表】选项卡　　　　　　图 5-106　设置标题区域

(6) 返回【页面设置】对话框后，选择【页边距】选项卡，选中【水平】和【垂直】复选框，选择居中方式为【水平】，然后单击【确定】按钮，在打印电子表格时，显示纵向和横向内容的每页都有相同的标题。

2. 打印设置

在【文件】选项卡中选择【打印】命令，或按下 Ctrl+P 快捷键，打开【打印】选项菜单，在此菜单中可以对打印方式进行更多的设置。

- 【打印机】：在【打印机】区域的下拉列表框中可以选择当前计算机上所安装的打印机。Office软件中默认安装中所包含的虚拟打印机是一台名为Microsoft XPS Document Writer的打印机，使用该打印机可以将当前的文档输出为XPS格式的可携式文件之后再打印。
- 【页数】：可以选择打印的页面范围，全部打印或指定某个页面范围。
- 【打印活动工作表】：可以选择打印的对象，默认为选定工作表，也可以选择整个工作簿或当前选定区域等。
- 【份数】：可以选择打印文档的份数。
- 【调整】：如果选择打印多份，可在【调整】下拉列表中可进一步选择打印多份文档的顺序：默认为123类型逐份打印，即打印完一份完整文档后继续打印下一份副本。如果选择【取消排序】选项，则会以111类型按页方式打印，即打印完第1页的多个副本后再打印第2页的多个副本，以此类推。

单击【打印】按钮则可以按照当前的打印设置方式进行打印。此外，在【打印】菜单中还可以进行【纸张方向】、【纸张大小】、【页面边距】和【文件缩放】等设置。

3. 打印预览

在对 Excel 进行最终打印之前，用户可以通过【打印预览】来观察当前的打印设置是否符合要求，如图 5-107 所示。在【视图】选项卡中单击【页面布局】按钮也可以对文档进行预览，如图 5-108 所示。

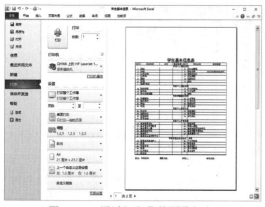

图 5-107 通过打印菜单预览打印

图 5-108 通过页面布局视图预览打印

4. 执行打印

在确认表格的各项打印参数都无误的情况下，如果要快速地打印 Excel 表格，最简捷的方法是执行【快速打印】命令，具体步骤如下：

- 单击Excel窗口左上方"快速访问工具栏"右侧的 ▼ 下拉按钮，在弹出的下拉列表中选择【快速打印】命令，在"快速访问工具栏"中显示【快速打印】按钮 。
- 将鼠标悬停在【快速打印】按钮 上，可以显示当前的打印机名称(通常是系统默认打印机)，单击该按钮即可使用当前打印机进行打印，如图5-109所示。

图 5-109 快速打印 Excel 工作表

5.2 公式与函数

分析和处理 Excel 工作表中的数据，离不开公式和函数。公式和函数不仅可以帮助用户快速并准确地计算表格中的数据，还可以解决办公中的各种查询与统计问题。

5.2.1 制作"学生成绩表"

在 Excel 中使用公式与函数对数据进行计算与统计或执行排序、筛选与汇总之前，用户首先需要按照一定的规范将自己的数据整理在工作表内，形成规范的数据表。Excel 数据表通常由多行、多列的数据组成，其通常的结构如图 5-110 所示。其中，应注意，在表中的第一行为文本字段的标题，并且没有重复的标题，且每列的数据类型相同，当工作表中有多个数据表，应用空行或空列分隔。

	A	B	C	D	E	F	G	H	I	J	K	L
1	学号	姓名	性别	语文	数学	英语	物理	化学	总分	等次	排名	
2	1121	李亮辉	男	96	99	89	96	86				
3	1122	林雨馨	女	92	96	93	95	92				
4	1123	莫静静	女	91	93	88	96	82				
5	1124	刘乐乐	女	96	87	93	96	91				
6	1125	杨晓亮	男	82	91	87	90	88				
7	1126	张珺涵	男	96	90	85	96	87				
8	1127	姚妍妍	女	83	93	88	91	91				
9	1128	许朝霞	女	93	88	91	82	93				
10	1129	李 娜	女	87	98	89	88	90				
11	1130	杜芳芳	女	91	93	90	90	91				
12	1131	刘自建	男	82	88	87	82	96				
13	1132	王 颖	男	96	93	90	91	93				
14	1133	段程鹏	男	82	90	96	82	96				
15												

图 5-110　用于本节实例的"学生成绩表"数据表

1. 创建规范的数据表

在制作数据表时，用户应注意以下几点：

- 在表格的第一行(即"表头")为其对应的一列数据输入描述性文字。
- 如果输入的内容过长，可以使用"自动换行"功能避免列宽增加。
- 表格的每一列输入相同类型的数据。
- 为数据表的每一列应用相同的单元格格式。

2. 使用"记录单"添加数据

在需要为数据表添加数据时，用户可以直接在单元格中输入，但是在工作表中有多张数据表同时存在时，使用 Excel 的"记录单"功能更加方便。

要执行"记录单"命令，用户可以在选中数据表中的任意单元格后，按下 Alt+D+O 快捷键，打开图 5-111 所示的对话框。

单击图 5-111 所示对话框中的【新建】按钮，将打开【数据列表】对话框，在该对话框中根据表格中的数据标题输入相关的数据(可按下 Tab 键在对话框中的各个字段之间快速切换)，如图 5-112 所示。

最后，单击【新建】或【关闭】按钮，即可在数据表中添加新的数据。

图 5-111　打开记录单

图 5-112　添加记录

执行"记录单"命令后打开的对话框名称与当前工作表名称一致，该对话框中各按钮的功能说明如下。

- 【新建】：单击【新建】按钮可以在数据表中添加一组新的数据。
- 【删除】：删除对话框中当前显示的一组数据。
- 【还原】：在没有单击【新建】按钮之前，恢复所编辑的数据。
- 【上一条】：显示数据表中的前一组记录。
- 【下一条】：显示数据表中的下一组记录。
- 【条件】：设置搜索记录的条件后，单击【上一条】和【下一条】按钮显示符合条件的记录。
- 【关闭】：关闭当前对话框。

5.2.2　使用公式进行计算

1. 使用公式

公式(formula)是以"="开始，通过运算符按照一定顺序组合进行数据运算和处理的表达式，函数则是按特定算法执行计算的产生一个或一组结构的预定义的特殊公式。

公式的组成元素为等号"="、运算符和常量、单元格引用、函数、名称等，如表 5-6 所示。

表 5-6　公式的组成元素

公式	说　　明
=18*2+17*3	包含常量运算的公式
=A2*5+A3*3	包含单元格引用的公式
=销售额*奖金系数	包含名称的公式
=SUM(B1*5,C1*3)	包含函数的公式

由于公式的作用是计算结果，在 Excel 中，公式必须要返回一个值。

1) 输入公式

在 Excel 中，当以"="作为开始在单元格中输入时，软件将自动切换成输入公式状态，以"+""–"作为开始输入时，软件会自动在其前面加上等号并切换成输入公式状态。

在 Excel 的公式输入状态下，使用鼠标选中其他单元格区域时，被选中区域将作为引用自动输入到公式中。

【例 5-11】使用公式在图 5-110 所示的"学生成绩表"中计算学生考试总分。

(1) 选中 I2 单元格，输入"="，然后单击 D2 单元格。

(2) 输入"+"，单击 E2 单元格。

(3) 重复步骤(2)的操作，在 I2 单元格中输入如图 5-113 所示的公式：

=D2+E2+F2+G2+H2

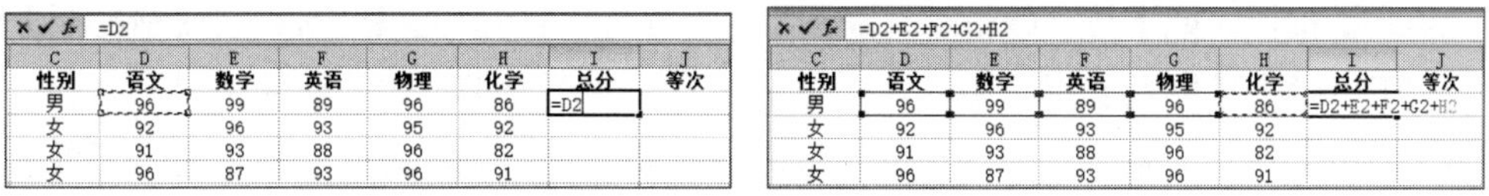

图 5-113　在单元格中输入公式

(4) 按下 Ctrl+Enter 快捷键，即可在 I2 单元格中计算出学生"李亮辉"的总分。

2) 编辑公式

按下 Enter 键或者 Ctrl+Shift+Enter 快捷键，可以结束普通公式和数组公式的输入或编辑状态。如果用户需要对单元格中的公式进行修改，可以使用以下几种方法：

- 选中公式所在的单元格，然后按下F2键。
- 双击公式所在的单元格。
- 选中公式所在的单元格，单击窗口中的编辑栏。

3) 删除公式

选中公式所在的单元格，按下 Delete 键可以清除单元格中的全部内容，或者进入单元格编辑状态后，将光标放置在某个位置并按下 Delete 键或 Backspace 键，删除光标后面或前面的公式部分内容。当用户需要删除多个单元格数组公式时，必须选中其所在的全部单元格再按下 Delete 键。

4) 复制与填充公式

如果用户要在表格中使用相同的计算方法，可以通过"复制"和"粘贴"功能实现操作。此外，还可以根据表格的具体制作要求，使用不同方法在单元格区域中填充公式，以提高工作效率。

【例 5-12】 继续【例 5-11】的操作，将 I2 单元格中的公式复制到 I3:I15 区域。

(1) 选中 I2 单元格，将鼠标指针置于单元格右下角，当鼠标指针变为黑色小"+"字符号时，按住鼠标左键向下拖动至 I16 单元格。

(2) 释放鼠标左键后，I2 单元格中的公式将被复制到 I3:I15 区域，如图 5-114 所示。

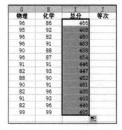

图 5-114　填充公式

除此之外，用户还可以使用以下几种方法在连续的单元格区域中填充公式。

- 双击I2单元格右下角的填充柄：选中I2单元格后，双击该单元格右下角的填充柄，公式将向下填充到其相邻列第一个空白单元格的上一行，即I15单元格。
- 使用快捷键：选择I2:I15单元格区域，按下Ctrl+D快捷键，或者选择【开始】选项卡，在【编辑】命令组中单击【填充】下拉按钮，在弹出的下拉列表中选择【向下】命令(当需要将公式向右复制时，可以按下Ctrl+R快捷键)。
- 使用选择性粘贴：选中I2单元格，在【开始】选项卡的【剪贴板】命令组中单击【复制】按钮，或者按下Ctrl+C快捷键，然后选择I2:I15单元格区域，在【剪贴板】命令组中单击【粘贴】拆分按钮，在弹出的菜单中选择【公式】命令。
- 多单元格同时输入：选中I2单元格，按住Shift键，单击所需复制单元格区域的另一个对角单元格I15，然后单击编辑栏中的公式，按下Ctrl+Enter快捷键，则I2:I15单元格区域中将输入相同的公式。

2. 认识公式运算符

运算符用于对公式中的元素进行特定的运算，或者用来连接需要运算的数据对象，并说明进行了哪种公式运算。Excel 包含算术运算符、比较运算符、文本运算符和引用运算符 4 种类型的运算符，其说明如表 5-7 所示。

表 5-7　公式中的运算符简介

符　　号	说　　明
-	符号，算术运算符。例如：=10*-5=-50
%	百分号，算术运算符。例如：=80*8%=6.4
^	乘幂，算术运算符。例如：5^2=25
*和/	乘和除，算术运算符。例如：6*3/9=2

(续表)

符　号	说　明
+和-	加和减，算术运算符。例如：=5+7-12=0
=,◇,>,<,>=,<=	等于、不等于、大于、小于、大于等于和小于等于，比较运算符。例如： =(B1=B2) 判断 B1 与 B2 相等； =(A1◇ "K01") 判断 A1 不等于 K01； =(A1>=1) 判断 A1 大于等于 1
&	连接文本，文本运算符。例如： ="Excel"&"案例教程" 返回"Excel 案例教程"
:	冒号，区域运算符。例如： =SUM(A1:E6) 引用冒号两边所引用的单元格为左上角和右下角之间的单元格组成 的矩形区域
_(空格)	单个空格，交叉运算符。例如： =SUM(A1:E6 C3:F9) 引用 A1:E6 与 B3:B6 的交叉区域 C3:E6
,	逗号，联合运算符。例如： =RANK(A1,(A1:A5,B1:B5)) 第二参数引用 A1:A5 和 B1:B5 两个不连续的区域

在上表中，算术运算符主要包含加、减、乘、除、百分比以及乘幂等各种常规的算术运算；比较运算符主要用于比较数据的大小，包括对文本或数值的比较；文本运算符主要用于将文本字符或字符串进行连接与合并；引用运算符是 Excel 特有的运算符，主要用于在工作表中产生单元格引用。

1）数据的比较原则

在 Excel 中，数据可以分为文本、数值、逻辑值、错误值等几种类型。其中，用一对半角双引号" "所包含的内容表示文本，例如"Date"是由 4 个字符组成的文本。日期与时间是数值的特殊表现形式，数值 1 表示 1 天。逻辑值只有 TRUE 和 FALSE 这 2 个。错误值主要有 #VALUE!、#DIV/0!、#NAME?、#N/A、#REF!、#NUM!、#NULL!等几种组成形式。

除了错误值以外，文本、数值与逻辑值比较时按照以下顺序排列：

…、-2、-1、0、1、2、…、A~Z、FALSE、TRUE

即数值小于文本，文本小于逻辑值，错误值不参与排序。

2）运算符的优先顺序

如果公式中同时用到多个运算符，Excel 将会依照运算符的优先级来依次完成运算。如果公式中包含相同优先级的运算符，例如公式中同时包含乘法和除法运算符，则 Excel 将从左到右进行计算。表 5-8 所示的是 Excel 中的运算符优先级。其中，运算符优先级从上到下依次降低。

表 5-8　Excel 中运算符的优先级

运算符	说　明
:(冒号)、(单个空格)和,(逗号)	引用运算符
–	负号
%	百分比
^	乘幂
* 和 /	乘和除
+ 和 –	加和减
&	连接两个文本字符串
=、<、>、<=、>=、◇	比较运算符

如果要更改求值的顺序，可以将公式中需要先计算的部分用括号括起来。例如，公式=8+2*4 的值是 16，因为 Excel 2010 按先乘除后加减的顺序进行运算，即先将 2 与 4 相乘，然后再加上 8，得到结果 16。若在该公式上添加括号，公式=(8+2)*4，则 Excel 先用 8 加上 2，再用结果乘以 4，得到结果 40。

3. 理解公式中的常量

在 Excel 公式中，可以输入包含数值的单元格引用或数值本身，其中数值或单元格引用即称为常量。

1) 常量参数

公式中可以使用常量进行运算。常量指的是在运算过程中自身不会改变的值，但是公式及公式产生的结果都不是常量。

- 数值常量，如：

```
=(3+9)
```

- 日期常量，如：

```
DATEDIF("2018-10-10",NOW(),"m")
```

- 文本常量，如：

```
"I Love"&"You"
```

- 逻辑值常量，如：

```
=VLOOKIP("王小燕",A:B,2,FALSE)
```

- 错误值常量，如：

```
=COUNTIF(A:A,#DIV/0!)
```

2) 数值与逻辑值转换

在公式运算中，逻辑值与数值的关系如下：

- 在四则运算及乘幂、开方运算中，TRUE=1，FALSE=0。
- 在逻辑判断中，0=FALSE，所有非0数值=TRUE。
- 在比较运算中，数值<文本<FLASE<TRUE。

3) 文本型数字与数值转换

文本型数字可以作为数值直接参与四则运算，但当此类数据以数组或者单元格引用的形式作为某些统计函数(如 SUM、AVERAGE 和 COUNT 函数等)的参数时，将被视为文本来运算。例如，在 A1 单元格输入数值 1，在 A2 单元格输入前置单引号的数字'2，则对数值 1 和文本型数字 2 的运算如下所示：

- =A1+A2：文本2参与四则运算被转换为数值，返回3。
- =SUM(A1:A2)：文本2在单元格中，视为文本，未被SUM函数统计，返回1。
- =SUM(1, "2")：文本2直接作为参数视为数值，返回3。
- =COUNT(1, "2")：文本2直接作为参数视为数值，返回2。
- =COUNT({1, "2"})：文本2在常量数组中，视为文本，可被COUNTA函数统计，但未被COUNT函数统计，返回1。

- =COUNTA({1, "2"})：文本2在常量数组中，视为文本，可被COUNTA函数统计，但未被COUNT函数统计，返回2。

4) 常用常量

以“学生成绩表”为例，使用以下公式 1 和公式 2 为例介绍公式中的常用常量，这两个公式分别可以返回表格中 A 列单元格区域最后一个数值和文本型的数据，如图 5-115 所示。

公式 1：

```
=LOOKUP(9E+307,A:A)
```

公式 2：

```
=LOOKUP("龠",A:A)
```

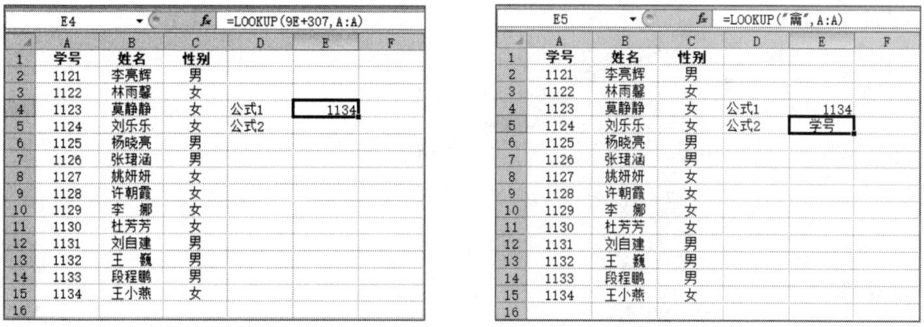

E4　=LOOKUP(9E+307,A:A)

	A	B	C	D	E	F
1	学号	姓名	性别			
2	1121	李亮辉	男			
3	1122	林雨馨	女			
4	1123	莫静静	女	公式1	1134	
5	1124	刘乐乐	女	公式2		
6	1125	杨晓亮	男			
7	1126	张珺涵	男			
8	1127	姚妍妍	女			
9	1128	许朝霞	女			
10	1129	李　娜	女			
11	1130	杜芳芳	女			
12	1131	刘自建	男			
13	1132	王　巍	男			
14	1133	段程鹏	男			
15	1134	王小燕	女			
16						

E5　=LOOKUP("龠",A:A)

	A	B	C	D	E	F
1	学号	姓名	性别			
2	1121	李亮辉	男			
3	1122	林雨馨	女			
4	1123	莫静静	女	公式1	1134	
5	1124	刘乐乐	女	公式2	学号	
6	1125	杨晓亮	男			
7	1126	张珺涵	男			
8	1127	姚妍妍	女			
9	1128	许朝霞	女			
10	1129	李　娜	女			
11	1130	杜芳芳	女			
12	1131	刘自建	男			
13	1132	王　巍	男			
14	1133	段程鹏	男			
15	1134	王小燕	女			
16						

图 5-115　使用公式返回表格 A 列数据

在公式 1 中，9E+307 是数值 9 乘以 10 的 307 次方的科学计数法表示形式，也可以写作 9E307。根据 Excel 计算规范限制，在单元格中允许输入的最大值为 9.99999999999999E +307，因此采用较为接近限制值且一般不会使用到的一个大数 9E+307 来简化公式输入，用于在 A 列中查找最后一个数值。

在公式 2 中，使用“龠”(yuè)字的原理与 9E+307 相似，是接近字符集中最大全角字符的单字，此外也常用“座”或者 REPT("座",255)来产生“很大”的文本，以查找 A 列中最后一个数值。

4. 单元格引用

工作 Excel 工作簿可以由多张工作表组成，单元格是工作表最小的组成元素，以窗口左上角第一个单元格为原点，向下向右分别为行、列坐标的正方向，由此构成的单元格在工作表上所处位置的坐标集合。在公式中使用坐标方式表示单元格在工作中的“地址”实现对存储于单元格中的数据调用，这种方法称为单元格的引用。

1) 相对引用

相对引用是通过当前单元格与目标单元格的相对位置来定位引用单元格的。

相对引用包含了当前单元格与公式所在单元格的相对位置。默认设置下，Excel 使用的都是相对引用，当改变公式所在单元格的位置时，引用也会随之改变，如图 5-116 所示。

2) 绝对引用

绝对引用就是公式中单元格的精确地址，与包含公式的单元格的位置无关。绝对引用与相对引用的区别在于：复制公式时使用绝对引用，则单元格引用不会发生变化。绝对引用的操作方法是，在列标和行号前分别加上符号$。例如，$D$2 表示单元格 D2 的绝对引用，而

\$D\$2:\$E\$5 表示单元格区域 D2:E5 的绝对引用，如图 5-117 所示。

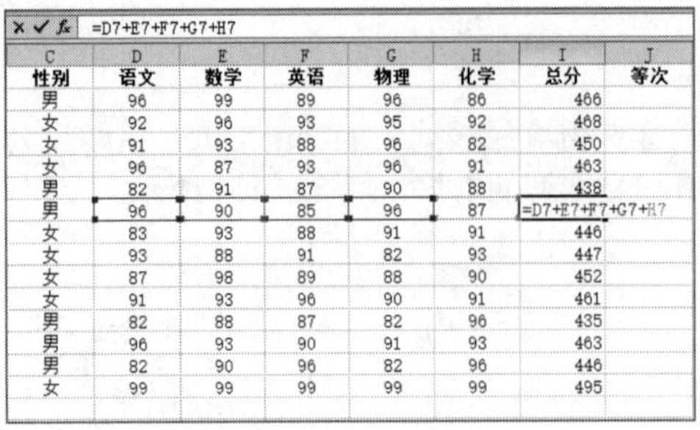

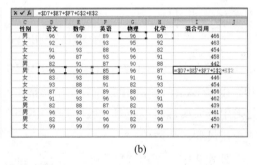

=D7+E7+F7+G7+H7

C	D	E	F	G	H	I	J
性别	语文	数学	英语	物理	化学	总分	等次
男	96	99	89	96	86	466	
女	92	96	93	95	92	468	
女	91	93	88	96	82	450	
女	96	87	93	96	91	463	
男	82	91	87	90	88	438	
男	96	90	85	96	87	=D7+E7+F7+G7+H7	
女	83	93	88	91	91	446	
女	93	88	91	82	93	447	
女	87	98	89	88	90	452	
女	91	93	96	90	91	461	
男	82	88	87	82	96	435	
男	96	93	90	91	93	463	
男	82	90	96	82	96	446	
女	99	99	99	99	99	495	

图 5-116　相对引用

=\$D\$2+\$E\$5

C	D	E	F	G	H	I
性别	语文	数学	英语	物理	化学	引用D2:E5区域
男	96	99	89	96	86	183
女	92	96	93	95	92	183
女	91	93	88	96	82	183
女	96	87	93	96	91	183
男	82	91	87	90	88	=\$D\$2+\$E\$5
男	96	90	85	96	87	183
女	83	93	88	91	91	183
女	93	88	91	82	93	183
女	87	98	89	88	90	183
女	91	93	96	90	91	183
男	82	88	87	82	96	183
男	96	93	90	91	93	183
男	82	90	96	82	96	183
女	99	99	99	99	99	183

图 5-117　绝对引用

3) 混合引用

混合引用指的是在一个单元格引用中，既有绝对引用，同时也包含相对引用，即混合引用具有绝对列和相对行，或具有绝对行和相对列。绝对引用列采用\$A1、\$B1 的形式，绝对引用行采用 A\$1、B\$1 的形式。如果公式所在单元格的位置改变，则相对引用改变，而绝对引用不变。如果多行或多列地复制公式，相对引用自动调整，而绝对引用则不调整，如图 5-118 所示。

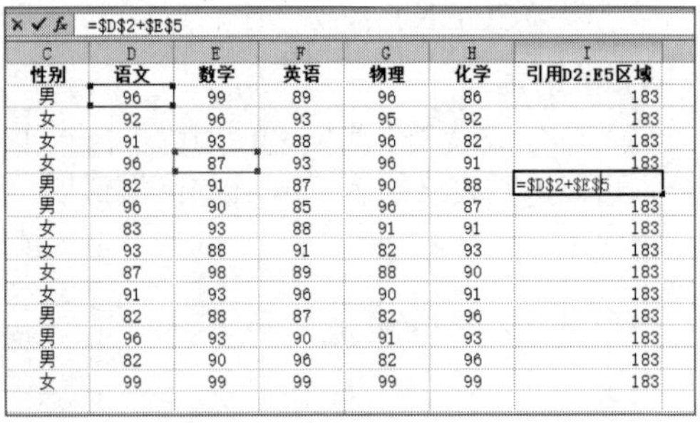

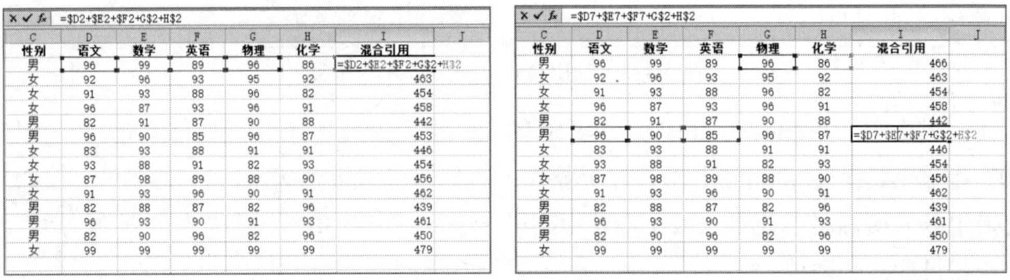

=\$D2+\$E2+\$F2+G\$2+H\$2

C	D	E	F	G	H	I	J
性别	语文	数学	英语	物理	化学	混合引用	
男	96	99	89	96	86	=\$D2+\$E2+\$F2+G\$2+H\$2	
女	92	96	93	95	92	463	
女	91	93	88	96	82	454	
女	96	87	93	96	91	458	
男	82	91	87	90	88	442	
男	96	90	85	96	87	453	
女	83	93	88	91	91	446	
女	93	88	91	82	93	454	
女	87	98	89	88	90	456	
女	91	93	96	90	91	462	
男	82	88	87	82	96	439	
男	96	93	90	91	93	461	
男	82	90	96	82	96	450	
女	99	99	99	99	99	479	

(a)

=\$D7+\$E7+\$F7+G\$2+H\$2

C	D	E	F	G	H	I	J
性别	语文	数学	英语	物理	化学	混合引用	
男	96	99	89	96	86	466	
女	92	96	93	95	92	463	
女	91	93	88	96	82	454	
女	96	87	93	96	91	458	
男	82	91	87	90	88	442	
男	96	90	85	96	87	=\$D7+\$E7+\$F7+G\$2+H\$2	
女	83	93	88	91	91	446	
女	93	88	91	82	93	454	
女	87	98	89	88	90	456	
女	91	93	96	90	91	462	
男	82	88	87	82	96	439	
男	96	93	90	91	93	461	
男	82	90	96	82	96	450	
女	99	99	99	99	99	479	

(b)

图 5-118　混合引用

综上所述，如果用户需要在复制公式时能够固定引用某个单元格地址，则需要使用绝对引用符号\$来加在行号或列号的前面。

在 Excel 中，用户可以使用 F4 键在各种引用类型中循环切换，其顺序如下：

```
绝对引用→行绝对列相对引用→行相对列绝对引用→相对引用
```

以公式=A2 为例，单元格输入公式后按 4 下 F4 键，将依次变为：

```
=$A$2→=A$2→=$A2→=A2
```

4) 合并区域引用

Excel 除了允许对单个单元格或多个连续的单元格进行引用以外，还支持对同一工作表中不连续单元格区域进行引用，称为“合并区域”引用。用户可以使用联合运算符“,”将各个区域的引用间隔开，并在两端添加半角括号“( )”将其包含在内，具体如下。

【例 5-13】在“学生成绩表”中通过合并区域引用计算学生成绩排名。

(1) 打开工作表后，在 K2 单元格中输入以下公式：

```
=RANK(I2,($I$2:$I$15))
```

(2) 向下复制到 K10 单元格，学生成绩排名结果如 5-119 所示。

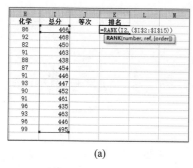
(a)

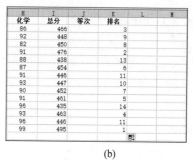
(b)

图 5-119　统计学生考试成绩排名

5) 交叉引用

在使用公式时，用户可以利用交叉运算符(单个空格)取得两个单元格区域的交叉区域，具体方法如下。

【例 5-14】在"学生成绩表"中通过交叉引用查询"张珺涵"的数学考试成绩。

(1) 打开工作表后，在 I2 单元格中输入公式：

`=E:E 7:7`

(2) 按下 Ctrl+Enter 快捷键即可在 I2 单元格显示"张珺涵"的数学成绩，如图 5-120 所示。

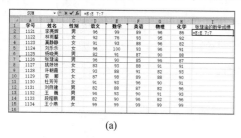
(a)

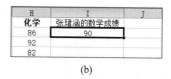
(b)

图 5-120　通过交叉引用查询成绩

5. 使用函数

Excel 中的函数与公式一样，都可以快速计算数据。公式是由用户自行设计的对单元格进行计算和处理的表达式，而函数则是在 Excel 中已经定义好的公式。

1) 函数的结构

在公式中使用函数时，通常由表示公式开始的"="、函数名称、左括号、以半角逗号相间隔的参数和右括号构成，此外，公式中允许使用多个函数或计算式，通过运算符进行连接：

`=函数名称(参数 1,参数 2,参数 3,....)`

有的函数可以允许多个参数，如 SUM(A1:A5,C1:C5)使用了 2 个参数。另外，也有一些函数没有参数或不需要参数，例如，NOW 函数、RAND 函数等没有参数，ROW 函数、COLUMN 函数等则可以省略参数返回公式所在的单元格行号、列标数。

函数的参数，可以由数值、日期和文本等元素组成，也可以使用常量、数组、单元格引用或其他函数。当使用函数作为另一个函数的参数时，称为函数的嵌套。

2) 函数的参数

Excel 函数的参数可以是常量、逻辑值、数组、错误值、单元格引用或嵌套函数等(其指定的参数都必须为有效参数值)，其各自的含义如下。

- 常量：指的是不进行计算且不会发生改变的值，如数字100与文本"家庭日常支出情况"都是常量。
- 逻辑值：逻辑值即TRUE(真值)或FALSE(假值)。
- 数组：用于建立可生成多个结果或可对在行和列中排列的一组参数进行计算的单个公式。
- 错误值：即"#N/A"、空值或"_"等值。
- 单元格引用：用于表示单元格在工作表中所处位置的坐标集。
- 嵌套函数：嵌套函数就是将某个函数或公式作为另一个函数的参数使用。

3) 函数的分类

Excel 函数包括【自动求和】、【最近使用的函数】、【财务】、【逻辑】、【文本】、【日期和时间】、【查找与引用】、【数学和三角函数】以及【其他函数】这9大类上百个具体函数，每个函数的应用各不相同。例如，常用函数包括 SUM(求和)、AVERAGE(计算算术平均数)、ISPMT、IF、HYPERLINK、COUNT、MAX、SIN、SUMIF、PMT。

在常用函数中，使用频率最高的是 SUM 函数，其作用是返回某一单元格区域中所有数字之和，例如=SUM(A1:G10)，表示对 A1:G10 单元格区域内所有数据求和。SUM 函数的语法是：

SUM(number1,number2, ...)

其中，number1, number2, ...为 1 到 30 个需要求和的参数。说明如下：
- 直接输入到参数表中的数字、逻辑值及数字的文本表达式将被计算。
- 如果参数为数组或引用，只有其中的数字将被计算。数组或引用中的空白单元格、逻辑值、文本或错误值将被忽略。
- 如果参数为错误值或为不能转换成数字的文本，将会导致计算错误。

4) 函数的易失性

有时，用户打开一个工作簿不做任何编辑就关闭，Excel 会提示"是否保存对文档的更改?"，这种情况可能是因为该工作簿中用到了具有 Volatile 特性的函数，即"易失性函数"。这种特性表现在使用易失性函数后，每激活一个单元格或者在一个单元格输入数据，甚至只是打开工作簿，具有易失性的函数都会自动重新计算。易失性函数在以下条件下不会引发自动重新计算：
- 工作簿的重新计算模式被设置为【手动计算】。
- 当手动设置列宽、行高而不是双击调整为合适列宽时(但隐藏行或设置行高值为0除外)。
- 当设置单元格格式或其他更改显示属性的设置时。
- 激活单元格或编辑单元格内容但按Esc键取消。

常见的易失性函数有以下几种：
- 获取随机数的RAND和RANDBETWEEN函数，每次编辑会自动产生新的随机值。
- 获取当前日期、时间的TODAY、NOW函数，每次返回当前系统的日期、时间。
- 返回单元格引用的OFFSET、INDIRECT函数，每次编辑都会重新定位实际的引用区域。
- 获取单元格信息CELL函数和INFO函数，每次编辑都会刷新相关信息。

此外，SUMF 函数与 INDEX 函数在实际应用中，当公式的引用区域具有不确定性时，每当其他单元格被重新编辑，都会引发工作簿重新计算。

5) 函数的输入与编辑

用户可以直接在单元格中输入函数，也可以在【公式】选项卡的【函数库】命令组中使用 Excel 内置的列表实现函数的输入。

【例5-15】在"学生成绩表"中使用函数计算学生考试平均分。

(1) 打开工作表后选中 I2 单元格，选择【公式】选项卡在【函数库】命令组，单击【其他函数】下拉列表按钮，在弹出的菜单中选择【统计】|【AVERAGE】选项，如图 5-121 所示。

(2) 在打开的【函数参数】对话框中，在【AVERAGE】选项区域的【Number1】文本框中输入计算平均值的范围，这里输入"D2:H2"，如图 5-122 所示。

图 5-121　选择函数

图 5-122　设置数据引用范围

(3) 单击【确定】按钮，此时即可在 I2 单元格中显示计算结果，如图 5-123 所示。

用户在运用函数进行计算时，有时会需要对函数进行编辑，编辑函数的方法如下：选择需要编辑函数的 I2 单元格，单击【插入函数】按钮 *fx*，打开【函数参数】对话框，如图 5-123 所示，在【Number1】文本框中即可对函数的参数进行编辑，例如将数据引用地址更改为"E2:H2"，忽略"语文"成绩计算学生的平均分，如图 5-124 所示。单击【确定】按钮后即可在工作表中看到编辑函数后的结果。

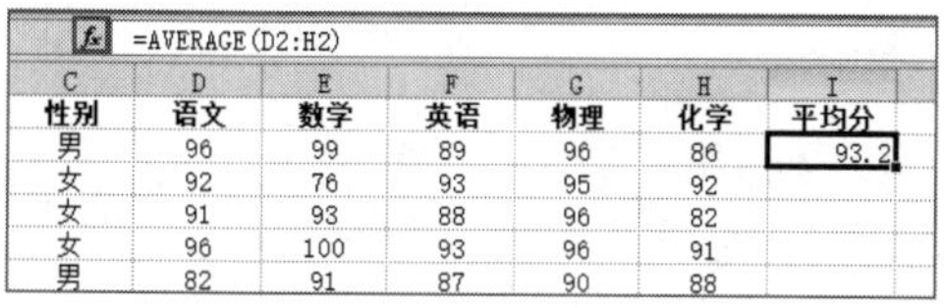

图 5-123　显示结果

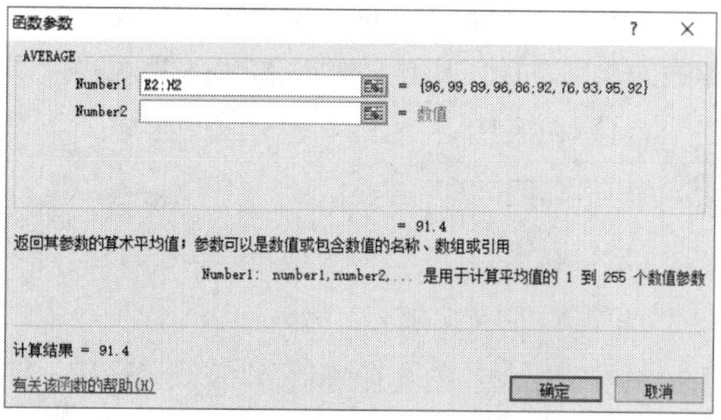

图 5-124　修改函数引用地址

除此之外，用户在熟练掌握函数的使用方法后，也可以直接选择需要编辑的单元格，在编辑栏中对函数进行编辑。

Excel 软件提供了多种函数进行计算和应用，比如统计与求和函数、日期和时间函数、查找和引用函数等。下面列举几个常用函数的具体应用案例。

5.2.3　统计人数

每当考试结束后，成绩统计分析是必不可少的步骤，例如统计各分数段人数。下面将以本节制作的"学生成绩表"为例，介绍统计考试成绩各个档次人数的方法。

【例 5-16】在"学生成绩表"中使用函数统计考试成绩分段人数。

(1) 打开"学生成绩表"，删除表格中多余的数据，并输入图 5-125 所示的分段标准。

(2) 选中 K2 单元格，输入公式：

```
=COUNTIF(I:I,">=70")&"人"
```

(3) 按下 Enter 键，在 K3 单元格输入公式：

```
=COUNTIF(I:I,">=70")-COUNTIF(I:I, ">=80")&"人"
```

(4) 按下 Enter 键，在 K4 单元格输入公式：

```
=COUNTIF(I:I,">=80")-COUNTIF(I:I,">=90")&"人"
```

(5) 按下 Enter 键，在 K5 单元格输入公式：

```
=COUNTIF(I:I,">=90")-COUNTIF(I:I,">=95")&"人"
```

(6) 按下 Ctrl+Enter 快捷键，学生考试平均分的档次统计结果如图 5-126 所示。

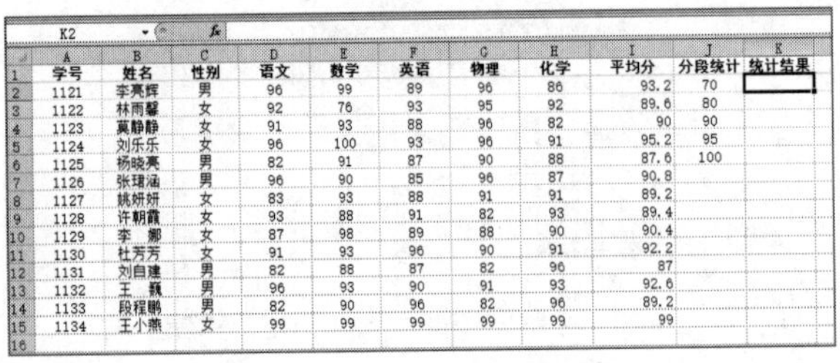

图 5-125　输入分段标准　　　　　　　图 5-126　使用函数统计分段结果

(7) 此外，用户还可以利用函数统计参加某项考试的人数以及男女生参考的人数。在 J8 单元格中输入"语文参考人数"并选中 K8 单元格。

(8) 在 K8 单元格中输入公式：

```
=COUNTA(D2:D15)
```

(9) 按下 Ctrl+Enter 快捷键，即可在 J8 单元格统计参加语文考试的人数，如图 5-127 所示。

(10) 在 J10 和 J11 单元格中分别输入"男生"和"女生"，然后选中 K10 单元格。

(11) 在 K10 单元格中输入公式：

```
=COUNTIF(C2:C15,"男")
```

(12) 在 K11 单元格中输入公式：

```
=COUNTIF(C2:C15,"女")
```

(13) 此时可在 K10 和 K11 单元格统计参加考试的男生和女生人数，如图 5-128 所示。

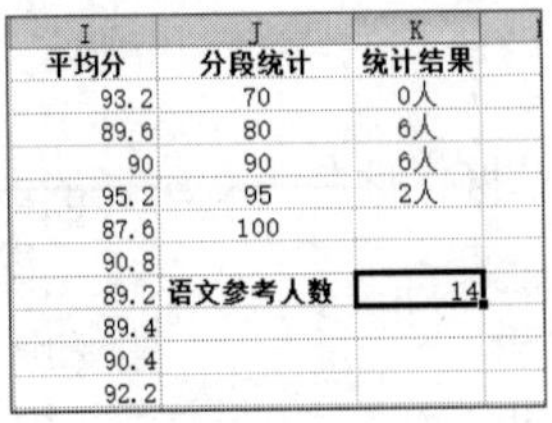

图 5-127　统计语文参考人数 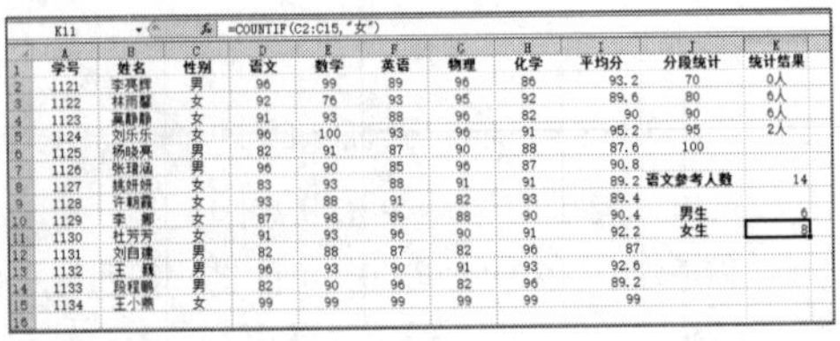　　　　　图 5-128　统计"男生"和"女生"参考人数

5.2.4　划分等次

现在学校大多给学生的成绩评定都是分等级的(划分为 A、B、C、D、E 等级)，60 分以

下得 E，大于等于 60 分小于 70 分得 D，大于等于 70 小于 90 分得 C、大于等于 90 小于 95 分为 B，95 分及以上为 A，在工作表中录入学生成绩以后，用户可以参考以下方法为考试成绩划分等次。

【例 5-17】在“学生成绩表”中，利用函数为考试成绩划分等次。

(1) 打开“学生成绩表”后选中 K 列，右击，在弹出的菜单中选择【插入】命令，如图 5-129 所示，在 I 列之后插入一个空的 J 列。

(2) 在 J1 单元格中输入“等次划分”，选中 J2 单元格，输入以下公式:

```
=IF(I2<60,"E",IF(I2<70,"D",IF(I2<=90,"C",IF(I2<=95,"B","A"))))
```

(3) 按下 Ctrl+Enter 快捷键，即可在 J2 单元格计算出学生“李亮辉”的等次，向下复制公式，可以得到所有学生的考试等次，如图 5-130 所示。

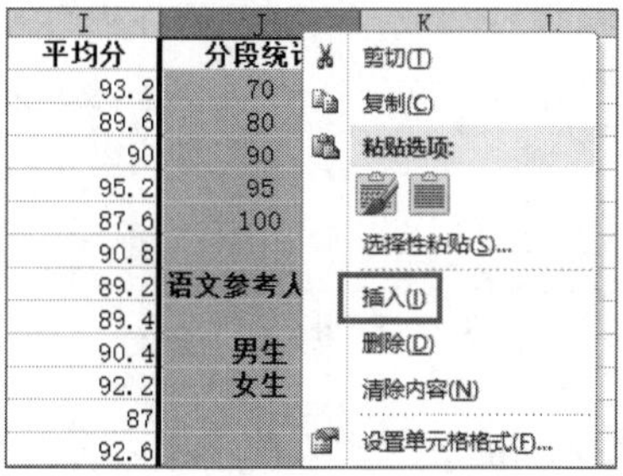

图 5-129　插入空列

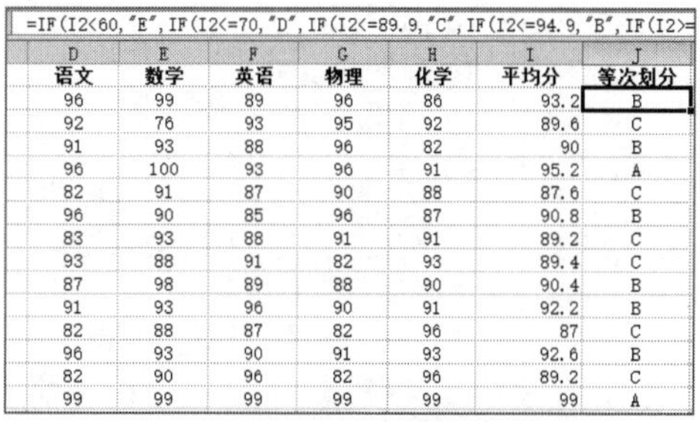

=IF(I2<60,"E",IF(I2<=70,"D",IF(I2<=89.9,"C",IF(I2<=94.9,"B",IF(I2>=

D	E	F	G	H	I	J
语文	数学	英语	物理	化学	平均分	等次划分
96	99	89	96	86	93.2	B
92	76	93	95	92	89.6	C
91	93	88	96	82	90	B
96	100	93	96	91	95.2	A
82	91	87	90	88	87.6	C
96	90	85	96	87	90.8	B
83	93	88	91	91	89.2	C
93	88	91	82	93	89.4	C
87	98	89	88	90	90.4	B
91	93	96	90	91	92.2	B
82	88	87	82	96	87	C
96	93	90	91	93	92.6	B
82	90	96	82	96	89.2	C
99	99	99	99	99	99	A

图 5-130　统计学生考试等次

5.3　数据管理

在日常工作中，当用户面临海量的数据时，需要对数据按照一定的规律排序、筛选、分类汇总，以从中获取最有价值的信息。此时，熟练地掌握 Excel 的数据管理功能就显得十分重要了。

5.3.1　制作“教师基本信息表”

在使用 Excel 对表格的数据执行排序、筛选和分类汇总之前，用户需要在工作表中完成基本数据的录入(例如图 5-131 所示的“教师基本信息表”)，形成数据表。

	A	B	C	D	E	F	G	H	I	J
1	编号	姓名	性别	院系	籍贯	出生日期	入职日期	奖金	基本工资	
2	1	刘小辉	男	计算机系	北京	2001/6/2	2020/9/3	4750	2000	
3	2	徐克义	女	计算机系	北京	1998/9/2	2018/9/3	4981	4000	
4	3	张芳宁	女	计算机系	北京	1997/8/21	2018/9/3	4711	2000	
5	4	王志远	女	中文系	北京	1999/5/4	2018/9/3	4982	3000	
6	5	邹一超	男	中文系	南京	1990/7/3	2018/9/3	5000	2092	
7	6	陈明明	男	中文系	哈尔滨	1987/7/21	2019/9/3	2500	4671	
8	7	徐凯杰	女	计算机系	哈尔滨	1982/7/5	2019/9/3	4500	6073	
9	8	王志远	女	计算机系	徐州	1983/2/1	2019/9/3	4500	6721	
10	9	王秀婷	女	计算机系	武汉	1985/6/2	2017/9/3	3000	6872	
11	10	马文哲	女	数学系	西安	1978/5/23	2017/9/3	6000	2921	
12	11	王启元	男	中文系	南京	1972/4/2	2010/9/3	8000	9102	
13	12	董建涛	男	计算机系	扬州	1991/3/5	2010/9/3	8000	8971	
14	13	许知远	男	计算机系	苏州	1992/8/5	2010/9/3	8000	2301	
15										

图 5-131　教师基本信息表

关于如何在 Excel 中创建表格，并在表格中输入与设置数据的具体方法与规则，用户可以参考本章 5.1 节相关内容。下面将重点介绍如何利用 Excel 对数据表中的数据进行排序、筛选、分类汇总，以及如何使用数据透视表分析数据。

5.3.2　按"性别"排序数据

数据排序是指按一定规则对数据进行整理、排列，这样可以为数据的进一步处理做好准备。Excel 提供了多种方法对数据清单进行排序，可以按升序、降序的方式，也可以由用户自定义排序(例如，按"性别"排序)。

【例5-18】在"教师基本信息表"中，设置按"性别"排序数据。

(1) 打开图 5-131 所示的"教师基本信息表"，选中数据表中的任意单元格，选择【数据】选项卡，单击【排序和筛选】命令组中的【排序】按钮，如图 5-132 所示。

(2) 打开【排序】对话框，单击【主要关键词】选项后的【次序】下拉列表按钮，从弹出的菜单中选择【自定义序列】选项，如图 5-133 所示。

图 5-132　【排序和筛选】命令组

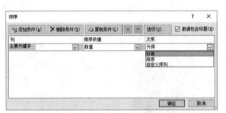

图 5-133　【排序】对话框

(3) 打开【自定义序列】对话框，在【输入序列】文本框中输入自定义排序条件"男，女"后，单击【添加】按钮，然后单击【确定】按钮，如图 5-134 所示。

(4) 返回【排序】对话框后，将【主要关键字】设置为【性别】，将【排序依据】设置为【数值】，然后单击【确定】按钮，即可完成自定义排序操作，效果如图 5-135 所示。

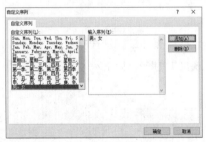

图 5-134　【自定义序列】对话框

图 5-135　按性别排序结果

5.3.3　筛选出"计算机系"的教师

筛选是一种用于查找数据清单中数据的快速方法。经过筛选后的数据清单只显示包含指定条件的数据行，以供用户浏览、分析之用。

【例5-19】继续【例5-18】的操作，设置筛选出数据表中"计算机系"的教师。

(1) 选中数据表中的任意单元格后，单击【数据】选项卡中的【筛选】按钮。

(2) 此时，【筛选】按钮将呈现为高亮状态，数据列表中所有字段标题单元格中会显示图 5-136 所示的下拉箭头，单击【院系】标题列边的下拉箭头，在弹出的列表中只选中【计算机系】复选框，然后单击【确定】按钮。

(3) 数据表筛选"计算机系"老师的结果，如图 5-137 所示。

图 5-136　设置筛选条件　　　　　　　图 5-137　数据筛选结果

5.3.4　筛选出"王"姓教师

在筛选文本型数据字段时，在筛选下拉菜单中选择【文本筛选】命令，在弹出的子菜单中无论选择哪一个选项，都会打开【自定义自动筛选方式】对话框。在该对话框中用户可以选择逻辑条件和输入具体的条件值，完成自定义的筛选。例如，从"教师基本信息表"中筛选出"王"姓的教师。

【例 5-20】继续【例 5-18】的操作，设置筛选出数据表中"王"姓教师。

(1) 选中数据表中的任意单元格后，单击【数据】选项卡中的【筛选】按钮。单击【姓名】标题列边的下拉箭头，从弹出的列表中选择【文本筛选】|【开头是】选项，如图 5-138 所示。

(2) 打开【自定义自动筛选方式】对话框，在【姓名】文本框后的文本框中输入"王"，然后单击【确定】按钮，如图 5-139 所示，即可从数据表中筛选出"王"姓的教师。

图 5-138　进行文本筛选

图 5-139　设置自定义自动筛选

5.3.5　筛选出基本工资最高的前 5 位教师

在筛选数值型数据字段时，筛选下拉菜单中会显示【数字筛选】命令，用户选择该命令后，可以通过选择具体的逻辑条件与条件值，实现指定数值的筛选操作。

【例 5-21】继续【例 5-18】的操作，设置筛选出基本工资最高的前 5 位教师。

(1) 选中数据表中的任意单元格后，单击【数据】选项卡中的【筛选】按钮。单击【基本工资】标题列边的下拉箭头，从弹出的列表中选择【10 个最大的值】选项，如图 5-140 所示。

(2) 打开【自动筛选前 10 个】对话框，在【最大】选项后的文本框中输入 5，然后单击【确定】按钮，如图 5-141 所示。

图 5-140　设置数字筛选

图 5-141　【自动筛选前 10 个】对话框

(3) 此时，将从数据表中筛选出基本工资最高的前 5 位教师。

5.3.6　筛选出基本工资大于 2000 且小于 3000 的教师

通过设置【数字筛选】，用户还可以从数据表中筛选出两个数字之间的记录，例如，从"教师基本信息表"中筛选出基本工资介于 2000 和 3000 之间的教师。

【例 5-22】继续【例 5-18】的操作，设置筛选数据表中基本工资大于 2000 且小于 3000 的记录。

(1) 选中数据表中的任意单元格后，单击【数据】选项卡中的【筛选】按钮。单击【基本工资】标题列边的下拉箭头，从图 5-140 所示的列表中选择【介于】选项。

(2) 打开【自定义自动筛选方式】对话框，在【大于或等于】文本框中输入 2000，在【小于或等于】文本框中输入 3000，然后单击【确定】按钮。

(3) 此时，数据表中将筛选出基本工资在 2000 与 3000 之间的记录，如图 5-142 所示。

(a)

	A	B	C	D	E	F	G	H	I
1	编号	姓名	性别	院系	籍贯	出生日期	入职日期	奖金	基本工资
2	1	刘小辉	男	计算机系	北京	2001/6/2	2020/9/3	4750	2000
7	5	邹一超	男	中文系	南京	1990/7/3	2018/9/3	5000	2092
8	13	许知远	男	计算机系	苏州	1992/8/5	2010/9/3	8000	2301
9	3	张芳宁	女	计算机系	北京	1997/8/21	2018/9/3	4711	2000
10	4	王志远	女	中文系	北京	1999/5/4	2018/9/3	4982	3000
14	10	马文哲	女	数学系	西安	1978/5/23	2017/9/3	6000	2921
15									

(b)

图 5-142　筛选基本工资大于 2000 且 3000 的记录

5.3.7　分类汇总各院系"基本工资"的平均值

分类汇总数据，即在按某一条件对数据进行分类的同时，对同一类别中的数据进行统计运算。分类汇总被广泛应用于财务、统计等领域，用户要灵活掌握其使用方法，应掌握创建、隐藏、显示及删除它的方法。

Excel 2010 可以在数据清单中自动计算分类汇总及总计值，用户只需指定需要进行分类汇总的数据项、待汇总的数值和用于计算的函数(例如，求和函数)即可。如果使用自动分类汇总，工作表必须组织成具有列标志的数据清单。在创建分类汇总之前，用户必须先根据需要对分类汇总的数据列进行数据清单排序。

【例 5-23】在"教师基本信息表"中创建分类汇总，汇总各院系教师"基本工资"的平均值。

(1) 打开"教师基本信息表"工作表后，选中"院系"列，选择【数据】选项卡，在【排序和筛选】命令组中单击【升序】按钮，在打开的【排序提醒】对话框中单击【排序】按钮，如图 5-143 所示。

(2) 选中任意一个单元格，在【数据】选项卡的【分级显示】命令组中单击【分类汇总】按钮。

(3) 在打开的【分类汇总】对话框中单击【分类字段】下拉列表按钮，在弹出的下拉列表中选择【院系】选项；单击【汇总方式】下拉按钮，从弹出的下拉列表中选择【平均值】选项；分别选中【院系】、【替换当前分类汇总】和【汇总结果显示在数据下方】复选框，然后单击【确定】按钮，如图 5-144 所示。

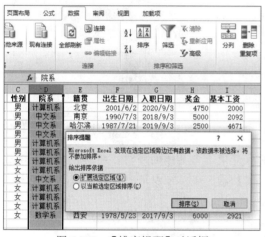

图 5-143　【排序提醒】对话框

图 5-144　【分类汇总】对话框

(4) 此时，"教师基本信息表"中的数据将按各院系"基本工资"的平均值分类汇总，效果如图 5-145 所示。

图 5-145　分类汇总结果

5.3.8　用"数据透视表"分析表格数据

数据透视表是一种从 Excel 数据表、关系数据库文件或 OLAP 多维数据集中的特殊字段中总结信息的分析工具，它是能够对大量数据快速汇总并建立交叉列表的交互式动态表格，帮助用户分析、组织数据。

【例 5-24】在"教师基本信息表"创建数据透视表。

(1) 打开"教师基本信息表"后，选中数据表中的任意单元格，选择【插入】选项卡，单击【表格】命令组中的【数据透视表】按钮。

(2) 打开【创建数据透视表】对话框，选中【现有工作表】单选按钮，单击 按钮，如图 5-146 所示。

(3) 单击 A16 单元格，然后按下 Enter 键。返回【创建数据透视表】对话框后，在该对话框中单击【确定】按钮。在显示的【数据透视表字段列表】窗格中，选中需要在数据透视表中显示的字段，如图 5-147 所示。

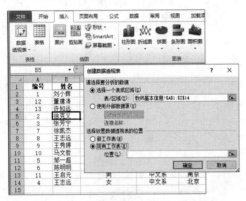

图 5-146　【创建数据透视表】对话框　　　　　图 5-147　【数据透视表字段列表】窗格

(4) 在【数据透视表字段列表】窗格的底部中选中具体的字段，将其拖动到窗口底部的【报表筛选】、【列标签】、【行标签】和【数值】等区域，可以调整字段在数据透视表中显示的位置，如图 5-148 所示。

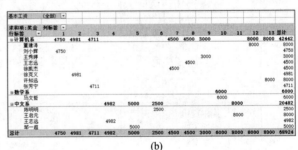

(a)　　　　　　　　　　　　　　　　(b)

图 5-148　创建分类汇总

5.4　数据图表化

为了能更加直观地表现电子表格中的数据，用户可将数据以图表的形式来表示，因此图表在制作电子表格时同样具有极其重要的作用。

5.4.1　制作"教师工资表"

在将表格的数据图表化之前，用户需要在工作表中创建用于生成图表的数据表，如图 5-149 所示。

	A	B	C	D	E	F	G	H	I	J
1	月份	姓名	岗位	薪级工资	津贴	提高部分	绩效工资	合计	社保月缴	
2	1月	刘小辉	六级	1800	600	370	3930	6700	865	
3	1月	董建涛	七级	2000	750	544	2919	6213	829	
4	1月	许知远	六级	1800	700	352	2987	5839	741	
5	1月	徐克义	八级	2200	650	285	3102	6237	748	
6	1月	张芳宁	六级	1800	1050	276	3270	6396	722	
7	1月	徐凯杰	六级	1800	1200	298	3310	6608	742	
8	1月	王志远	七级	2000	800	349	2890	6039	741	
9										

图 5-149　教师工资表

关于在 Excel 中创建图 5-149 所示"教师工资表"的具体方法，用户可也参考本章 5.1 节相关内容。

5.4.2　创建图表

创建与编辑图表是使用 Excel 制作专业图表的基础操作。要创建图表，首先需要在工作表中为图表提供数据，然后根据数据的展现需求，选择需要创建的图标类型。Excel 提供了以下两种创建图表的方法：

- 选中目标数据后，使用【插入】选项卡的【图表】命令组中的按钮创建图表。
- 选中目标数据后，按下F11键，在打开的新建工作表中设置图表的类型。

【例 5-25】使用"教师工资表"中的数据创建图表。

(1) 选中图 5-149 所示"教师工资表"中用于创建图表的数据区域，选择【插入】选项卡，在【图表】命令组中单击【对话框启动器】按钮，如图 5-150 所示，打开【插入图表】向导对话框。

(2) 在【插入图表】对话框中选择【所有图表】选项卡，然后在该选项卡左侧的导航窗格中选择图表类型，在右侧的列表框中选择一种图表类型，并单击【确定】按钮，如图 5-151 所示。

图 5-150　【图表】命令组

图 5-151　【插入图表】对话框

(3) 此时，在工作表中创建图表，Excel 软件将自动打开【图表工具】的【设计】选项卡，如图 5-152 所示。

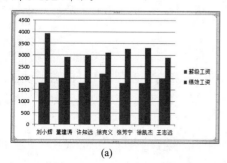

(a)

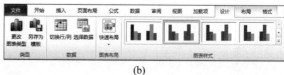

(b)

图 5-152　创建图表

5.4.3　编辑图表

在工作表中成功创建图表后,用户还可以根据工作中的实际需求,对图表的类型、数据系列、数据点、坐标轴及各种分析线(例如误差线、趋势线)等进行编辑设置,从而制作出效果专业并且实用的图表。

1. 选择数据源

在工作表中插入图表后,默认该图表为选中状态。此时,在【设计】选项卡的【数据】命令组中单击【选择数据】按钮,将打开图 5-153 所示的【选择数据源】对话框。在该对话框中单击【图表数据区域】文本框右侧的█按钮,可以在工作表中选择图表所要表现的数据区域;单击对话框右侧【水平(分类)轴标签】下的【编辑】按钮,打开【轴标签】对话框,可以在工作表中设定轴标签的区域,如图 5-154 所示。

图 5-153　【选择数据源】对话框

图 5-154　设定轴标签区域

2. 添加/删除数据系列

在图 5-153 所示的【选择数据源】对话框中单击【添加】按钮,然后在打开的【编辑数据系列】对话框中设置要添加的数据系列名和系列值,并单击【确定】按钮,即可在图表中添加新的数据系列,如图 5-155 所示。

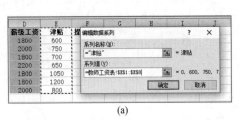
(a)　　　　　　　　　　　　　　　　(b)

图 5-155　添加数据系列

在【选择数据源】对话框中选中需要删除的数据系列,然后单击【删除】按钮,即可将其从图表中删除。

3. 调整坐标轴

使用 Excel 默认格式创建图表后,图表中坐标轴的设置和格式都会由 Excel 自动设置。在实际应用中,经常需要对坐标轴进行调整,例如自定义其最大值、最小值以及刻度的间隔数值等。

以图 5-155 所示的图表为例来调整坐标轴格式,主要纵坐标轴对应"绩效工资"列中的数值,其最大值为 4500,最小值为 0,每个刻度之间的间隔单位为 500。

双击主要纵坐标轴，在打开的【设置坐标轴格式】对话框中，用户可以选中【最大值】和【最小值】选项中的【固定】单选按钮，在【最大值】文本框中输入 6000，将主要纵坐标轴的最大值设置为 6000，在【最小值】文本框中输入 1000，将坐标轴刻度间隔设置为 500，如图 5-156 所示。

此时，图表中数值轴中最大值和刻度参数将被修改，图表效果也随之发生改变，如图 5-157 所示。

图 5-156　【设置坐标轴格式】对话框

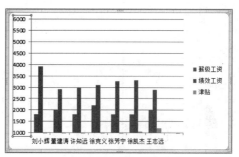

图 5-157　图表坐标轴的变化

4. 更改图表类型

Excel 提供了多种大型图表和子图表类型，成功创建图表后，如果需要对图表的类型进行修改，可以在选中图表后，单击【设计】选项卡【类型】命令组中的【更改图表类型】按钮，打开【更改图表类型】对话框，选择【所有图表】选项卡，然后在该选项卡中选取一种图表类型后，单击【确定】按钮即可，如图 5-158 所示。

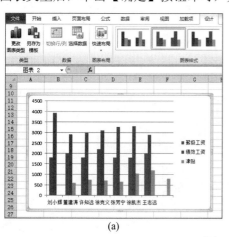

(a)

(b)

图 5-158　更改图表类型

5.4.4　修饰图表

图表是一种利用点、线、面等多种元素，展示统计信息的属性(时间性、数量性等)，对知识挖掘和信息直观生动感受起关键作用的"图形结构"，它能够很好地将数据直观、形象地进行展示。但是,在工作表中成功创建图表后,一般会使用 Excel 默认的样式,只能满足制作简单图表的需求。如果用户需要用图表表达复杂、清晰或特殊的数据含义,就需要进一步对图表进行修饰和处理。

1. 应用图表布局

选中工作表中的图表后,在【设计】选项卡的【布局】命令组中单击一种布局样式(例如"样式 6"),即可将该布局样式应用于图表之上,如图 5-159 所示。

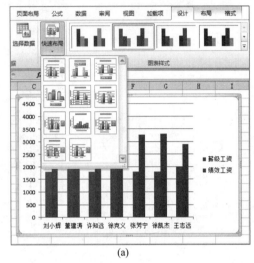
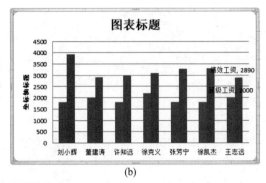

(a)   (b)

图 5-159　应用图表布局

2. 选择图表样式

图表的样式指的是 Excel 内置的图表中各种数据点形状和颜色的固定组合方式。

选中图表后,在【设计】选项卡的【图表样式】命令组中单击【其他】按钮,从弹出的图表样式库中选择一种图表样式,即可将该样式应用于图表,如图 5-160 所示。

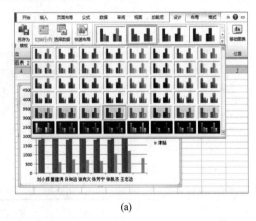
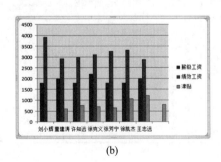

(a)   (b)

图 5-160　选择图表样式

3. 设置图表标题

在【布局】选项卡的【标签】命令组中,单击【图表标题】下拉按钮,在弹出的下拉列表中选择【图表上方】选项,可以在图表中显示标题框,在标题框中输入文本,即可为图表添加标题,如图 5-161 所示。

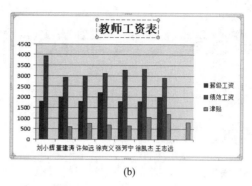

(a)　　　　　　　　　　　(b)

图 5-161　为图表添加标题

4. 添加模拟运算表

在【布局】选项卡的【标签】命令组中，单击【模拟运算表】下拉按钮，在弹出的下拉列表中选择【显示模拟运算表】选项，可以在图表中显示模拟运算表，如图 5-162 所示。

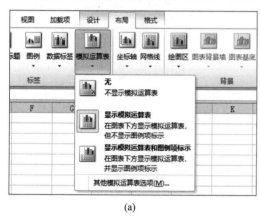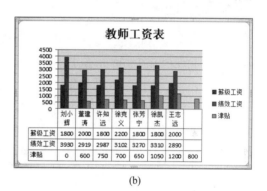

(a)　　　　　　　　　　　(b)

图 5-162　为图表添加模拟运算表

5.5　课后习题

1. 与 Word 的制表功能相比，Excel 具有哪些优点？

2. 通过学习，你认为 Excel 的表格制作、数据计算、数据管理和数据图表化等还有哪些方面有值得改进的地方？

3. 绝对引用和相对引用有何区别，请举例说明。

4. 根据自己所学，请介绍 Excel 数据输入、数据计算的有关经验。

第6章　演示软件PowerPoint 2010

学习目标

通过本章的学习与实践，读者应掌握以下内容：

(1) 了解收集演示文稿素材的方法与途径。

(2) 学会构思 PPT 逻辑和内容的方法。

(3) 掌握 PowerPoint 2010 的基本操作方法。

(4) 掌握演示文稿中常用的设计和制作技巧。

(5) 理解演示文稿页面排版的重要性。

本章重点

本章主要从素材收集、逻辑构思和内容排版的角度，详细介绍使用 PowerPoint 2010 制作优秀演示文稿的具体方法，其重点内容如下：

(1) PowerPoint 2010 的基本操作方法。

(2) 演示文稿中常用的设计和制作技巧。

6.1　制作"季度工作汇报"演示文稿

PowerPoint 和 Word、Excel 等软件一样，是 Microsoft 公司推出的 Office 系列软件之一。它可以制作出集文字、图形、图像、声音和视频等多媒体对象为一体的演示文稿，把学术交流、辅助教学、广告宣传、产品演示等信息以更轻松、更高效的方式表达出来。本节将通过制作"季度工作汇报"演示文稿，介绍 PowerPoint 的基础知识，包括收集演示文稿素材，通过 PowerPoint 创建演示文稿，操作幻灯片、版式、占位符等。

6.1.1　PowerPoint 2010 的概述

PowerPoint 2010 是微软公司推出的一款功能强大的专业幻灯片编辑制作软件，该软件与 Word、Excel 等常用办公软件一样，是 Office 办公软件系列中的一个重要组成部分，深受各行各业办公人员的青睐。

1. PowerPoint 2010 的工作界面

PowerPoint 2010 的主工作界面主要由标题栏、功能区、预览窗格、编辑窗口、备注栏、状态栏、快捷按钮和显示比例滑竿等元素组成，如图 6-1 所示。

PowerPoint 2010 的工作界面和 Word 2010 相似，其中相似的元素在此不再重复介绍了，仅介绍一下 PowerPoint 常用的预览窗格、幻灯片编辑窗口、备注栏以及快捷按钮和显示比例滑杆。

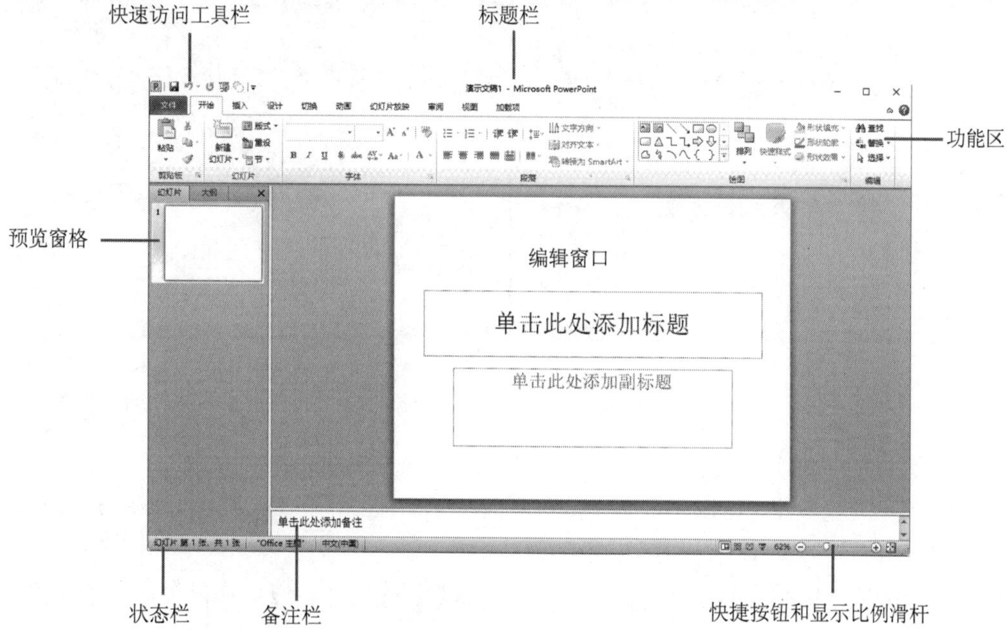

图 6-1　PowerPoint 2010 工作界面

(1) 预览窗格：包含两个选项卡，在【幻灯片】选项卡中显示了幻灯片的缩略图，单击某个缩略图可在主编辑窗口查看和编辑该幻灯片；在【大纲】选项卡中可对幻灯片的标题性文本进行编辑。

(2) 编辑窗口：是 PowerPoint 2010 的主要工作区域，用户对文本、图像等多媒体元素进行操作的结果都将显示在该区域。

(3) 备注栏：在该栏中可分别为每张幻灯片添加备注文本。

(4) 快捷按钮和显示比例滑杆：该区域包括 6 个快捷按钮和 1 个【显示比例滑杆】。其中：4 个视图按钮，可快速切换视图模式；1 个比例按钮，可快速设置幻灯片的显示比例；最右边的 1 个按钮，可使幻灯片以合适比例显示在主编辑窗口；另外，通过拖动【显示比例滑杆】中的滑块，可以直观地改变文档编辑区的大小。

2. PowerPoint 2010 的视图模式

PowerPoint 2010 提供了普通视图、幻灯片浏览视图、备注页视图、幻灯片放映视图和阅读视图 5 种视图模式。

打开【视图】选项卡，在【演示文稿视图】命令组中单击相应的视图按钮，或者单击主界面右下角的快捷按钮，即可将当前操作界面切换至对应的视图模式。

1) 普通视图

普通视图又可以分为两种形式，主要区别在于 PowerPoint 工作界面最左边的预览窗格，它分为幻灯片和大纲两种形式来显示，用户可以通过单击该预览窗口上方的切换按钮进行切换，如图 6-2 所示。

切换大纲显示

(a)　　　　　　　　　　　　　　　　　(b)

图 6-2　PowerPoint 的普通视图

2) 幻灯片浏览视图

使用幻灯片浏览视图，可以在屏幕上同时看到演示文稿中的所有幻灯片，这些幻灯片以缩略图方式显示在同一窗口中，如图 6-3 所示。

在幻灯片浏览视图中，可以查看设计幻灯片的背景、配色方案或更换模板后演示文稿发生的整体变化，也可以检查各个幻灯片是否前后协调、图标的位置是否合适等问题。

3) 备注页视图

在备注页视图模式下，用户可以方便地添加和更改备注信息，也可以添加图形等信息，如图 6-4 所示。

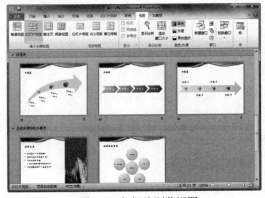 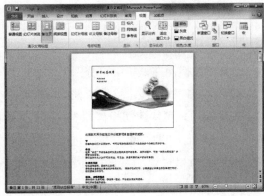

图 6-3　幻灯片浏览视图　　　　　　　　图 6-4　备注页视图

4) 幻灯片放映视图

幻灯片放映视图是演示文稿的最终效果。在幻灯片放映视图下，用户可以看到幻灯片的最终效果。幻灯片放映视图并不是显示单个的静止的画面，而是以动态的形式显示演示文稿中的各个幻灯片，如图 6-5 所示。

5) 阅读视图

如果用户希望在一个设有简单控件的审阅的窗口中查看演示文稿，而不想使用全屏的幻灯片放映视图，则可以在自己的计算机中使用阅读视图，如图 6-6 所示。

要更改演示文稿，可随时从阅读视图切换至其他的视图模式中。

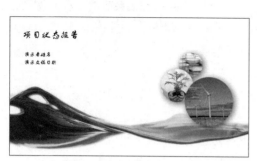

图 6-5　幻灯片放映视图

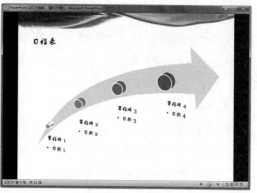

图 6-6　阅读视图

6.1.2　创建"季度工作汇报"演示文稿

使用 PowerPoint 制作出来的整个文件叫演示文稿，而演示文稿中的每一页叫作幻灯片，每张幻灯片都是演示文稿中既相互独立又相互联系的内容。

1. 创建空白演示文稿

在创建演示文稿之前，用户需要使用 PowerPoint 新建一个空演示文稿。空演示文稿是一种形式最简单的演示文稿，有应用模板设计、配色方案及动画方案，可以自由设计。在 PowerPoint 中，创建空演示文稿的方法主要有以下 3 种。

- 启动PowerPoint自动创建空演示文稿：无论是使用【开始】按钮启动PowerPoint，还是通过桌面快捷图标或者通过现有演示文稿启动，都将自动打开空演示文稿。
- 使用【文件】按钮创建空演示文稿：单击【文件】按钮，在弹出的菜单中选择【新建】命令，打开Microsoft Office Backstage视图，在中间的【可用的模板和主题】列表框中选择【空白演示文稿】选项，单击【创建】按钮，即可新建一个空演示文稿。
- 使用快捷键创建演示文稿：按下Ctrl+N快捷键。

2. 保存演示文稿

文件的保存是一种常规操作，在演示文稿的创建过程中及时保存工作成果，可以避免数据的意外丢失。保存演示文稿的方式很多，一般情况下的保存方法与其他 Windows 应用程序相似。下面将逐一介绍这些方法。

1) 常规保存

在进行文件的常规保存时，可以在快速访问工具栏中单击【保存】按钮日，也可以单击【文件】按钮，在弹出的菜单中选择【保存】或【另存为】命令。当用户首次保存该演示文稿或使用【另存为】命令(快捷键 F12)保存演示文稿时，将打开【另存为】对话框，供用户选择保存位置和命名演示文稿。

【例6-1】新建一个空白演示文稿，并将其以"季度工作汇报"为名称保存。

(1) 启动 PowerPoint 2010 后，按下 Ctrl+N 快捷键创建一个空白演示文稿，然后按下 F12 键，打开【另存为】对话框。

(2) 在【另存为】对话框中的【文件名】文本框中输入"季度工作汇报"，然后单击【保存】按钮，即可将演示文稿保存。

2) 自动保存

PowerPoint 2010 具备自动备份文件的功能，每隔一段时间系统就会自动保存一次文件。当用户关闭 PowerPoint 时，若没有执行保存操作，则使用该功能，即使在退出 PowerPoint 之前未保存文件，系统也会恢复到最近一次的自动备份。

【例 6-2】设置文件的自动保存参数，并自动恢复未保存的文件。

(1) 单击【文件】按钮，从弹出的【文件】菜单中选择【选项】选项，如图 6-7 所示，打开【PowerPoint 选项】对话框。

(2) 在【PowerPoint 选项】对话框中打开【保存】选项卡，设置文件的保存格式、文件自动保存时间间隔为【5 分钟】、【自动恢复文件位置】和【默认文件位置】，如图 6-8 所示，然后单击【确定】按钮即可。

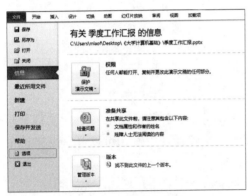

图 6-7　【文件】菜单　　　　　　　　　　图 6-8　【保存】选项卡

(3) 当需要打开 PowerPoint 自动保存的文件时，可以单击【文件】按钮，从弹出的【文件】菜单中选择【最近所用文件】命令，在右侧的窗格中单击【恢复未保存的演示文稿】按钮。

(4) 打开【打开】对话框，选择需要恢复的文件，单击【打开】按钮即可。

6.1.3　插入和删除幻灯片

在 PowerPoint 中，要为演示文稿添加一张新的幻灯片可采用以下几种方法：

- 打开【开始】选项卡，在【幻灯片】命令组中单击【新建幻灯片】按钮，即可添加一张默认版式的幻灯片。
- 当需要应用其他版式时，单击【新建幻灯片】按钮右下方的下拉箭头，在弹出的下拉菜单中选择需要的版式，即可将其应用到当前幻灯片中。
- 在幻灯片预览窗格中，选择一张幻灯片，按下 Enter 键，将在该幻灯片的下方添加一张新的幻灯片。

【例 6-3】继续【例 6-1】的操作，在"季度工作汇报"演示文稿中插入幻灯片。

(1) 打开"季度工作汇报"演示文稿，选择【开始】选项卡，单击【幻灯片】命令组中的【新建幻灯片】下拉按钮，从弹出的列表中选择【仅标题】、【两栏内容】、【内容与标题】和【比较】等选项，在演示文稿中插入幻灯片，如图 6-9 所示。

(2) 在幻灯片预览窗格中单击插入的幻灯片，在编辑窗口中可以查看插入幻灯片的版式，如图 6-10 所示。

图 6-9　插入幻灯片

图 6-10　选择幻灯片

当用户对当前幻灯片的排序位置不满意时，可以随时对其进行调整。具体的操作方式非常简单：在幻灯片预览窗格中选中要调整的幻灯片，按住鼠标左键直接将其拖放到适当的位置即可。幻灯片被移动后，PowerPoint 2010 会自动对所有幻灯片重新编号。

另外，在演示文稿中删除多余幻灯片是清除大量冗余信息的有效方法。删除幻灯片的方法主要有以下几种：

- 选中需要删除的幻灯片，直接按下Delete键。
- 右击需要删除的幻灯片，从弹出的快捷菜单中选择【删除幻灯片】命令。
- 选中幻灯片，在【开始】选项卡的【剪贴板】命令组中单击【剪切】按钮。

6.1.4　复制和移动幻灯片

PowerPoint 支持以幻灯片为对象的移动和复制操作，用户可以将整张幻灯片及其内容进行移动或复制。

1. 移动幻灯片

在制作演示文稿时，如果需要重新排列幻灯片的顺序，就需要移动幻灯片。移动幻灯片的方法如下：

选中需要移动的幻灯片，在【开始】选项卡的【剪贴板】命令组中单击【剪切】按钮 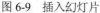。在需要移动的目标位置中单击，然后在【开始】选项卡的【剪贴板】命令组中单击【粘贴】按钮。

2. 复制幻灯片

在制作演示文稿时，有时需要两张内容基本相同的幻灯片。此时，可以利用幻灯片的复制功能，复制出一张相同的幻灯片，然后对其进行适当的修改。复制幻灯片的方法如下：选中需要复制的幻灯片，在【开始】选项卡的【剪贴板】命令组中单击【复制】按钮 。在需要插入幻灯片的位置单击，然后在【开始】选项卡的【剪贴板】命令组中单击【粘贴】按钮。

此外，在 PowerPoint 中，用户也可以使用 Ctrl+X、Ctrl+C 和 Ctrl+V 快捷键来分别实现幻灯片的剪切、复制和粘贴操作。

6.1.5　幻灯片版式设置

幻灯片母版，是存储有关应用的设计模板信息的幻灯片，包括字形、占位符大小或位置、背景设计和配色方案。用户可以通过幻灯片母版对幻灯片的版式进行设置与修改。

要打开幻灯片母版，通常可以使用以下两种方法：

- 选择【视图】选项卡，在【母版视图】命令组中单击【幻灯片母版】选项，如图 6-11 所示。
- 按住 Shift 键后，单击 PowerPoint 窗口右下角视图栏中的【普通视图】按钮 。

打开幻灯片母版后，PowerPoint 将显示图 6-12 所示的【幻灯片母版】选项卡、版式预览窗格和版式编辑窗口。

图 6-11　【母版视图】命令组

图 6-12　幻灯片母版

在图 6-12 所示的版式预览窗口中，显示了 PPT 母版的版式列表，其由主题页和版式页组成。

1. 设置主题页

主题页是幻灯片母版的母版，当用户为主题页设置格式后，该格式将被应用在 PPT 所有的幻灯片中。

【例 6-4】继续【例 6-3】的操作，为演示文稿所有的幻灯片设置统一背景。

(1) 进入幻灯片母版视图后，在版式预览窗格中选中幻灯片主题页，然后在版式编辑窗口中右击，从弹出的菜单中选择【设置背景格式】命令，如图 6-13 所示。

(2) 打开【设置背景格式】对话框，在【填充】选项卡中单击【颜色】下拉按钮，从弹出的颜色选择器中设置任意一种颜色作为主题页的背景。幻灯片中所有的版式页都将应用相同的背景，如图 6-14 所示。

图 6-13　设置主题页背景格式

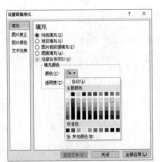

图 6-14　【设置背景格式】对话框

(3) 单击【幻灯片母版】选项卡【关闭】命令组中的【关闭母版视图】选项，关闭母版视图，在演示文稿所有已存在和新创建的幻灯片也将应用相同的背景。

用户需要注意的是：幻灯片母版中的主题页并不显示在演示文稿中，其只用于设置演示文稿中所有页面的标题、文本、背景等元素的样式。

2. 设置版式页

版式页又包括标题页和内容页，其中标题页一般用于演示文稿的封面或封底，内容页可根据演示文稿的内容自行设置(移动、复制、删除或者自定义)。

【例 6-5】继续【例 6-4】的操作，在演示文稿母版中调整并删除多余的标题页，然后插入一个自定义内容页。

(1) 进入幻灯片母版视图后，选中多余的标题占位符后，右击，在弹出的菜单中选择【删除版式】命令，即可将其删除，如图 6-15 所示。

(2) 选中母版中的版式页后，按住鼠标拖动调整(移动)版式页在母版中的位置，如图 6-16 所示。

图 6-15　删除版式　　　　　　　　　　　图 6-16　移动版式位置

(3) 选中某个版式后，右击，在弹出的菜单中选择【插入版式】命令，可以在母版中插入一个图 6-17 所示的自定义版式。

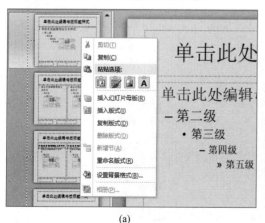
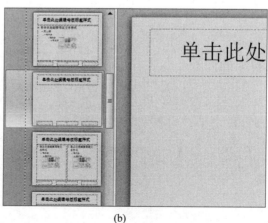

(a)　　　　　　　　　　　　　　　　　　(b)

图 6-17　在母版中插入版式

(4) 选中某一个版式页，为其设置自定义的内容和背景后，该版式效果将独立存在母版中，不会影响其他版式。

3. 应用母版版式

在幻灯片母版中完成版式的设置后，单击视图栏中的【普通视图】按钮 (或单击【幻灯片片母版】选项卡中的【关闭母版视图】按钮)即可退出幻灯片母版。

此时，在 PPT 中执行【新建幻灯片】操作添加幻灯片，将只能使用母版中设置的第 2 个版式页版式创建新的幻灯片。

右击幻灯片预览窗格中的幻灯片，在弹出的菜单中选择【版式】命令，将打开如图 6-18 所示的子菜单，其中包含母版中设置的所有版式，选择某一个版式，可以将其应用在演示文稿中。

图 6-18　在演示文稿中应用版式

【例 6-6】继续【例 6-5】的操作，应用版式提供的占位符，完成"季度工作汇报"演示文稿的制作，并通过应用版式，在演示文稿的多个幻灯片中同时插入相同的图标。

(1) 打开"季度工作汇报"演示文稿后，进入幻灯片母版，选中其中一个空白版式，然后单击【插入】选项卡中的【图片】按钮，将准备好的图标插入在版式中合适的位置上，如图 6-19 所示。

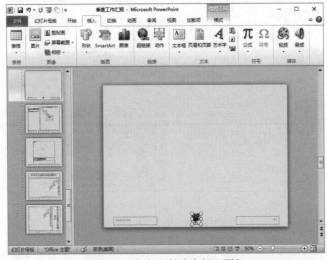

图 6-19　在空白版式中插入图标

(2) 退出幻灯片母版，在幻灯片预览窗格中选中第 1 张幻灯片，然后使用版式提供的标题占位符为幻灯片输入标题文本，并通过【开始】选项卡的【字体】命令组设置标题文本的字体颜色、字体大小和字体，如图 6-20 所示。

(3) 重复以上操作，为演示文稿的其他幻灯片分别设置内容。

(4) 在幻灯片预览窗格中按住 Ctrl 键选中多张幻灯片，然后右击，在弹出的菜单中选择【空白】版式。

(5) 此时，被选中的多张幻灯片中将同时添加相同的图标，如图 6-21 所示。

图 6-20 使用版式提供的占位符   图 6-21 为多张幻灯片插入图标

6.1.6 占位符设置

占位符是设计演示文稿页面时最常用的一种对象，几乎在所有创建不同版式的幻灯片中都要使用占位符。占位符在演示文稿中的作用主要有两点。

- 提升效率：利用占位符可以节省排版的时间，大大地提升了演示文稿制作的速度。
- 统一风格：风格是否统一是评判一份PPT质量高低的一个重要指标。占位符的运用能够让整份演示文稿的风格看起来更为一致。

在 PowerPoint【开始】选项卡的【幻灯片】命令组中单击【新建幻灯片】按钮，在弹出的列表中用户可以新建幻灯片，在每张幻灯片的缩略图上可以看到其所包含的占位符的数量、类型与位置。

例如，选择名为【标题和内容】的幻灯片，将在演示文稿中看到如图 6-22 所示的幻灯片，其中包含两个占位符：标题占位符用于输入文字，内容占位符不仅可以输入文字，还可以添加其他类型的内容。

内容占位符中包含 6 个按钮，通过单击这些按钮可以在占位符中插入表格、图表、图片、SmartArt 图示、视频等内容，如图 6-23 所示。

掌握了占位符的操作，就可以掌握制作一个完整 PPT 内容的基本方法。下面将通过几个简单的实例，介绍在演示文稿中插入并应用占位符，制作风格统一文档的方法。

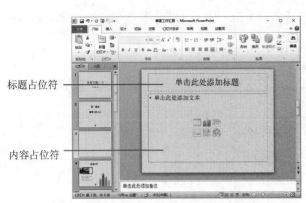

图 6-22　【标题和内容】版式中的占位符

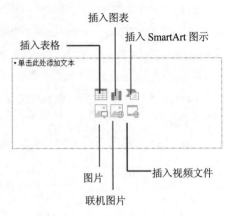

图 6-23　占位符中包含的按钮

1. 插入占位符

除了 PowerPoint 自带的占位符外,用户还可以在演示文稿中插入一些自定义的占位符,从而增强页面效果。

【例 6-7】利用占位符在演示文稿的不同幻灯片页面中插入相同尺寸的图片。

(1) 打开 PPT 文档后,选择【视图】选项卡,在【母版视图】命令组中单击【幻灯片母版】选项,进入幻灯片母版视图在窗口,左侧的幻灯片列表中选中【空白】版式,如图 6-24 所示。

(2) 选择【幻灯片母版】选项卡,在【母版版式】命令组中单击【插入占位符】按钮,在弹出的列表中选择【图片】选项,如图 6-25 所示。

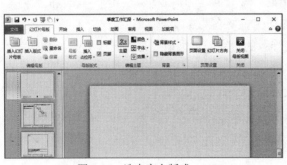

图 6-24　选中空白版式

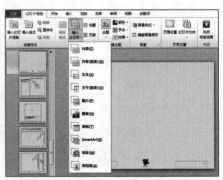

图 6-25　在版式中插入图片占位符

(3) 按住鼠标左键,在幻灯片中绘制一个图片占位符,在【关闭】命令组中单击【关闭母版视图】选项。

(4) 在窗口左侧的幻灯片列表中选择第 1 张幻灯片,选择【插入】选项卡,在【幻灯片】命令组中单击【新建幻灯片】按钮,在弹出的列表中选择【空白】选项。

(5) 选中插入的幻灯片,该幻灯片中将包含步骤(3)绘制的图片占位符。单击该占位符中的【图片】按钮,如图 6-26 所示。

(6) 在打开的【插入图片】对话框中选择一个图片文件,然后单击【插入】按钮。

(7) 此时,即可在幻灯片中的占位符中插入一张图片。重复以上操作,即可在 PPT 中插入多张大小统一的幻灯片,如图 6-27 所示。

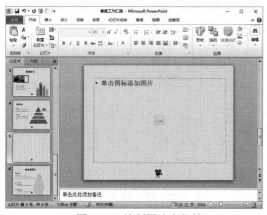
图 6-26　绘制图片占位符

图 6-27　在占位符中插入图片

2. 运用占位符

在 PowerPoint 中占位符的运用可归纳为以下几种类型。

- 普通运用：直接插入文字、图片占位符，目的是提升演示文稿制作的效率，同时也能够保证风格统一(如本节制作的"季度工作汇报"演示文稿，就是用普通的占位符设计而成的)。
- 重复运用：在幻灯片中通过插入多个占位符，并灵活排版制作如图6-28所示的效果。
- 样机演示：即在PPT中实现电脑样机效果，如图6-29所示。

图 6-28　重复运用　　　　　　　　　　　　　图 6-29　样机演示

【例6-8】在幻灯片中的图片上使用占位符，制作出样机演示效果。

(1) 打开"季度工作汇报"演示文稿后，切换至幻灯片母版视图。

(2) 在窗口左侧的列表中插入一个【自定义】版式。选择【插入】选项卡，在【图像】命令组中单击【图片】选项，在幻灯片中插入一个图 6-30 所示的样机图片。

(3) 选择【幻灯片母版】选项卡，在【母版版式】命令组中单击【插入占位符】选项，在弹出的列表中选择【媒体】选项，然后在幻灯片中的样机图片的屏幕位置绘制一个媒体占位符，如图 6-31 所示。

(4) 在【幻灯片母版】选项卡中单击【关闭母版视图】按钮，关闭母版视图。选择【开始】选项卡，在【幻灯片】命令组中单击【新建幻灯片】下拉按钮，在弹出列表中选择【自定义】选项，在演示文稿中插入一个图 6-32 所示的【自定义】版式。

(5) 单击幻灯片中占位符内的【插入视频文件】按钮，在打开的对话框中选择一个视频文件，然后单击【插入】按钮，即可在幻灯片中创建图 6-33 所示的样机演示图效果。

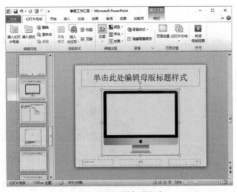

图 6-30　插入样机图片

图 6-31　插入媒体占位符

图 6-32　插入【自定义】版式

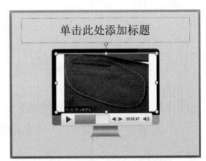

图 6-33　样机演示效果

3. 调整占位符

调整占位符主要是指调整其大小。当占位符处于选中状态时，将鼠标指针移动到占位符右下角的控制点上，此时鼠标指针变为 ⤡ 形状。按住鼠标左键并向内或外拖动，调整到合适大小时释放鼠标即可缩小占位符，如图 6-34 所示。

另外，在占位符处于选中状态时，系统自动打开【绘图工具】的【格式】选项卡，在【大小】命令组的【形状高度】和【形状宽度】文本框中可以精确地设置占位符大小，如图 6-35 所示。

图 6-34　调整占位符大小　　　　　　　　　图 6-35　【大小】命令组

当占位符处于选中状态时，将鼠标指针移动到占位符的边框时将显示 ✛ 形状，此时按住鼠标左键并拖动文本框到目标位置，释放鼠标即可移动占位符。当占位符处于选中状态时，也可以通过键盘方向键来移动占位符的位置。使用方向键移动的同时按住 Ctrl 键，可以实现占位符的微移。

4. 旋转占位符

在设置演示文稿时，占位符可以任意角度旋转。选中占位符，在【格式】选项卡的【排列】命令组中单击【旋转】按钮 ，在弹出的下拉列表中选择相应选项即可实现按指定角度旋转占位符，如图 6-36 所示。

若在图 6-36 所示的列表中选择【其他旋转选项】选项，在打开的【设置形状格式】对话框中，用户可以自定义占位符的旋转角度，如图 6-37 所示。

图 6-36 【旋转】下拉列表

图 6-37 【设置形状格式】对话框

5. 对齐占位符

如果一张幻灯片中包含两个或两个以上的占位符，用户可以通过选择相应命令来左对齐、右对齐、左右居中或横向分布占位符。

在幻灯片中选中多个占位符，在【格式】选项卡的【排列】命令组中单击【对齐对象】按钮 ，此时在弹出的下拉列表中选择相应选项，即可设置占位符的对齐方式。这看上去似乎很简单，其实操作起来一点也不简单。下面用一个实例来介绍。

【例 6-9】居中对齐幻灯片中的占位符。

(1) 在幻灯片母版视图中，选择窗口左侧列表中的【自定义】版式，然后在【幻灯片母版】选项卡的【母版版式】命令组中单击【插入占位符】按钮，在幻灯片中插入图 6-38 所示的 4 个图片占位符，并按住 Ctrl 键将其全部选中。

(2) 选择【格式】选项卡，在【对齐】命令组中单击【对齐对象】按钮，在弹出的列表中先选择【对齐幻灯片】选项，再选择【顶端对齐】选项，如图 6-39 所示。

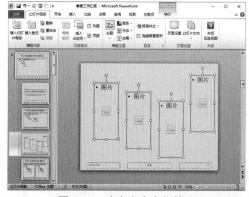

图 6-38 选中多个占位符

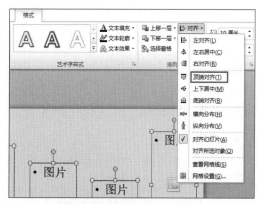

图 6-39 【对齐】下拉列表

(3) 此时，幻灯片中的 4 个占位符将对齐在幻灯片的顶端，效果如图 6-40 所示。

(4) 重复步骤(2)的操作，在【对齐】列表中选择【横向分布】选项，占位符的对齐效果如图 6-41 所示。

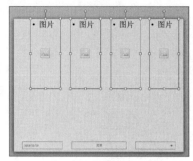 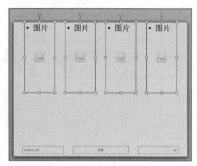

图 6-40　顶端对齐效果　　　　　图 6-41　横向对齐效果

(5) 重复步骤(2)的操作，在【对齐】列表中选择【上下居中】选项。

(6) 此时，幻灯片中的 4 个占位符将居中显示在幻灯片正中央的位置上，如图 6-42 所示。

(7) 在【幻灯片母版】选项卡中单击【关闭母版视图】按钮，关闭母版视图。

(8) 选择【开始】选项卡，在【幻灯片】命令组中单击【新建幻灯片】按钮，在弹出列表中选择【自定义】选项，在幻灯片中插入本例制作的自定义版式。

(9) 分别单击幻灯片中 4 个占位符上的【图片】按钮，在每个占位符中插入图片，即可制作出图 6-43 所示的幻灯片效果。

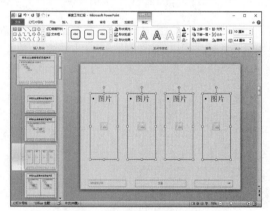 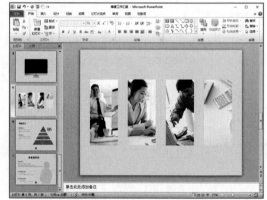

图 6-42　占位符上下居中对齐效果　　　　图 6-43　利用占位符插入图片

6.1.7　文本框设置

文本框是特殊的形状，也是一种可移动、可调整大小的文字容器，它与文本占位符非常相似。使用文本框可以在幻灯片中放置多个文字块，使文字按照不同的方向排列；也可以突破幻灯片版式的制约，实现在幻灯片中任意位置添加文字信息的目的。

1. 添加文本框

PowerPoint 提供了两种形式的文本框：横排文本框和垂直文本框，分别用来放置水平方向的文字和垂直方向的文字。

打开【插入】选项卡，在【文本】命令组中单击【文本框】按钮下方的下拉箭头，在弹出的下拉菜单中选择【横排文本框】命令，移动鼠标指针到幻灯片的编辑窗口，当指针形状变为↓形状时，在幻灯片页面中按住鼠标左键并拖动，鼠标指针变成十字形状。当拖动到合适大小的矩形框后，释放鼠标完成横排文本框的插入；同样在【文本】命令组中单击【文本框】按钮下方的下拉箭头，在弹出的菜单中选择【竖排文本框】命令，移动鼠标指针在幻灯片中绘制竖排文本框，如图 6-44 所示。绘制完文本框后，光标自动定位在文本框内，即可开始输入文本。

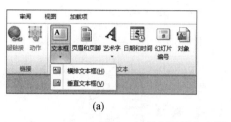 

(a)　　　　　　　　　　　　　　　　　(b)

图 6-44　绘制竖排文本框

2. 设置文本框属性

文本框中新输入的文字没有任何格式，需要用户根据演示文稿的实际需要进行设置。文本框上方有一个圆形的旋转控制点，拖动该控制点可以方便地将文本框旋转至任意角度，如图 6-45 所示。

另外，右击文本框，在弹出的菜单中选择【设置形状格式】命令，可以打开【设置形状格式】对话框，在该对话框中用户可以设置文本框的填充、线条颜色、线型、大小等属性格式，如图 6-46 所示。

图 6-45　旋转文本框角度

图 6-46　【设置形状格式】对话框

下面将介绍几个 PPT 中文本框中的设置技巧。

1) 设置文本框四周间距

选中文本框后，在【设置形状格式】对话框中选择【文本框】选项卡，在【内部边距】选项区域的【上】、【下】、【左】和【右】文本框中可以设置文本框四周的间距，如图 6-47 所示。

2) 设置文本框字体格式

在 PowerPoint 2010 中，为文本框中的文字设置合适的字体、字号、字形和字体颜色等，可以使幻灯片的内容清晰明了。通常情况下，设置字体、字号、字形和字体颜色的方法有 3 种：通过【字体】命令组设置、通过浮动工具栏设置和通过【字体】对话框设置。

- 通过【字体】命令组设置：在 PowerPoint 2010 中，选择相应的文本，打开【开始】

选项卡，在【字体】命令组中可以设置字体、字号、字形和颜色。

- 通过浮动工具栏设置：选择要设置的文本或文本框后，右击，PowerPoint 2010会自动弹出图6-48所示的【格式】浮动工具栏。在该浮动工具栏中，用户可以设置文本框中文本的字体、字号、字形和字体颜色。

图 6-47　【文本框】选项卡

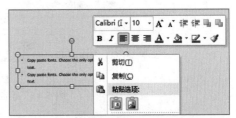

图 6-48　浮动工具栏

- 通过【字体】对话框设置：选择相应的文本，打开【开始】选项卡，在【字体】命令组中单击对话框启动器，打开【字体】对话框的【字体】选项卡，在其中设置字体、字号、字形和字体颜色，如图6-49所示。

3) 设置文本框字符间距

字符间距是指幻灯片中字与字之间的距离。通常情况下，文本是以标准间距显示的，这样的字符间距适用于绝大多数文本，但有时候为了创建一些特殊的文本效果，需要扩大或缩小字符间距。

在 PowerPoint 中，用户选中幻灯片中的文本框后，单击【开始】选项卡【字体】命令组中的对话框启动器按钮，打开【字体】对话框，选择【字符间距】选项卡可以调整文本框中的字符间距，如图 6-50 所示。

图 6-49　【字体】选项卡

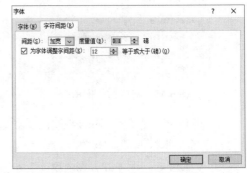

图 6-50　【字符间距】选项卡

4) 设置文本框中文本的行距

选中文本框后，单击【开始】选项卡【段落】命令组中的对话框启动器按钮，在打开的【段落】对话框中用户可以设置文本框中文本的行距、段落缩进以及行间距，如图 6-51 所示。

5) 设置文本框中文本的对齐方式

选中 PPT 中的文本框后，单击【开始】选项卡【段落】命令组中的【左对齐】、【右对齐】、

【居中对齐】、【两端对齐】或【分散对齐】等按钮，可以设置文本框中文本的对齐方式(与 Word 软件类似)，如图 6-52 所示。

图 6-51 【段落】对话框

图 6-52 【段落】命令组

6) 设置项目符号

项目符号在演示文稿中使用的频率很高。在并列的文本内容前都可添加项目符号，默认的项目符号以实心圆点形状显示。要添加项目符号，则将光标定位在目标段落中，在【开始】选项卡的【段落】命令组中单击【项目符号】按钮 ≔·右侧的下拉箭头，弹出图 6-53 所示的项目符号菜单，在该菜单中选择需要使用的项目符号命令即可。

若在项目符号菜单中选择【项目符号和编号】命令，打开【项目符号和编号】对话框(如图 6-54 所示)，在其中可供选择的项目符号类型共有 7 种。

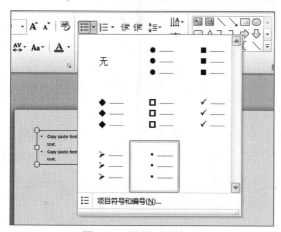

图 6-53 设置项目符号

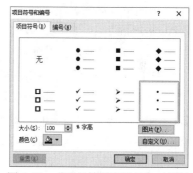

图 6-54 【项目符号和编号】对话框

此外，PowerPoint 还可以将图片或系统符号库中的各种字符设置为项目符号，这样丰富了项目符号的形式。在【项目符号和编号】对话框中单击【图片】按钮，将打开【图片项目符号】对话框。在该对话框中单击【导入】按钮，如图 6-55 所示，在打开的对话框中选择一个图片素材文件，并单击【打开】按钮即可将该图片应用为文本框中文本前的项目符号。在【项目符号和编号】对话框单击【自定义】按钮，将打开【符号】对话框，在该对话框中用户可以使用符号作为文本框中文本前的项目符号，如图 6-56 所示。

7) 设置文本框中的文字方向

在 PowerPoint 中选中 PPT 中的文本框后，单击【开始】选项卡【段落】命令组中的【文字方向】下拉按钮 ⏐⏐⏐·，可以在弹出的下拉列表中设置文本框中文本的文字方向(包括横排、竖排、堆积、所有文字旋转 90°等)。

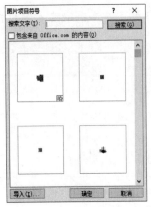

图 6-55　【图片项目符号】对话框

图 6-56　【项目符号和编号】对话框

8) 设置文本框中的文字分栏排版

在 PowerPoint 中选中 PPT 中的文本框后，单击【开始】选项卡【段落】命令组中的【分栏】下拉按钮▥▥▾，可以在弹出的下拉列表中设置文本框中文本的分栏排版(例如两列、三列排版)。

6.1.8　输出演示文稿

有时，为了让演示文稿可以在不同的环境下正常放映，我们需要使用 PowerPoint 将制作好的演示文稿输出为不同的格式，以便播放。

1. 将演示文稿输出为视频

PowerPoint 2010 可以将演示文稿转换为视频内容，以供用户通过视频播放器播放该视频文件，并与其他用户共享该视频。具体方法如下：

单击【文件】按钮，在弹出的菜单中选择【保存并发送】命令，在显示的选项区域中选择【创建视频】选项，如图 6-57 所示。在显示的【创建视频】选项区域中设置视频的放映设备、旁白和每张幻灯片的播放时间，然后单击【创建视频】按钮。打开【另存为】对话框，设置视频文件的保存路径后单击【保存】按钮即可。

图 6-57　【创建视频】选项区域

2. 将演示文稿输出为图片

PowerPoint 支持将演示文稿中的幻灯片输出为 GIF、JPG、PNG、TIFF、BMP、WMF 及 EMF 等格式的图形文件，这有利于用户在更大范围内交换或共享演示文稿中的内容。

在 PowerPoint 2010 中，不仅可以将整个演示文稿中的幻灯片输出为图形文件，还可以将当前幻灯片输出为图片文件。具体方法如下：

单击【文件】按钮，在弹出的菜单中选择【保存并发送】命令，在显示的选项区域中选择【更改文件类型】选项。在显示的选项区域中选择【图片文件类型】列表中的选项后(例如"JPEG 文件交换格式")，单击【另存为】按钮，如图 6-58 所示。打开【另存为】对话框，设置图片文件的保存文件夹后，单击【保存】按钮。在打开的对话框中选择要导出的幻灯片范围(每张幻灯片或仅当前幻灯片)，即可将演示文稿导出为图片格式，如图 6-59 所示。

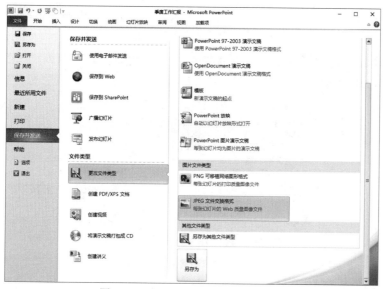

图 6-58　选择幻灯片导出的文件类型

图 6-59　设置幻灯片导出范围

3. 将演示文稿打包为 CD

使用 PowerPoint 2010 提供的【将演示文稿打包成 CD】功能，在有刻录光驱的计算机上可以方便地将制作的演示文稿及其链接的各种媒体文件一次性打包到 CD 上，轻松实现将演示文稿分发或转移到其他计算机上进行演示。

【例 6-10】将本节制作的"季度工作汇报"演示文稿打包为 CD。

(1) 单击【文件】按钮，在弹出的菜单中选择【保存并发送】命令，在显示的选项区域中选择【将演示文稿打包成 CD】选项，并单击【打包成 CD】按钮，如图 6-60 所示。

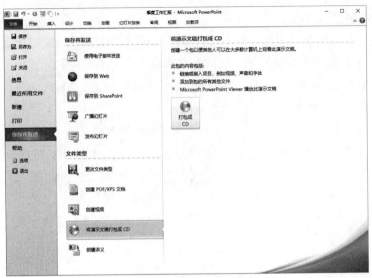

图 6-60　将演示文稿打包成 CD

(2) 打开【打包成 CD】对话框，在【将 CD 命名为】文本框中输入"工作汇报"，单击【添加】按钮，如图 6-61 所示。

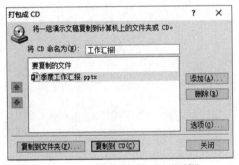

图 6-61　【打包成 CD】对话框

(3) 在打开的【添加文件】对话框中选择【资料演示】文件，单击【添加】按钮。

(4) 返回至【打包成 CD】对话框，单击【复制到文件夹】按钮，打开【复制到文件夹】对话框，在【位置】文本框中设置文件的保存路径，然后单击【确定】按钮。

(5) 在自动弹出的 Microsoft PowerPoint 提示框中单击【是】按钮。

(6) 此时，系统将开始自动复制文件到文件夹。

(7) 打包完毕后，将自动打开保存的文件夹"工作汇报"，显示打包后的所有文件。

4. 将演示文稿保存为 PDF 文件

在 PowerPoint 2010 中，用户可以方便地将制作好的演示文稿转换为 PDF/XPS 文档。

【例 6-11】将本节制作的"季度工作汇报"演示文稿保存为 PDF 文件。

(1) 单击【文件】按钮，在弹出的菜单中选择【保存并发送】命令，在显示的选项区域中选择【创建 PDF/XPS 文档】选项，并单击【创建 PDF/XPS】按钮，如图 6-62 所示。

(2) 打开【发布为 PDF 或 XPS】对话框，设置保存文档的路径，单击【发布】按钮即可，如图 6-63 所示。

图 6-62　创建 PDF/XPS

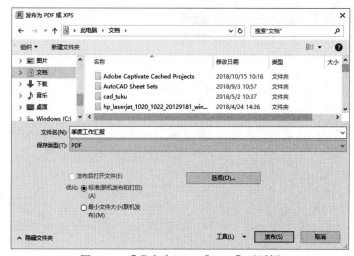

图 6-63　【发布为 PDF 或 XPS】对话框

6.2　制作"主题班会"演示文稿

对于普通用户而言，在制作 PPT 的过程中使用模板不仅可以提高制作速度，还能为演示文稿设置一致的页面版式，使整个演示效果风格统一。本节将通过制作"主题班会"演示文稿，介绍利用模板制作演示文稿的技巧，以及在演示文稿中设置主题、背景并插入图片和表格的方法。

6.2.1　使用模板创建演示文稿

所谓模板就是具有优秀版式设计的演示文稿载体，通常由封面页、目录页、内容页和结束页等部分组成，使用者可以方便地对其修改，从而生成属于自己的演示文稿文档。

在 PowerPoint 中，用户可以将自己制作好的演示文稿或通过模板素材网站下载的模板文件，创建为自定义模板，保存在软件中随时调用。

【例 6-12】将通过网络下载的演示文稿保存为自定义模板，并使用模板创建新的演示文稿。

(1) 打开图 6-64 所示的演示文稿文件后，按下 F12 键，打开【另存为】对话框。

(2) 单击【另存为】对话框中的【保存类型】下拉按钮，从弹出的下拉列表中选择【PowerPoint 模板】选项，单击【保存】按钮可将 PPT 文档保存为模板，如图 6-65 所示。

图 6-64　制作好的演示文稿

图 6-65　设置文件的保存类型

(3) 单击【文件】按钮，在弹出的菜单中选择【新建】命令，在显示选项区域中双击【我的模板】选项，如图 6-66 所示。

(4) 打开【新建演示文稿】对话框，选中步骤(2)保存的模板，单击【确定】按钮，如图 6-67 所示。

图 6-66　使用模板创建演示文稿

图 6-67　【新建演示文稿】对话框

(5) 此时，PowerPoint 将使用模板文件创建一个新的演示文稿。

此外，用户也可以使用 PowerPoint 提供的样本模板创建演示文稿。样本模板是 PowerPoint 自带的模板中的类型，这些模板将演示文稿的样式、风格，包括幻灯片的背景、装饰图案、文字布局及颜色、大小等均预先定义好。用户在设计演示文稿时可以先选择演示文稿的整体风格，再进行进一步编辑和修改。

在 PowerPoint 2010 中，根据样本模板创建演示文稿的方法如下：

单击【文件】按钮，从弹出的菜单中选择【新建】命令，在显示选项区域的文本框中输入文本"教育",然后按下 Enter 键,搜索相关的模板。在搜索结果中双击一个样本模板即可使用模板创建演示文稿,如图 6-68 所示。

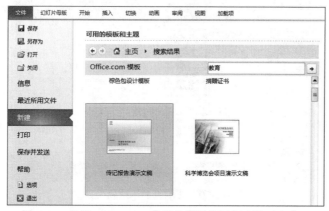

图 6-68 使用 PowerPoint 提供的样板模板创建演示文稿

6.2.2 设置演示文稿主题

使用模板创建演示文稿后,用户可以在【幻灯片母版】选项卡的【编辑主题】命令组中单击【主题】下拉按钮,在弹出的列表中,为演示文稿母版中所有的版式设置统一的主题样式,如图 6-69 所示。主题由颜色、字体、效果 3 部分组成。

图 6-69 【主题】下拉列表

1. 颜色

在为母版设置主题后,在【背景】命令组中单击【颜色】下拉按钮,可以为主题更换不同的颜色组合。使用不同的主体颜色组合将会改变色板中的配色方案,同时使用主题颜色所定义色彩的所有对象,如图 6-70 所示。

2. 字体

在【背景】命令组中单击【字体】下拉按钮,可以更改主题中默认的文本字体(包括标题、正文的默认中英文字体样式),如图 6-71 所示。

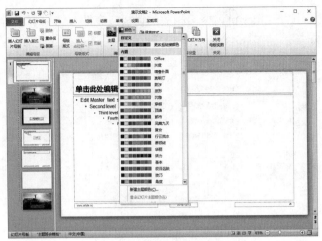

图 6-70　【颜色】下拉列表

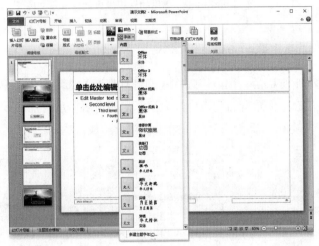

图 6-71　【字体】下拉列表

3. 效果

在【背景】命令组中单击【效果】下拉按钮，可以使用 PowerPoint 预设的效果组合，改变当前主题中阴影、发光、棱台等不同特殊效果的样式，如图 6-72 所示。

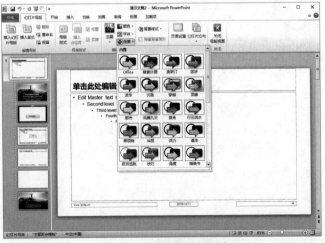

图 6-72　【效果】下拉列表

6.2.3　设置演示文稿背景

演示文稿背景基本上决定了其页面的设计基调。在幻灯片母版中，单击【背景】命令组中的【背景样式】下拉按钮，用户可以使用 PowerPoint 预设的背景颜色，或采用自定义格式的方式，为幻灯片主题页和版式页设置背景。

【例 6-13】继续【例 6-12】的操作，在幻灯片母版中为标题页设置 PowerPoint 预定义背景【样式 2】，为空白版式设置图片背景。

(1) 在幻灯片母版中选中幻灯片标题版式页，选择【幻灯片母版】选项卡，单击【背景】命令组中的【背景样式】下拉按钮，在弹出的列表中选择【样式 2】样式，如图 6-73 所示。

(2) 选中幻灯片空白版式页，再次单击【背景样式】下拉按钮，从弹出的列表中选择【设置背景格式】选项，打开【设置背景格式】对话框，选择【图片或纹理填充】单选按钮，然后单击【文件】按钮，如图 6-74 所示。

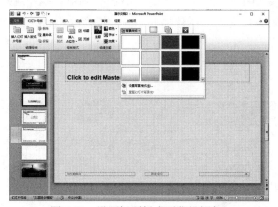

图 6-73　设置标题版式页背景颜色

图 6-74　【设置背景格式】对话框

(3) 打开【插入图片】对话框，选择一个图片文件后，单击【打开】按钮。

(4) 返回【设置背景格式】对话框，设置【透明度】参数为 90%后单击【关闭】按钮，为空白版式页设置图 6-75 所示的背景图片。

(5) 单击【幻灯片母版】选项卡中的【关闭母版视图】按钮，关闭母版视图，此时演示文稿的背景颜色效果将如图 6-76 所示。

图 6-75　设置背景图片

图 6-76　演示文稿的背景效果

6.2.4　插入图片

图片是演示文稿中不可或缺的重要元素，合理地处理演示文稿中插入的图片不仅能够形象地向观众传达信息，起到辅助文字说明的作用，同时还能够美化页面的效果，从而更好地吸引观众的注意力。

下面将介绍使用 PowerPoint 在演示文稿中插入图片的常用方法。

1. 在演示文稿中插入剪贴画

选择【插入】选项卡，在【图像】命令组中单击【剪贴画】按钮将打开【剪贴画】窗格，在该窗格的【搜索文字】文本框中输入一个关键字，然后单击【搜索】按钮，即可使用关键字搜索合适的剪贴画。单击剪贴画列表中的剪贴画，即可将其插入当前幻灯片中，如图 6-77 所示。

2. 在演示文稿中插入来自文件的图片

选择【插入】选项卡，单击【图像】命令组中的【图片】按钮，在打开的对话框中选择一个图片文件后，单击【插入】按钮，即可将来自文件的图片插入当前幻灯片中，如图 6-78 所示。

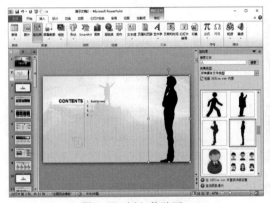
图 6-77　插入剪贴画

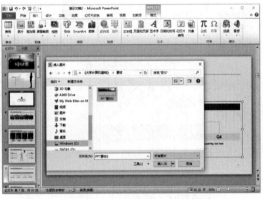
图 6-78　插入来自文件的图片

3. 在演示文稿中插入屏幕截图

选择【插入】选项卡，在【图像】命令组中单击【屏幕截图】按钮，从弹出的菜单中选择【屏幕剪辑】选项，进入屏幕截图状态，拖到鼠标指针截取所需的图片区域可以将指定区域的图片插入当前幻灯片中，如图 6-79 所示。

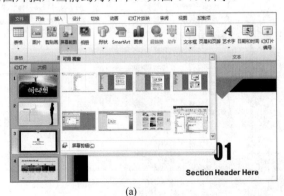
(a)

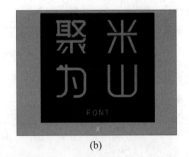
(b)

图 6-79　在演示文稿中插入屏幕截图

6.2.5　使用表格

制作演示文稿时，经常需要向观众传递一些直接的数据信息。此时，使用表格可以帮助我们更加有条理地展示信息，让演示文稿可以更加直观、快速地展现内容的重点。

1. 插入表格

使用 PowerPoint，不仅可以在 PPT 中插入内置表格，还可以插入 Excel 表格。

1) 插入内置表格

在 PowerPoint 中执行【插入表格】命令的方法有以下几种：

- 选择幻灯片后，在【插入】选项卡的【表格】命令组中单击【表格】下拉按钮，从弹出的下拉列表中选择【插入表格】命令，打开【插入表格】对话框，设置表格的【行数】与【列数】，然后单击【确定】按钮，如图 6-80 所示。

- 单击内容占位符中的【插入表格】按钮 ，打开【插入表格】对话框，设置表格的【行数】与【列数】，并单击【确定】按钮，如图 6-81 所示。

图 6-80　【表格】下拉列表

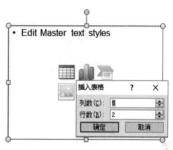

图 6-81　通过占位符插入表格

- 单击【插入】选项卡中的【表格】下拉按钮，在图 6-80 所示的下拉列表中移动鼠标指针，让列表中的表格处于选中状态，并单击鼠标确认表格的行数和列数，即可以在幻灯片中插入相对应的表格。

2) 插入 Excel 表格

在 PowerPoint 中，用户也可将 Excel 表格置于幻灯片中，并利用 Excel 功能对表格数据进行计算、排序或筛选(PowerPoint 内置的表格不具备这样的功能)。

使用 PowerPoint 在 PPT 中插入 Excel 表格的具体方法如下：

- 选中幻灯片后，单击【插入】选项卡中的【表格】下拉按钮，从弹出的下拉列表中选择【Excel 电子表格】选项。此时，将在幻灯片中插入图 6-82 所示的 Excel 表格。

- 在表格中输入数据与计算公式，然后单击幻灯片的空白位置即可将表格应用于幻灯片中。

此外，如果用户需要将制作好的 Excel 文件直接插入 PPT 中，可以执行以下操作：

- 选择【插入】选项卡，在【文本】命令组中单击【对象】按钮。

- 打开【插入对象】对话框，选择【由文件创建】单选按钮，单击【浏览】按钮，如图 6-83 所示。

- 打开【浏览】对话框，选中 Excel 文件后单击【确定】按钮。

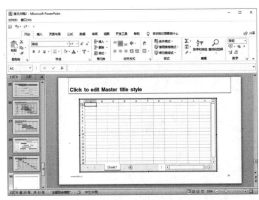

图 6-82　插入演示文稿中的 Excel 表格　　　　　图 6-83　【插入对象】对话框

- 返回【插入对象】对话框，单击【确定】按钮，即可将 Excel 文件插入演示文稿中的当前幻灯片中。
- 拖动表格四周的控制点，可以缩小或放大表格区域。

2. 编辑表格

在演示文稿中使用表格呈现数据之前，用户还需要对表格进行适当的编辑操作，例如插入、合并、拆分单元格，调整单元格的高度与宽度，或者移动、复制、删除行/列等。

1）选择整个表格

选中 PPT 中表格的方法有以下两种：

- 将鼠标指针放置在表格的边框线上单击。
- 将鼠标指针置于表格中的任意单元格内，选择【布局】选项卡，单击【表】命令组中的【选择】下拉按钮，在弹出的菜单中选择【选择表格】命令。

2）选择单个单元格

将鼠标指针置于单元格左侧边界与第 1 个字符之间，当光标变为 ♥ 时，单击鼠标，如图 6-84 所示。

3）选择单元格区域

将鼠标指针置于需要选取单元格区域左上角的单元格中，然后按住鼠标左键拖动至单元格区域右下角的单元格，即可选中框定的单元格区域，如图 6-85 所示。

4）选择整列

将鼠标指针移动至表格列的顶端，待光标变为向下的箭头时 ↓，单击鼠标即可选中表格中的一整列，如图 6-86 所示。

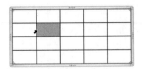
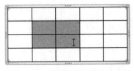
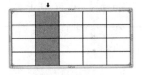

图 6-84　选择表格中的单元格　　　图 6-85　选择单元格区域　　　图 6-86　选择整列

5）选择整行

将鼠标指针移动至表格行的左侧，待光标变为向右箭头时 ➡，单击鼠标即可选中表格中的一整行。

6) 移动行/列

在 PowerPoint 中移动表格行、列的方法有以下几种。

- 选中表格中需要移动的行或列后，按住鼠标左键拖动其至合适的位置，然后释放鼠标即可。

- 选中需要移动的行或列，单击【开始】选项卡中的【剪切】按钮剪切整行、列，然后将光标移动至幻灯片中合适的位置，按下Ctrl+V快捷键即可，如图6-87所示。

7) 插入行/列

在编辑表格时，有时需要根据数据的具体类别插入行或列。此时，可通过【布局】选项卡的【行和列】命令组为表格插入行或列，如图 6-88 所示。

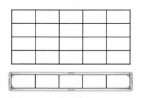

图 6-87　移动表格中的一行

图 6-88　【行和列】命令组

- 插入行：将鼠标光标置于表格中合适的单元格中，单击【布局】选项卡【行和列】命令组中的【在上方插入】按钮，即可在单元格上方插入一个空行；单击【在下方插入】按钮，则可以在单元格下方插入一个空行。

- 插入列：将鼠标光标置于表格中合适的单元格中，单击【布局】选项卡【行和列】命令组中的【在左侧插入】按钮，可以在单元格左侧插入一个空列；单击【在右侧插入】按钮，则可以在单元格右侧插入一个空列。

8) 删除行/列

如果用户需要删除表格中的行或列，在选中行、列后，单击【布局】选项卡【行和列】命令组中的【删除】下拉按钮，在弹出的列表中选择【删除列】或【删除行】命令即可，如图 6-89 所示。

3. 调整表格

在制作演示文稿时，为了使表格与页面的效果更加协调，也为了表格能够符合数据展现的需求，我们经常需要调整表格中单元格的大小、列宽、行高等参数。

1) 调整单元格大小

选中表格后，在【布局】选项的【表格尺寸】命令组中设置【宽度】和【高度】文本框中的数值，可以调整表格的大小，如图 6-90 所示。

图 6-89　删除行/列

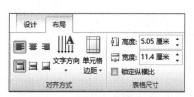

图 6-90　【表格尺寸】命令组

同样，将鼠标指针置入表格中的单元格内，在【单元格大小】命令组中设置【宽度】和【高度】文本框中的数值，则可以调整单元格所在行的高度和所在列的宽度。

2) 设置单元格内容对齐方式

当用户在表格中输入数据后，可以使用【布局】选项卡中【对齐方式】命令组内的各个按钮来设置数据在单元格的对齐方式，如图 6-90 所示。

- 【左对齐】：将数据靠左对齐。
- 【居中对齐】：将数据居中对齐。
- 【右对齐】：将数据靠右对齐。
- 【顶端对齐】：沿单元格顶端对齐数据。
- 【垂直居中】：将数据垂直居中。
- 【底端对齐】：沿单元格底端对齐数据。

3) 设置单元格边距

在 PowerPoint 中，用户可以使用软件预设的单元格边距，通过自定义单元格边距的方法，实现设置数据格式的目的。具体操作方法是：选择【布局】选项卡，单击【对齐方式】命令组中的【单元格边距】下拉按钮，从弹出的下拉列表中选择一组合适的单元格边距参数，如图 6-91 所示。

另外，在图 6-91 所示的下拉列表中选择【自定义边距】命令，可以打开【单元格文本版式】对话框，在该对话框中用户可以根据表格制作的需求，精确设置单元格内容与表格边框之间的边距值，如图 6-92 所示。

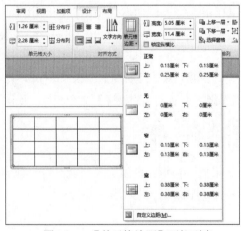

图 6-91　【单元格边距】下拉列表

图 6-92　【单元格文字版式】对话框

4. 合并与拆分单元格

在 PowerPoint 中，表格类似于 Excel 中的表格，也具有合并与拆分的功能。通过合并与拆分单元格，用户可以制作出结构特殊的表格，用于展现演示文稿要表达的数据。

(1) 合并单元格

在 PowerPoint 中合并表格单元格的方法有以下两种：

- 选中表格中两个以上的单元格后，选中【布局】选项卡，单击【合并】命令组中的【合并单元格】按钮。

- 选中表格中需要合并的多个单元格后，右击，在弹出的菜单中选择【合并单元格】命令。

2）拆分单元格

在 PowerPoint 中拆分单元格的操作步骤与合并单元格的操作类似，具体有以下两种：

- 将鼠标置于需要拆分的单元格中，单击【布局】选项卡中的【拆分单元格】按钮，打开【拆分单元格】对话框，设置需要拆分的行数与列数，然后单击【确定】按钮。
- 右击拆分的单元格，在弹出的菜单中选择【拆分单元格】命令，打开【拆分单元格】对话框，设置需要拆分的行数与列数，然后单击【确定】按钮即可。

5. 设置表格样式

设置表格样式是通过 PowerPoint 中内置的表格样式及各种美化表格命令，来设置表格的整体样式、边框样式、底纹颜色以及特殊效果等表格外观格式，在适应 PPT 内容数据与主题的同时，增加表格的美观性。

1）套用表格样式

PowerPoint 为用户提供了数十种内置的表格样式，选中表格后在【设计】选项卡中选择【表格样式】命令组中的样式选项，即可将样式应用与表格，具体方法如下：

选中演示文稿中的表格后，选择【设计】选项卡，单击【表格样式】命令组右下角的【其他】按钮，在弹出的列表中为表格选择一种样式，如图 6-93 所示。此时，即可为表格套用图 6-94 所示的表格样式。

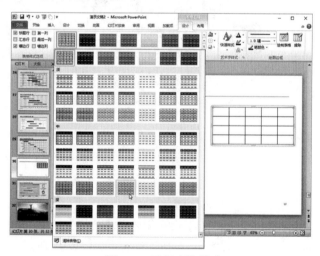

图 6-93　选择表格样式

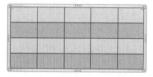

图 6-94　表格应用样式效果

2）设置表格样式选项

为表格应用样式后，用户可以通过启用【设计】选项卡【表格样式选项】命令组中的相应复选框，来突出显示表格标题、数据或效果，例如图 6-94 中表格突出显示的是"镶边行"和"标题行"效果。

PowerPoint 定义了表格的 6 种样式选项，用户根据这 6 种样式可以为表格划分内容的显示方式。

- 【标题行】：通常为表格的第一行，用于显示表格的标题。
- 【汇总行】：通常为表格的最后一行，用于显示表格的数据汇总部分。

- 【镶边行】：用于实现表格各行数据的区分，帮助用户辨识表格数据，通常隔行显示。
- 【第一列】：用于显示表格的副标题。
- 【最后一列】：用于对表格横列数据进行汇总。
- 【镶边列】：用于实现表格列数据的区分，帮助用户辨识表格数据，通常隔列显示。

6. 设置表格填充

在 PowerPoint 中默认的表格颜色为白色，为了突出表格中的特殊数据，用户可以为单个单元格、单元格区域或整个表格设置颜色填充、纹理填充或图片填充。具体方法如下：

选中表格后选择【设计】选项卡，在【表格样式】命令组中单击【底纹】按钮，从弹出的列表中选择"灰色"作为表格的填充颜色，如图 6-95 所示。在图 6-95 所示的下拉列表中选择【图片】选项，用户可以为表格设置图片填充；选择【渐变】选项，用户可以在弹出的子列表中为表格设置渐变填充；选择【纹理】选项，用户可以在弹出的子列表中为表格设置纹理填充，如图 6-96 所示。

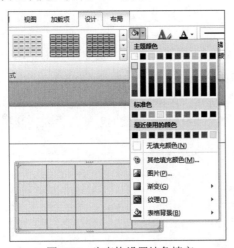

图 6-95　为表格设置纯色填充

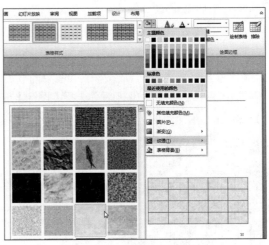

图 6-96　为表格设置纹理填充

7. 设置表格边框

在 PowerPoint 中除了套用表格样式，设置表格的整体格式以外，用户还可以使用【边框】命令，为表格设置边框效果。

1) 使用内置样式

选中表格后，选择【设计】选项卡，单击【表格样式】命令组中的【边框】按钮右侧的倒三角按钮，在弹出的列表中显示了 PowerPoint 内置的 12 种边框样式，如图 6-97 所示。其中每种样式的功能说明如下。

- 【无线框】：清除单元格中的边框样式。
- 【所有框线】：为所有单元格添加线框。
- 【外侧框线】：为表格或单元格添加外部框线。
- 【内部框线】：为表格添加内部框线。
- 【上框线】：为表格或单元格添加上框线。
- 【下框线】：为表格或单元格添加下框线。
- 【左框线】：为表格或单元格添加左框线。
- 【右框线】：为表格或单元格添加右框线。

- 【内部横框线】：为表格添加内部横线。
- 【内部竖框线】：为表格添加内部竖线。
- 【斜下框线】：为表格或单元格添加左上至右下的斜线。
- 【斜上框线】：为表格或单元格添加右上至左下的斜线。

2）设置边框颜色

选中表格、单元格或单元格区域后，选择【设计】选项卡，在【绘制边框】命令组中单击【笔颜色】下拉按钮，即可更改表格边框设定的颜色。具体方法如下：

选中表格，选择【设计】选项卡，在【绘图边框】命令组中单击【笔颜色】下拉按钮，从弹出的列表中选择一种颜色，如图 6-98 所示。选中表格或表格中设置了边框的单元格区域，单击【设计】选项卡【表格样式】命令组中的【边框】按钮，即可应用设置的边框颜色。

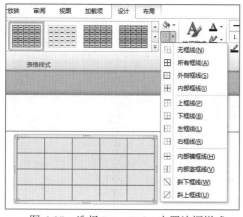

图 6-97 选择 PowerPoint 内置边框样式

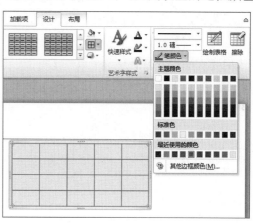

图 6-98 【笔颜色】下拉列表

3）设置边框线型

选中表格、单元格或单元格区域后，选择【设计】选项卡，单击【绘制边框】命令组中的【笔样式】下拉按钮，在弹出的列表中可以为表格边框设置线型，如图 6-99 所示。

4）设置边框线条粗细

设置表格边框线条粗细的方法与设置线型的方法类似。选中表格、单元格或单元格区域后，选择【设计】选项卡，单击【绘制边框】命令组中的【笔粗细】下拉按钮，从弹出的列表中可以设置表格边框的线条粗细，如图 6-100 所示。

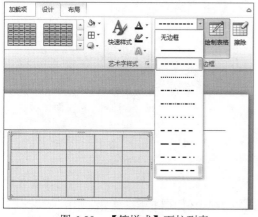

图 6-99 【笔样式】下拉列表

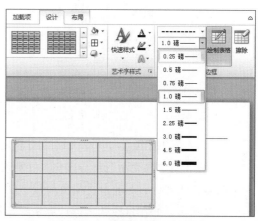

图 6-100 【笔粗细】下拉列表

6.3 制作"学校宣传"演示文稿

PowerPoint 是一款功能强大的演示文稿制作软件，在该软件中用户除了可以对演示文稿的结构和页面进行设计与排版之外，还可以通过使用形状、声音、视频、控件与超链接，优化演示文稿的功能，使其最终的演示效果更加出彩。本节将通过制作"学校宣传"演示文稿，逐一介绍这些功能。

6.3.1 设置演示文稿尺寸

在幻灯片母版中，用户可以为演示文稿的页面设置尺寸。目前，常见的页面尺寸有 16:9 和 4:3 两种，如图 6-101 所示。

在【视图】选项卡中单击【幻灯片母版】按钮进入幻灯片母版后，在【幻灯片母版】选项卡的【页面设置】命令组中单击【页面设置】按钮，即可打开【页面设置】对话框，更改母版中所有页面版式的尺寸，如图 6-102 所示。

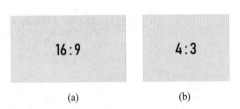

(a) (b)

图 6-101 16:9 和 4:3 页面尺寸的对比

图 6-102 【页面设置】对话框

16:9 和 4:3 这两种尺寸各有特点。

- 用于演示文稿封面图片，4:3尺寸更贴近于图片的原始比例，看上去更自然，如图6-103所示。当使用同样的图片在16:9的尺寸下时，如果保持宽度不变，用户就不得不对图片进行上下裁剪，如图6-104所示。

图 6-103 4:3 尺寸的演示文稿页面

图 6-104 16:9 尺寸的演示文稿页面

- 在4:3的比例下，演示文稿的图形化排版上可能会显得自由一些，如图6-105所示。同样的内容展示在16:9的页面中则会显得更加紧凑，如图6-106所示。

在实际工作中，对演示文稿页面尺寸的选择，用户需要根据演示文稿最终的用途和呈现的终端来确定。如在目前的主流计算机显示屏上显示，效果如图 6-107 所示。

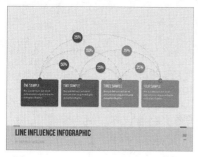

图 6-105　4:3 尺寸下的图形化排版

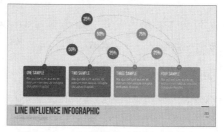

图 6-106　16:9 尺寸下的图形化排版

　　由于目前 16:9 的尺寸已成为计算机显示器分辨率的主流比例，如果演示文稿只是作为一个文档报告，用于发给观众自行阅读，16:9 的尺寸恰好能在显示器屏幕中全屏显示，可以让页面上的文字看起来更大、更清楚。

　　但如果演示文稿是用于会议、提案的"演讲"型演示文稿，则需要根据投影幕布的尺寸设置合适的尺寸。目前，大部分投影幕布的尺寸比例都是 4:3 的，如图 6-108 所示。

图 6-107　在显示器中放映演示文稿

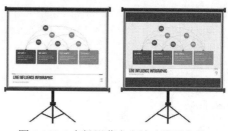

图 6-108　在投影幕布上放映演示文稿

　　【例 6-14】创建"学校宣传"演示文稿，并设置幻灯片尺寸为 16:9。

　　(1) 按下 Ctrl+N 快捷键新建一个空白演示文稿，按下 F12 键打开【另存为】对话框，将该演示文稿以"学校宣传"为名保存。

　　(2) 选择【视图】选项卡，单击【母版视图】命令组中的【幻灯片母版】按钮，打开幻灯片母版。

　　(3) 选择【幻灯片母版】选项卡，单击【页面设置】命令组中的【页面设置】对话框，将【幻灯片大小】设置为【全屏显示(16:9)】，如图 6-109 所示。

　　(4) 单击【确定】按钮后，幻灯片尺寸将被设置为图 6-110 所示的 16:9。

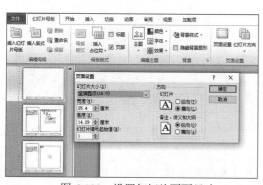

图 6-109　设置幻灯片页面尺寸

图 6-110　幻灯片效果

6.3.2　使用形状

形状在 PPT 排版中的运用非常常见，它本身是不包含任何信息的，但常作为辅助元素应用，往往也发挥着巨大的作用。

1. 插入形状

在 PowerPoint 中选择【插入】选项卡，单击【插图】命令组中的【形状】按钮，在弹出的列表中用户可以选择插入演示文稿中的形状。

【例 6-15】在"学校宣传"演示文稿中插入形状。

(1) 继续【例 6-14】的操作，单击【幻灯片母版】选项卡中的【关闭母版视图】按钮，关闭幻灯片母版。选择【开始】选项卡，单击【新建幻灯片】下拉按钮，从弹出的列表中选择【空白】选项，插入一个空白版式的幻灯片，然后按下两次 F4 键，重复同样的操作，在演示文稿中插入图 6-111 所示的空白幻灯片。

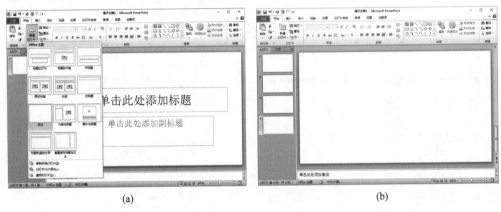

(a)　　　　　　　　　　　　　　　　(b)

图 6-111　在演示文稿中插入空白版式的幻灯片

(2) 选中演示文稿的第 2 张幻灯片，选择【插入】选项卡，单击【形状】下拉按钮，从弹出的列表中选择【矩形】选项，如图 6-112 所示。

(3) 按住鼠标左键，在幻灯片页面中绘制一个矩形形状，覆盖整个幻灯片，如图 6-113 所示。

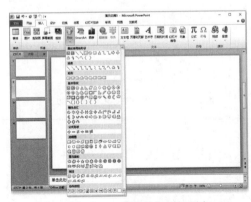　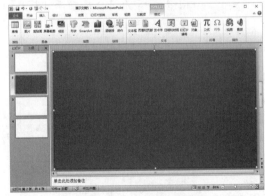

图 6-112　【形状】下拉列表　　　　　　　　图 6-113　绘制矩形形状

(4) 选中演示文稿的第 3 张幻灯片，再次单击【形状】下拉按钮，从弹出的列表中依次选择【等腰三角形】选项和【矩形】选项，在页面中绘制图 6-114 所示的等腰三角形和矩形。

（5）将鼠标指针放置在绘制的形状上，按住鼠标左键拖曳，调整形状在幻灯片页面中的位置，如图 6-115 所示。

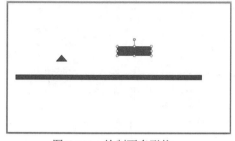

图 6-114　绘制更多形状

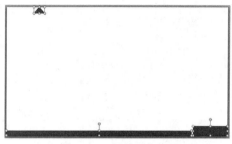

图 6-115　调整形状位置

2. 设置形状格式

右击演示文稿中的形状，在弹出的菜单中选择【设置形状格式】命令，打开【设置形状格式】对话框，在该对话框的【填充】选项卡中，用户可以设置形状的填充效果；在【线条颜色】选项卡中，用户可以设置形状的线条颜色；在【线型】选项卡中，用户可以设置形状外边框线条的线型。

【例 6-16】继续【例 6-15】的操作，设置"学校宣传"演示文稿中形状的填充和线条颜色。

（1）选中演示文稿第 2 张幻灯片中的矩形形状，右击，在弹出的菜单中选择【设置形状格式】命令。

（2）打开【设置形状格式】对话框选择【填充】选项卡，单击【颜色】下拉按钮，从弹出的列表中选择"紫色"选项，将形状的填充颜色设置为"紫色"，如图 6-116 所示。

（3）选择【线条颜色】选项卡，选中【无线条】单选按钮，取消形状的边框颜色显示，如图 6-117 所示。

图 6-116　设置形状颜色

图 6-117　设置形状边框颜色

（4）单击【关闭】按钮，关闭【设置形状格式】对话框。选择【开始】选项卡，双击【剪贴板】命令组中的【格式刷】按钮，如图 6-118 所示。

（5）选中演示文稿第 3 张幻灯片，单击其中的等腰三角形形状和右下角的矩形形状，复制形状格式，效果如图 6-119 所示。

（6）选中幻灯片左下角的矩形形状，重复步骤(1)的操作，打开【设置形状格式】对话框，将形状的填充颜色设置为"灰色"，如图 6-120 所示。

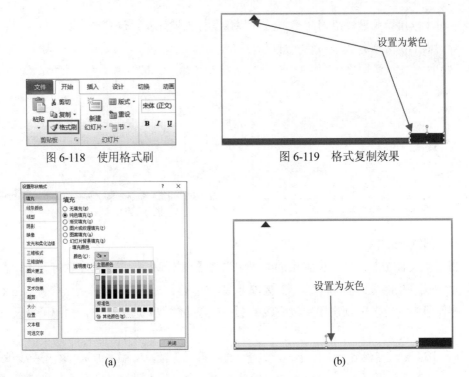

图 6-118　使用格式刷　　　　图 6-119　格式复制效果

(a)　　　　　　　　(b)

图 6-120　设置矩形形状的填充颜色

3. 设置形状变化

设置形状变化指的是对规则的图形形态的一些改变，主要通过编辑形状顶点实现。

在 PowerPoint 中，右击形状，在弹出的菜单中选择【编辑顶点】命令，进入顶点编辑模式用户可以改变形状的外观。在顶点编辑模式中，形状被显示为路径、顶点和手柄 3 个部分，如图 6-121 所示。

单击形状上的顶点，将在顶点的两边显示手柄，拖动手柄可以改变与手柄相关的路径位置；右击路径，在弹出的菜单中选择【添加顶点】命令，可以在路径上添加一个顶点，如图 6-122 所示。

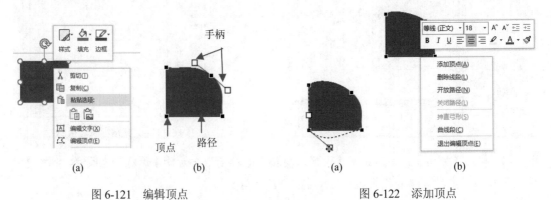

　(a)　　　　　　(b)　　　　　　　(a)　　　　　　(b)

图 6-121　编辑顶点　　　　　　图 6-122　添加顶点

右击线段后，如果在弹出的菜单中选择【曲线段】命令，可以将直线线段改变为图 6-123 所示的曲线线段。

右击形状的顶点，在弹出的菜单中用户可以选择【平滑顶点】、【直线点】和【角部顶点】

命令，对顶点进行编辑，如图 6-124 所示。

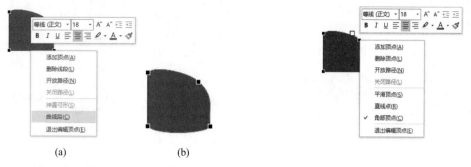

　　　(a)　　　　　　　　(b)

图 6-123　修改直线　　　　　　　　　　　　图 6-124　编辑顶点菜单

　　拖动形状四周的顶点，则可以同时调整与该顶点相交的两条路径，如图 6-125 所示。此外，用户还可以通过删除形状上的顶点来改变形状。例如，右击矩形形状右上角上的顶点，在弹出的菜单中选择【删除顶点】命令，该形状将变为三角形，如图 6-126 所示。

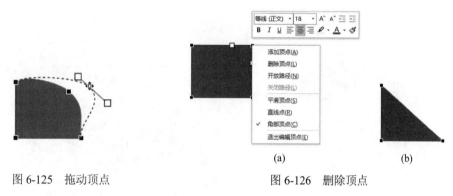

　　　　　　　　　　　　　　　　　　(a)　　　　　　　　(b)

图 6-125　拖动顶点　　　　　　　　　　图 6-126　删除顶点

【例 6-17】继续【例 6-16】的操作，编辑"学校宣传"演示文稿中形状。

　　(1) 选中演示文稿中的第 3 张幻灯片，右击幻灯片页面右下角的矩形图形，进入顶点编辑模式，然后在矩形上方的路径上右击，在弹出的菜单中选择【添加顶点】命令，在路径上添加一个顶点，如图 6-127 所示。

　　(2) 右击矩形左上角的顶点，在弹出的菜单中选择【删除顶点】命令，将矩形形状设置为图 6-128 所示。

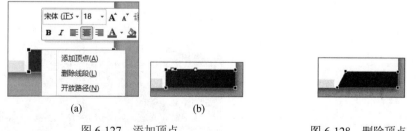

　　　　　(a)　　　　　　　　(b)

图 6-127　添加顶点　　　　　　　　　　图 6-128　删除顶点

　　(3) 选中幻灯片页面中的另一个矩形，然后重复以上操作，将其形状编辑为图 6-129 所示。

　　(4) 调整矩形的位置并拖动其四周的控制点，调整矩形长度，完成后效果如图 6-130 所示。

图 6-129　编辑顶点

图 6-130　调整矩形位置和大小

4. 设置蒙版

演示文稿中的图片蒙版实际上就是遮罩图片上的形状。在许多商务 PPT 的设计中，在图片上使用蒙版，可以瞬间提升页面的显示效果，如图 6-131 所示。

【例 6-18】继续【例 6-17】的操作，在"学校宣传"演示文稿中设置蒙版。

(1) 选中演示文稿第 1 张幻灯片，然后在其中插入图片和文本框，制作效果如图 6-132 所示的页面。

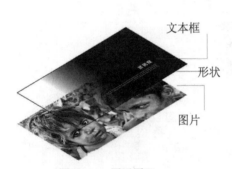

图 6-131　图层原理

图 6-132　在幻灯片中插入图片和文本框

(2) 选择【插入】选项卡，单击【插图】命令组中的【形状】下拉按钮，从弹出的列表中选择【矩形】选项，在幻灯片中绘制一个矩形覆盖整个页面。

(3) 右击绘制的矩形形状，在弹出的菜单中选择【设置形状格式】命令，打开【设置形状格式】对话框，选择【填充】选项卡，选中【渐变填充】单选按钮并设置渐变填充选项和透明度参数，如图 6-133 所示。

(4) 单击【关闭】按钮后，在第 1 张幻灯片中设置渐变填充，效果如图 6-134 所示。

图 6-133　设置填充颜色和透明度参数

图 6-134　渐变填充效果

(5) 选中演示文稿的第 2 张幻灯片,在其中插入文本框和图片,如图 6-135 所示。

(6) 单击【插入】命令组中的【形状】下拉按钮,从弹出的列表中选择【矩形】选项,在幻灯片中绘制一个矩形,覆盖页面中的图片。

(7) 重复步骤(3)的操作,打开【设置形状格式】对话框,为形状设置"白色"填充和透明度参数,为形状设置纯色蒙版,如图 6-136 所示。

图 6-135　第 2 张幻灯片　　　　　　　图 6-136　纯色蒙版效果

(8) 选中演示文稿中的第 4 张幻灯片,在其中插入图片和文本框,制作如图 6-137 所示的页面效果。

(9) 选中演示文稿第 1 张幻灯片,设置渐变色填充形状,然后按下 Ctrl+C 快捷键执行【复制】命令。

(10) 选中演示文稿第 4 张幻灯片,按下 Ctrl+V 快捷键,执行【粘贴】命令,复制幻灯片中的形状,制作效果如图 6-138 所示。

图 6-137　第 4 张幻灯片　　　　　　　图 6-138　复制形状

5. 调整元素图层

所谓"图层",通俗一点讲就像是含有文字或图形等元素的胶片,一张张按顺序叠放在一起,组合起来形成页面的最终效果,如图 6-139 所示。在制作演示文稿时,当同一张幻灯片页面里的元素(文字、图片、形状)太多时,编辑起来就很麻烦,知道了图层概念,我们就可以利用图层对元素分层进行编辑,将暂时不需要编辑的图层进行隐藏。

【例 6-19】继续【例 6-18】的操作,在"学校宣传"演示文稿中设置元素的图层顺序。

(1) 选中演示文稿第 1 张幻灯片,选中页面中的形状,右击,在弹出的菜单中选择【置

于底层】|【下移一层】命令，如图 6-140 所示。

图 6-139　图层的概念

图 6-140　将矩形图层下移一层

(2) 此时，形状将下移一层，如图 6-141 所示。按下 F4 键，重复执行步骤(1)的操作，将矩形图层不断下移，显示出页面中必要的文本框和图片，如图 6-142 所示。

图 6-141　形状图层下移一层效果

图 6-142　封面页效果

(3) 选中演示文稿的第 2 张幻灯片，选中其中的矩形形状，然后重复步骤(1)的操作，将形状图层下移，使页面效果如图 6-143 所示。

(4) 选中演示文稿第 3 张幻灯片中的等腰三角形形状，选择【格式】选项卡，单击【排列】命令组中的【旋转】下拉按钮，从弹出的下拉列表中选择【垂直翻转】命令，将等腰三角形旋转 180°，如图 6-144 所示。

图 6-143　目录页效果

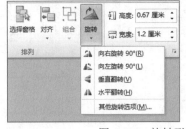
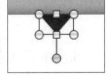

图 6-144　旋转形状

(5) 在页面中插入图形和文本框，并执行步骤(1)的操作，调整页面中各元素的图层顺序，如图 6-145 所示。

(6) 选中演示文稿的第 4 张幻灯片中的矩形形状，然后执行步骤(1)的操作，调整矩形形状在页面中的图层顺序，如图 6-146 所示。

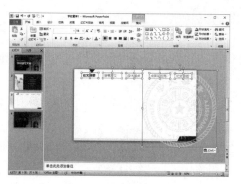

图 6-145　内容页效果

图 6-146　结束页效果

6.3.3　使用 SmartArt 图形

SmartArt 是从 Microsoft Office 2007 开始在 Office 系列软件中加入的特性，用户可在 PowerPoint、Word、Excel 中使用该特性创建各种图形图表。SmartArt 图形是信息和观点的视觉表示形式，用户可以通过从多种不同布局中进行选择来创建 SmartArt 图形，从而快速、轻松、有效地传达信息。

简单地说，SmartArt 就是 Office 软件内建的逻辑图表，主要用于表达文本之间的逻辑关系，如流程关系，逻辑关系和层次关系，如图 6-147 所示。

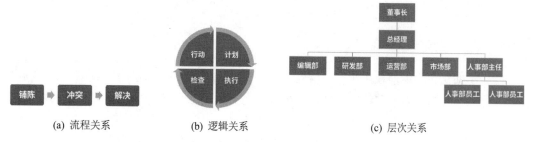

(a) 流程关系　　　　　(b) 逻辑关系　　　　　(c) 层次关系

图 6-147　SmartArt 图形内建的逻辑关系

在 PowerPoint 2010 中，用户可以通过单击【插入】选项卡【插图】命令组中的 SmartArt 按钮，打开【插入 SmartArt 图形】对话框，即可使用该文本框中的选项在演示文稿中插入 SmartArt，如图 6-148 所示。

(a)

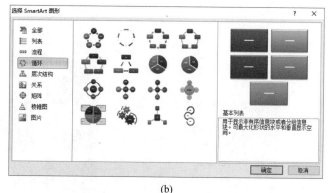

(b)

图 6-148　使用【插入 SmartArt 图形】对话框

6.3.4　插入音频

声音是比较常用的媒体形式。在一些特殊环境下，为演示文稿插入声音可以很好地烘托演示氛围。使用 PowerPoint 在演示文稿中插入并设置音频方法如下：

选择【插入】选项卡，在【媒体】命令组中单击【音频】按钮，在弹出的列表中选择【文件中的音频】选项，如图 6-149 所示。打开【插入音频】对话框，用户可以将计算机中保存的音频文件插入演示文稿中。音频在演示文稿中显示为声音图标，选中该图标将显示声音播放栏。此时，选择【播放】选项卡，用户可以设置音频的音量、循环播放、播放完后返回开头等播放设置，如图 6-150 所示。

图 6-149　插入文件中的音频

图 6-150　设置演示文稿中的音频

6.3.5　插入视频

在演示文稿中适当地使用视频，能够方便、有效、快捷地展示动态的内容。通过视频中流畅的演示，能够在演示文稿中实现化抽象为直观、化概括为具体、化理论为实例的效果。

使用 PowerPoint 在演示文稿中插入视频的具体方法如下：

选择【插入】选项卡，在【媒体】命令组中单击【视频】按钮下方的箭头，在弹出的下拉列表中选择【文件中的视频】选项，如图 6-151 所示。打开【插入视频文件】对话框，选中一个视频文件，单击【插入】按钮，即可在演示文稿中插入一个视频。此时，选择【播放】选项卡，用户可以设置视频全屏播放、未播放时隐藏、循环播放、自动播放或单击时播放等效果，如图 6-152 所示。

图 6-151　插入文件中的视频

图 6-152　设置演示文稿中的视频

6.3.6 使用超链接

超链接实际上是指向特定位置或文件的连接方式，用户可以利用它指定程序的跳转位置。超链接只有在幻灯片放映时才有效。在 PowerPoint 中，超链接可以跳转到当前演示文稿中的特定幻灯片、其他演示文稿中特定的幻灯片、自定义放映、电子邮件地址、文件或 Web 页上。

在演示文稿中只有幻灯片页面中的对象才能添加超链接，备注、讲义等内容不能添加超链接。在幻灯片页面中可以显示的对象几乎都可以作为超链接的载体。添加或修改超链接的操作一般在普通视图中的幻灯片编辑窗口中进行，而在幻灯片预览窗口的大纲选项卡中，只能对文字添加或修改超链接。

1. 设置超链接

在 PowerPoint 中，为演示文稿中的元素设置超链接的方法如下：

选中页面中的一个元素后(例如文本框或文本)，右击，在弹出的菜单中选择【超链接】命令。打开【插入超链接】对话框，在【请选择文档中的位置】列表框中选择要链接的幻灯片，单击【确定】按钮即可，如图 6-153 所示。为页面元素设置超链接后，按下 F5 键预览网页，单击页面中设置超链接的元素，即可跳转至指定的页面。

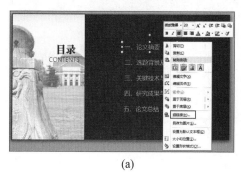
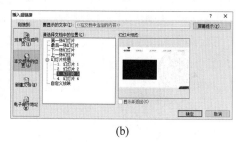

(a) (b)

图 6-153 为页面中的元素设置超链接

此外，在图 6-153(b)所示的【插入超链接】对话框中，用户还可以为幻灯片元素设置文件或网页链接(此类链接用于放映演示文稿时，打开一个现有的文件或网页)，方法如下：

打开【插入超链接】对话框后，在【链接到:】列表框中选中【现有文件或网页】选项，然后在对话框右侧的列表框中选中一个文件，然后单击【确定】按钮即可为幻灯片元素设置文件链接，如图 6-154 所示。打开【插入超链接】对话框后，在【链接到:】列表框中选中【现有文件或网页】选项，然后在【地址:】文本框中输入网页地址，然后单击【确定】按钮即可为幻灯片元素设置网页链接，如图 6-155 所示。

图 6-154 设置文件链接 图 6-155 设置网页链接

2. 编辑超链接

用户在幻灯片中添加超链接后，如果对超链接的效果不满意，可以对其进行编辑与修改，让链接更加完整和美观。

在 PowerPoint 中，用户可以通过【编辑超链接】对话框对 PPT 中的超链接进行更改，该对话框和【插入超链接】对话框的选项和功能是完全相同的。打开【编辑超链接】对话框的方法如下：

选中演示文稿中设置了超链接的对象后，右击，在弹出的菜单中选择【编辑超链接】命令。打开【编辑超链接】对话框(与图 6-155 所示的【插入超链接】对话框类似)，用户可以根据 PPT 的设计需求，更改超链接的类型或链接地址。完成设置后，单击【确定】按钮即可。

3. 删除超链接

要删除页面元素中设置的超链接，只需要右击该元素，在弹出的菜单中选择【取消超链接】命令即可。

6.3.7 使用动作按钮

在演示文稿中添加动作按钮，用户可以很方便地对幻灯片的播放进行控制。在一些有特殊要求的演示场景中，能够使演示过程更加便捷。

在 PowerPoint 中，创建动作按钮与创建形状的命令是同一个，具体方法如下：

选中合适的幻灯片页面，选择【插入】选项卡，在【插图】命令组中单击【形状】下拉按钮，从弹出的下拉列表中选择【动作按钮】栏中的一种动作按钮(例如【前进或下一项】)，如图 6-156 所示。按住鼠标指针，在页面中绘制一个大小合适的动作按钮，如图 6-157 所示。

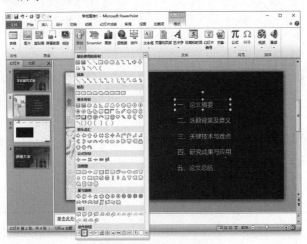

图 6-156　【形状】下拉列表

图 6-157　绘制动作按钮

打开【动作设置】对话框，单击【超链接到】下拉按钮，从弹出的下拉列表中选择一个动作(本例选择【下一张幻灯片】动作)，单击【确定】按钮，如图 6-158 所示。此时，将在页面中添加一个执行【前进或下一项】动作的按钮。按下 F5 键预览网页，单击页面中的动作按钮，将跳过页面动画直接放映下一张幻灯片，如图 6-159 所示。

图 6-158　【动作设置】对话框

动作按钮

图 6-159　在放映时使用动作按钮

6.3.8　自定义动画设置

在 PowerPoint 中，为演示文稿设置动画包括设置各个幻灯片之间的切换动画与在幻灯片中为某个对象设置的动画。通过设定与控制动画效果，可以使 PPT 的视觉效果更加突出，重点内容更加生动。

1. 设置演示文稿切换动画

幻灯片切换动画是指一张幻灯片如何从屏幕上消失，以及另一张幻灯片如何显示在屏幕上的方式。幻灯片切换方式可以是简单地以一个幻灯片代替另一个幻灯片，也可以使幻灯片以特殊的效果出现在屏幕上，如图 6-160 所示。

在 PowerPoint 中，用户可以为一组幻灯片设置同一种切换方式，也可以为每张幻灯片设置不同的切换方式。

要为幻灯片添加切换动画，可以选择【切换】选项卡，在【切换到此幻灯片】命令组中进行设置。在该组中单击 按钮，将打开图 6-161 所示的幻灯片动画效果列表。单击选中某个动画后，当前幻灯片将应用该切换动画，并立即预览动画效果。

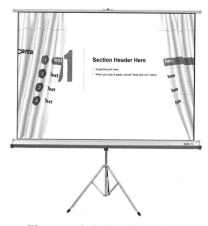

图 6-160　幻灯片切换动画效果

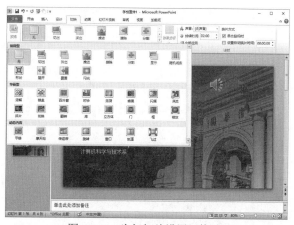

图 6-161　为幻灯片设置切换动画

完成幻灯片切换动画的选择后，在 PowerPoint 的【切换】选项卡中，用户除了可以选择各类动画"切换方案"以外，还可以为所选的切换效果配置音效、改变切换速度和换片方式。

【例 6-20】继续【例 6-19】的操作，为"学校宣传"演示文稿设置幻灯片切换动画。

(1) 选择【切换】选项卡，在【切换到此幻灯片】命令组中进行设置。在该组中单击⊡按钮，从弹出的下拉列表中选择一种动画效果(例如【棋盘】)。

(2) 在【计时】命令组中单击【声音】下拉按钮，在弹出的下拉列表中选择【风铃】选项，为幻灯片应用该声音效果，如图 6-162 所示。

(3) 在【计时】命令组的【持续时间】微调框中输入 00.50。为幻灯片设置持续时间的目的是控制幻灯片的切换速度，以便查看幻灯片内容。

(4) 在【计时】命令组中取消选中【单击鼠标时】复选框，选中【设置自动换片时间】复选框，并在其后的微调框中输入 00:05.00，如图 6-163 所示。

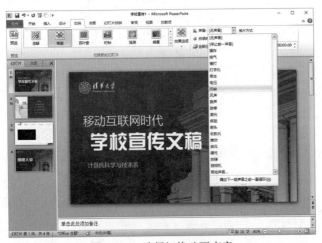

图 6-162　选择切换动画声音

图 6-163　设置自动换片时间

(5) 单击【全部应用】按钮，将设置好的计时选项应用到每张幻灯片中。

(6) 单击状态栏中的【幻灯片浏览】按钮，切换至幻灯片浏览视图，查看设置后的自动切片时间。

选中幻灯片，打开【切换】选项卡，在【切换到此幻灯片】命令组中单击【其他】按钮⊡，从弹出的【细微型】切换效果列表框中选择【无】选项，即可删除该幻灯片的切换效果。

2. 设置演示文稿对象动画

所谓对象动画，是指为幻灯片内部某个对象设置的动画效果。对象动画设计在幻灯片中起着至关重要的作用，具体有 3 个方面：一是清晰地表达事物关系，如以滑轮的上下滑动作数据的对比，是由动画的配合体现的；二是更加配合演讲，如移动原则实际就是配合演讲，当幻灯片进行闪烁和变色，观众的目光就会与演讲内容而移动，与 PowerPoint 同样原理的演讲结合；三是增强效果表现力，例如设置不断闪动的光影、漫天飞雪、落叶飘零、亮闪闪的效果等。

在 PowerPoint 中选中一个对象(图片、文本框、图表等)，在【动画】选项卡的【动画】命令组中单击【其他】按钮⊡，在弹出的列表中即可为对象选择一个动画效果。

除此之外，在【高级动画】命令组中单击【添加动画】按钮，在弹出的列表中也可以为对象设置动画效果，如图 6-164 所示。

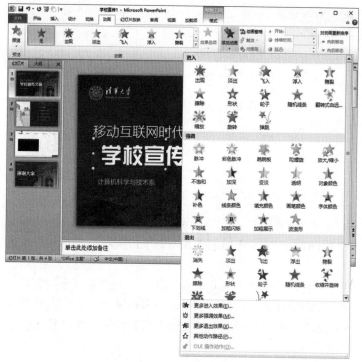

图 6-164　设置对象动画

　　演示文稿中对象动画包含进入、强调、退出和动作路径 4 种效果。其中"进入"是指通过动画方式让效果从无到有；"强调"动画是指本来就有，到合适的时间就显示一下；"退出"是在已存在幻灯片中，实现从有到无的过程；"路径"指本来就有的动画，沿着指定路线发生位置移动。

　　对很多人来说，在演示文稿里添加动画是一件非常麻烦的工作：要么动画效果冗长拖沓，喧宾夺主；要么演示时手忙脚乱，难以和演讲精确配合。之所以会这样，很大程度是用户不了解如何控制对象动画的时间。

　　文本框、图形、照片的动画时长、重复次数、各个动画的触发方式、单击鼠标后直接触发或其他动画完成之后自动触发、触发后立即执行还是延迟几秒钟之后再执行……这些设置虽然基础，但却是对象动画制作的核心。

　　下面将从动画触发方式、动画时长、动画延迟和动画重复 4 个方面，介绍对象动画的时间控制，如图 6-165 所示。

　　1）设置动画触发方式

　　对象动画有 3 种触发方式，一是通过单击鼠标的方式触发，一般情况下添加的动画默认就是通过单击鼠标来触发的；二是与上一动画同时，指的是上一个动画触发的时候，也会同时触发这个动画；三是上一动画之后，是指上一个动画结束之后，这个动画就会自动被触发。

　　选择【动画】选项卡，单击【高级动画】命令组中的【动画窗格】选项，显示【动画窗格】窗格，然后单击该窗格中动画后方的倒三角按钮，从弹出的菜单中选择【计时】选项，可以打开动画设置对话框，如图 6-166 所示。

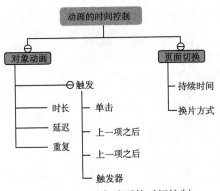

图 6-165　对象动画的时间控制

图 6-166　显示【动画窗格】

不同动画打开的动画设置的对话框名称各不相同,以图 6-167 所示的【出现】对话框为例,在该对话框的【计时】选项卡中单击【开始】下拉按钮,在弹出的菜单中用户可以修改动画的触发方式。

其中,通过单击鼠标的方式触发又可分为两种,一种是在任意位置单击鼠标即可触发,一种是必须单击某一个对象才可以触发。前者是对象动画默认的触发类型,后者就是我们常说的触发器。单击图 6-168 所示对话框中的【触发器】按钮,在显示的选项区域中,用户可以对触发器进行详细设置。

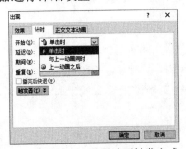

图 6-167　设置动画触发方式

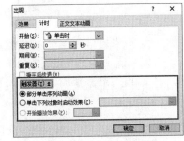

图 6-168　设置触发器

下面以 A 和 B 两个对象动画为例,介绍几种动画触发方式的区别。

- 设置为【单击时】触发:当A、B两个动画都是通过单击鼠标的方式触发时,相当于分别为这两个动画添加一个开关。单击一次鼠标,第一个开关打开;再单击一次鼠标,第二个开关打开。
- 设置为【与上一动画同时】触发:当A、B两个动画中B动画的触发方式设置为"与上一动画同时"时,则意味着A和B动画共用同一个开关,当鼠标单击打开开关后,两个对象的动画就是同时执行。
- 设置为【上一动画之后】触发:当A、B两个动画中B的动画设置为"上一动画之后"时,A和B动画同样共用一个开关,所不同的是,B的动画只有在A的动画执行完毕之后才会执行。
- 设置触发器:当用户把一个对象设置为对象A的动画的触发器时,意味着该对象变成了动画A的开关,单击对象,意味着开关打开,A的动画开始执行。

2) 设置动画时长

动画的时长就是动画的执行时间,PowerPoint在动画设置对话框中(以图6-169所示的【飞入】对话框为例)预设了 5 种时长,分别为非常快、快、中、慢、非常慢,分别对应 0.5~5 秒不等，实际上，动画的时长可以设置为 0.01 秒到 59.00 秒之间的任意时长。

　　3) 设置动画延迟

　　延迟时间，是指动画从被触发到开始执行所需的时间。为动画添加延迟时间，就像是把普通炸弹变成了定时炸弹。与动画的时长一样，延迟时间也可以设置为 0.01 秒到 59.00 秒之间的任意时长。

　　以图 6-170 中所设置的动画选项为例，图中的【延迟】参数设置为 2.5 后，动画被触发后，将再过 2.5 秒才执行(若将【延迟】参数设置为 0，则动画被触发后将立即开始执行)。

　　4) 设置动画重复

　　动画的重复次数，是指动画被触发后连续执行几次。值得注意的是，重复次数未必非要是整数，小数也可以。当重复次数为小数时，动画执行到一半就会戛然而止。换言之，当某个退出动画的重复次数被设置为小数时，这个退出动画实际上就相当于强调动画。

　　在图 6-170 所示的动画设置对话框中，单击【重复】下拉按钮，即可在弹出的列表中为动画设置重复次数。

图 6-169　设置动画时长

图 6-170　设置动画延迟

6.3.9　幻灯片放映设置

　　制作完演示文稿后，用户可以根据需要进行放映前的准备，如录制旁白、排练计时、设置放映的方式和类型、设置放映内容或调整幻灯片放映的顺序等。

1. 设置放映时间

　　在放映幻灯片之前，演讲者可以运用 PowerPoint 的【排练计时】功能来排练整个演示文稿放映的时间，即将每张幻灯片的放映时间和整个演示文稿的总放映时间了然于胸。

　　【例 6-21】继续【例 6-20】的操作，排练"学校宣传"演示文稿的放映时间。

　　(1) 选择【幻灯片放映】选项卡，在【设置】命令组中单击【排练计时】按钮。

　　(2) 演示文稿将自动切换到幻灯片放映状态，效果如图 6-171 所示。与普通放映不同的是，在幻灯片左上角将显示【录制】对话框。

　　(3) 不断单击鼠标进行幻灯片的放映，此时【录制】对话框中的数据会不断更新。

　　(4) 当最后一张幻灯片放映完毕后，将打开 Microsoft PowerPoint 对话框，该对话框显示幻灯片播放的总时间，并询问用户是否保留该排练时间，单击【是】按钮，如图 6-172 所示。

图 6-171　录制放映时间

图 6-172　保存排练计时

(5) 此时，演示文稿将切换到幻灯片浏览视图，从幻灯片浏览视图中可以看到每张幻灯片下方均显示各自的排练时间。

2. 设置放映方式

PowerPoint 2010 提供了多种演示文稿的放映方式，最常用的是幻灯片页面的演示控制，主要有幻灯片的定时放映、连续放映及循环放映 3 种。

1) 定时放映

用户在设置幻灯片切换效果时，可以设置每张幻灯片在放映时停留的时间，当等待到设定的时间后，幻灯片将自动向下放映。

打开【切换】选项卡，在【换片方式】命令组中选中【单击鼠标时】复选框，则用户单击鼠标或按下 Enter 键和空格键时，放映的演示文稿将切换到下一张幻灯片；选中【设置自动换片时间】复选框，并在其右侧的文本框中输入时间(时间为秒)后，则在演示文稿放映时，当幻灯片等待了设定的秒数之后，将自动切换到下一张幻灯片。

2) 连续放映

打开【切换】选项卡，在【换片方式】命令组中选中【设置自动换片时间】复选框，并为当前选定的幻灯片设置自动切换时间，再单击【全部应用】按钮，为演示文稿中的每张幻灯片设定相同的切换时间，即可实现幻灯片的连续自动放映。

需要注意的是，由于每张幻灯片的内容不同，放映的时间可能不同，所以设置连续放映的最常见方法是通过【排练计时】功能完成。

3) 循环放映

用户将制作好的演示文稿设置为循环放映，可以应用于如展览会场的展台等场合，让演示文稿自动运行并循环播放。

打开【幻灯片放映】选项卡，在【设置】命令组中单击【设置幻灯片放映】按钮，打开【设置放映方式】对话框，如图 6-173 所示。在【放映选项】选项区域中选中【循环放映，按 ESC 键终止】复选框，则在播放完最后一张幻灯片后，会自动跳转到第一张幻灯片，而不是结束放映，直到用户按 Esc 键退出放映状态。

3. 设置放映类型

在图 6-173 所示【设置放映方式】对话框的【放映类型】选项区域中可以设置幻灯片的放映模式。

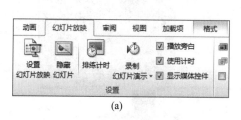
(a)

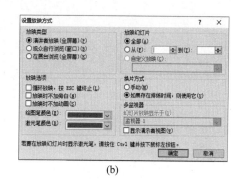
(b)

图 6-173　打开【设置放映方式】对话框

- 【演讲者放映(全屏幕)】模式：是系统默认的放映类型，也是最常见的全屏放映方式。在这种放映方式下，演讲者现场控制演示节奏，具有放映的完全控制权。用户可以根据观众的反应随时调整放映速度或节奏，还可以暂停下来进行讨论或记录观众即席反应，甚至可以在放映过程中录制旁白。一般用于召开会议时的大屏幕放映、联机会议或网络广播等。
- 【观众自行浏览(窗口)】模式：观众自行浏览是在标准 Windows 窗口中显示的放映形式，放映时的 PowerPoint 窗口具有菜单栏、Web 工具栏，类似于浏览网页的效果，便于观众自行浏览。
- 【展台浏览(全屏幕)】模式：采用该放映类型，最主要的特点是不需要专人控制就可以自动运行，在使用该放映类型时，如超链接等的控制方法都失效。当播放完最后 1 张幻灯片后，会自动从第 1 张重新开始播放，直至用户按下 Esc 键才会停止播放。该放映类型主要用于展览会的展台或会议中的某部分需要自动演示等场合。

使用【展台浏览(全屏幕)】模式放映演示文稿时，用户不能对其放映过程进行干预，必须设置每张幻灯片的放映时间，或者预先设定演示文稿排练计时，否则可能会长时间停留在某张幻灯片上。

4．录制语音旁白

在 PowerPoint 2010 中，可以为指定的幻灯片或全部幻灯片添加录音旁白。使用录制旁白可以为演示文稿增加解说词，在放映状态下主动播放语音说明。

【例 6-22】继续【例 6-21】的操作，为"学校宣传"演示文稿录制旁白。

(1) 选择【幻灯片放映】选项卡，在【设置】选项组中单击【录制幻灯片演示】按钮，从弹出的菜单中选择【从头开始录制】命令，打开【录制幻灯片演示】对话框，保持默认设置，单击【开始录制】按钮，如图 6-174 所示。

(2) 进入幻灯片放映状态，同时开始录制旁白，同时在打开的【录制】对话框中显示录制时间，如图 6-175 所示。

(3) 逐次单击或按 Enter 键切换到下一张幻灯片。

(4) 当旁白录制完成后，按下 Esc 键或者单击即可。此时，可以将演示文稿切换到幻灯片浏览视图，查看录制的效果。

(5) 在快速访问工具栏中单击【保存】按钮，保存演示文稿。

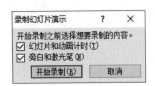

图 6-174　【录制幻灯片演示】对话框　　　　　　图 6-175　开始录制旁白

6.3.10　放映演示文稿

从头开始放映是指从演示文稿的第 1 张幻灯片开始播放演示文稿。打开【幻灯片放映】选项卡,在【开始放映幻灯片】命令组中单击【从头开始】按钮,或者直接按 F5 键,开始放映演示文稿,进入全屏模式的幻灯片放映视图。

此外,在放映演示文稿时,用户还可以使用以下快捷键控制放映节奏。

- 按 F5 键从头放映:使用 PowerPoint 打开演示文稿后,用户只要按下 F5 键,即可快速将演示文稿从头开始播放。但需要注意的是:在笔记本电脑中,功能键 F1~F12 往往与其他功能绑定在一起,例如 Surface 的键盘上,F5 键就与电脑的"音量减小"功能绑定。此时,只有在按下 F5 键的同时再多按一个 Fn 键(一般在键盘底部的左侧),才算是按下了 F5 键,演示文稿才会开始放映。
- 按 Ctrl+P 快捷键暂停放映并激活激光笔:在演示文稿的放映过程中,按下 Ctrl+P 快捷键,将立即暂停当前正在播放的幻灯片,并激活 PowerPoint 的"激光笔"功能,用户可以应用该功能在幻灯片放映页面中对内容进行涂抹或圈示。
- 按 W 键进入空白页状态:在演讲过程中,如果临时需要和观众就某个论点或内容进行讨论,可以按下 W 键进入演示文稿空白页状态。
- 按 B 键进入黑屏页状态:在放映演示文稿时,有时需要观众自行讨论演讲的内容。此时,为例避免演示文稿中显示的内容对观众产生影响,用户可以按下 B 键,使演示文稿进入黑屏模式。当观众讨论结束后,再次按下 B 键即可恢复播放。
- 按 Shift+F5 快捷键从当前选中的幻灯片开始放映:在 PowerPoint 中,用户可以通过按下 Shift+F5 快捷键,从当前选中的幻灯片开始放映演示文稿。
- 按 S 或"+"键暂停或重新开始演示文稿自动放映:在演示文稿放映时,如果用户要暂停放映或重新恢复幻灯片的自动放映,按下 S 键或"+"键即可。
- 快速返回演示文稿的第 1 张幻灯片:在演示文稿放映的过程中,如果用户使放映页面快速返回第 1 张幻灯片,只需要同时按住鼠标的左键和右键两秒钟即可。
- 按 Esc 键快速停止播放:在演示文稿放映时,按下 Esc 键将立即停止放映,并在 PowerPoint 中选中当前正在放映的幻灯片。

6.4 课后习题

1. 请结合自己的专业，围绕某一主题，查阅相关资料、搜集相关素材，利用 PowerPoint 2010 设计制作一份研究报告。

2. 假如您是一位培训师，现要为刚入职新员工的计算机基础知识(软硬件)进行培训，请搜集必要素材，利用 PowerPoint 2010 设计制作一份电子课件。

3. 请任选一个中国的传统节日，搜集各种相关素材(图片、音频、视频和动画等)，利用 PowerPoint 2010 设计制作一份漂亮的贺卡。

4. 根据当前社会热点，任选其中的若干项在一定范围内进行调查，记录相关数据(同时可以利用 Excel 2010 等其他工具进行绘制图表)，搜集必要素材并利用 PowerPoint 2010 设计制作一份统计分析报告。

第7章　程序设计基础

通过本章的学习与实践，读者应掌握以下内容：

(1) 了解算法的基础知识。

(2) 熟悉结构化程序设计的基本思想。

(3) 了解面向对象程序设计的基本思想。

本章主要介绍计算机程序设计的基础知识，主要知识点如下：

(1) 算法介绍。

(2) 结构化程序设计。

(3) 面向对象程序设计。

7.1　算法基础知识

首先，我们从一个经常被问到的问题开始：什么是算法？

一个常见的回答是，"完成一个任务所需的一系列步骤"。在日常生活中经常会碰到算法，例如刷牙的时候会执行一个算法：打开牙膏盖，拿出牙刷，持续挤牙膏直到足量的牙膏涂抹在牙刷上，盖上牙膏盖，将牙刷放到嘴上的 1/4 处，上下移动 n 秒，等等。如果我们必须乘公交车去工作，乘公交车也是一个算法。

但本章将介绍关于运行在计算机上的算法，或者更概况地来讲，是关于运行在计算机设备上的算法。正如日常所运行的算法会影响我们的生活一样，在计算机上运行的算法也会影响我们的生活。例如，使用 GPS 来寻找出行路线，它运行一种称为"最短路径"的算法以寻求路线。在网上购买商品，我们会使用一个运行加密算法的安全网站。当在网上确定要购买的商品并付费后，会通过一个快递公司发货，他们使用算法将包裹分配给不同的卡车，然后确定司机发件的顺序。算法可以运行在各种设备上，笔记本电脑上、服务器上、智能手机上、嵌入式系统上，无处不在。

运行在计算机上的算法和我们在日常生活中执行的算法是有区别的。当粗略地描述一个算法时，我们可能容忍它的不精确，但是计算机不能。例如，当我们开车去上班时，我们使用的 Drive-to-work 算法可能会告诉我们"如果交通不畅，可以选择其他路线"。虽然我们知道"交通不畅"是什么意思，但是计算机不知道。

因此，计算机需要一个算法来指导其了解完成一个任务所需的一系列步骤，且这些步骤需要足够精确的描述，以使得计算机能够运行它。

7.1.1　算法的概念

算法是计算机处理信息的本质，因为计算机程序本质上是一个用算法来告诉计算机确切的步骤来执行一个指定的任务。一般地，当算法在处理信息时，会从输入设备或数据的存储地址读取数据，把结果写入输出设备或某个存储地址供以后再调用。

算法是独立存在的一种解决问题的方法和思想。对于算法而言，实现的语言并不重要，重要的是思想。

简言之，算法就是规则的有限集合，是为解决特定问题而规定的一系列操作。

算法可以用不同的语言描述实现的版本(如 C 描述、C++描述、Python 描述等)。

7.1.2　算法的特性

算法应该具有以下几个特性。

1. 确定性

确定性是指算法的每一个步骤、每一条指令的含义都必须明确定义，不能有二义性。算法中的每一个步骤都是确定的，只能按某一既定的步骤去执行。例如，子类从两个父类中继承时，两个父类均拥有的成员函数如何继承的问题。

2. 可行性

算法中描述的操作都可以通过已经实现的基本操作执行有限次来完成，即能够实现性。例如，16 位整数的取值范围为-36 768~36 767，如果计算 36 767+1，执行的结果为-36 768，而不是预期的 36 768，这是因为数据超出预算范围的缘故。再例如，7 位精度计算 1+0.000 000 000 001 运算的结果为 1.0。

3. 有穷性

一个算法必须在执行有穷步之后结束，不能无穷循环，另外在执行时间要求上，也不能无穷下去。

4. 输入特性和输出特性

一个算法具有零个或多个输入；一个算法具有一个或多个输出，但至少产生一个输出。

一个好的算法应该从以下几个方面去描述。

(1) 正确性。设计的算法应当满足具体问题的需求，而且必须正确地反映出输入、输出和加工处理等无歧义的要求。在不同的问题中，对"正确"的要求有所不同，大概有以下 4 个层次：

- 程序不含语法错误。
- 程序对于几组输入数据能够得出满足要求的结果。
- 程序对于精心选择的典型、苛刻的几组输入数据能够得出满足要求的结果。
- 程序对于一切合法的输入数据都能产生满足规格说明要求的结果。

可以看出，其要求的难度是逐步增大的，要达到第 4 层意义的正确性是非常困难的。一般情况下，以第 3 层意义的正确性作为衡量一个算法是否合格的标准。

(2) 可读性。程序代码是在算法的基础上编写出来的，所以算法主要用于用户的阅读和交流。可读性好的算法有助于对算法的理解、便于对算法进行调试和修改。在具体应用中，按照清晰第一、效率第二处理，相应的注释必不可少。

(3) 健壮性。健壮性是指算法对非法输入的抵抗能力要好。当输入的数据有误时，算法应当准确地判断出错误原因，并给用户反馈相应的错误信息，而不是产生莫名其妙的输出结果。例如，根据三角形的三条边长计算三角形面积的算法。我们知道，任意三角形的三条边都满足"任意两条边长之和大于第三条边长"。当输入的边长不满足该条件时，不应继续进行计算，而应报告出错，同时终止程序的运行。并且，这个出错报告应该是一个表示错误或错误性质的值，而不是其他的错误，如打印错误或异常。

(4) 高效率和低存储量。效率一般是指算法执行所需的时间。执行时间越短，算法的效率就越高。存储量是指算法执行过程中所需的最大存储空间。效率和存储量与问题的规模有关。

7.1.3　算法表示工具

算法的描述应直观、清晰、易懂，并便于维护和修改。常用的算法表示方法有自然语言、传统流程图、N-S 图、伪代码和计算机语言等，其中最常用的是传统流程图和 N-S 图。

1. 自然语言

自然语言就是人们日常使用的语言。用自然语言表示的算法有助于人们理解和记忆。

【例 7-1】用自然语言描述 $1×2×3×4×5×6×7×8×9$ 的算法。

设变量 S 用于存放累乘积，n 用于表示 1~9 之间的自然数。

算法如下：

(1) 将 1 赋给变量 S。

(2) 将 1 赋给变量 n。

(3) 计算 $S×n$，并将结果存入变量 S。

(4) 取下一个自然数($n+1$)给变量 n。

(5) 若 n 小于等于 9，则重复(3)和(4)，否则进行下一步。

(6) 输出 S。

通过上例可以看到，用自然语言表示的算法虽然便于理解和记忆，但表述的文字较长且不严格。而且在表示复杂问题的算法时也不直观，所以，自然语言一般只用于表示简单问题。

2. 传统流程图

流程图是用图形符号、箭头线和文字说明表示算法的框图。其优点是直观形象、易于理解，并能将设计者的思路表达清楚，便于以后检查修改和编写程序代码。

美国国家标准化协会(American National Standard Institute，ANSI)规定了一些常用的流程图符号。

- 起止框 ▭：表示流程的开始或结束。
- 处理框 ▭：表示基本处理。

- 判断框 ⬦：判断条件是否满足，然后从给定的路径中选择其中的一个路径。
- 输入输出框 ▱：表示输入或输出。
- 箭头线 → ↓：表示流程的方向。
- 连接点 ○：用于连接分开画的流程。

传统流程图就是由以上图符及在图框中加入文字说明来描述算法的。

【例 7-2】用传统流程图描述 9!=1×2×3×4×5×6×7×8×9 的算法，如图 7-1 所示。

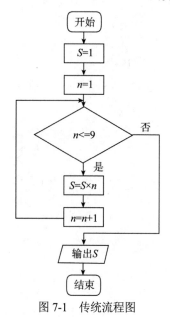

图 7-1　传统流程图

3. N-S 图

传统流程图虽然直观形象，但对流向没有限制，使流程来回跳转，破坏了程序的结构，也给程序的维护和修改带来了困难。美国学者纳西(I.Nassi)和施奈德曼(B.Shneiderman)于 1973 年提出了一种新的流程图，其主要特点是不带有流程线，整个算法完全写在一个大矩形框中，这种流程图称为 N-S 图。N-S 图适合于结构化程序设计。

【例 7-3】用 N-S 图描述 9!=1×2×3×4×5×6×7×8×9 的算法，如图 7-2 所示。

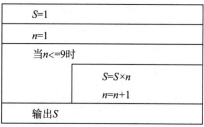

图 7-2　N-S 图

4. 伪代码

伪代码是利用文字和符号的方式来描述算法。在实际应用中，人们通常使用接近于某种程序设计语言的代码形式作为伪代码，这样可以方便编程。

【例 7-4】用伪代码描述 9!=1×2×3×4×5×6×7×8×9 的算法。

```
BEGIN
        S=1
        n=1
        do while n<=9
            S=S*n
            n=n+1
        enddo
        PRINT S
END
```

5. 计算机语言

可以利用某种计算机语言来描述算法。

【例 7-5】用 C 语言描述 9!=1×2×3×4×5×6×7×8×9 的算法。

```
#include <stdio.h>
void main( )
 { int S,n ;
     S=1 ;
     n=1 ;
     while (n<=9)
        { S=S*n ;
        n=n+1 ;
        }
     printf("S=%d\n", S) ;
}
```

7.1.4 算法设计的基本方法

常用的算法设计方法有列举法、归纳法、递推法、递归法和回溯法 5 种。

1. 列举法

列举法的基本思想是根据提出的问题列举所有可能的情况，并用问题中给定的条件检验哪些是需要的、哪些是不需要的。因此，列举法常用于解决"是否存在"或"有多少种可能"等类型的问题。

列举法具有算法简单的特点，但当列举的可能情况比较多时，执行其算法的工作量也是比较大的。因此，在设计列举算法时，要对实际问题进行详细分析，将与问题有关的知识条理化、完备化、系统化，从中找出规律；或对所有可能情况进行分类，引出一些有用的信息，可以减少列举量。

2. 归纳法

归纳法的基本思想是通过列举少量的特殊情况，经过分析最终找出一般的关系。显然，归纳法要比列举法更能反映问题的本质，且能解决列举量为无限的问题，但要通过一个实际问题总结归纳出一般关系，是件很不容易的事情，尤其是要归纳出一个数据模型更为困难。

归纳法是一种抽象，即通过特殊现象总结一般关系。由于在归纳的过程中不可能对所有情况都进行列举，所以最后由归纳得到的结论只是一种猜测，还需要对这种猜测加以必要的证明。

3. 递推法

递推法的基本思想是从已知的初始条件出发，逐次推出所要求的各中间结果和最后结果。递推法从本质上来说也是归纳法，比如工程上许多递推关系式是通过对实际问题的分析与归纳总结而得到的，因此，递推关系式往往是归纳的结果。

4. 递归法

在解决复杂问题时，为了降低问题的复杂度，人们总是将问题逐层分解，最后归结为一些最简单的问题。这种将问题逐层分解的过程，实际上并没有对问题进行求解，而只是当解决了最后那些最简单的问题后，再沿着分解的逆过程逐步进行综合，这就是递归法的基本思想。由此可见，递归的基础是归纳。

递归分为直接递归和间接递归两种。如果某算法 M 直接调用自己则称为直接递归；如果某算法 M 调用了另外一个算法 N，而算法 N 又调用了算法 M，则称为间接递归。

递归是很重要的算法设计方法之一。递归过程能将一个复杂的问题归结为若干个简单问题，然后将这些简单问题再归结为更简单的问题，这个过程可以一直进行下去，直到归结为最简单的问题为止。

虽然有些实际问题既可归纳为递推算法，也可归纳为递归算法，但递推与递归的实现方法大不一样。递推是从初始条件出发，逐次推出所需求的结果；而递归是从算法本身到达递归边界的。一般地，递归算法要比递推算法清晰易读、结构简练，适合用于比较复杂问题的求解。但递归算法的执行效率比较低。

5. 回溯法

回溯法的基本思想是，通过对问题的分析，找出一个解决问题的线索，然后沿着这个线索逐步试探，若试探成功，就能得到问题的解；若试探失败，就逐步回退，换别的路线再进行试探。工程上的有些问题很难归纳出一组简单的递推公式或直观的求解步骤，也不能进行无限的列举，这时可以使用回溯法。回溯法在处理复杂数据结构方面有着广泛的应用。

7.1.5　算法的复杂度

算法的优劣与它的复杂度有关，而算法的复杂度是算法效率的度量，是评价算法优劣的重要依据。一个算法复杂度的高低体现在运行该算法所需要的计算机资源的多少上面，算法所需的资源越多，其复杂度就越高；相反，算法所需的资源越低，其复杂性就越低。计算机的资源中，最重要的是时间和空间(即存储器)资源。因而，算法的复杂度有时间复杂度和空间复杂度之分。算法的时间复杂度是指执行程序所需的时间；程序的空间复杂度是指执行程序所需的最大的辅助空间。

对于任意给定的问题，设计出复杂度尽可能低的算法是设计算法追求的一个重要目标；另外，当给定的问题有多种算法时，选择其中复杂度最低的，是用户选择算法应遵循的一个重要准则。

1. 时间复杂度

一个算法的运行时间不是固定的，而是受到多种因素的影响，比如使用的语言不同、使用不同的编译程序、运行环境的不同等。因此，用绝对的时间来衡量算法的效率是不合理的。在不考虑与计算机的软、硬件有关的因素时，可以认为一个特定算法的效率只依赖于问题的规模(通常用整数量 n 表示)，或者说它是问题规模的函数。

在比较同一问题的不同算法时，通常都是从算法中选取一个基本操作，以该基本操作重复执行的次数作为算法的时间度量。那么算法的时间度量可记作：

$$T(n)=O(f(n))$$

其中 $f(n)$ 是基本操作重复的次数，它是问题规模 n 的函数。由此可以看到，随问题规模 n 的增长，算法执行时间的增长率和 $f(n)$ 的增长率相同，称为渐进时间复杂度，简称时间复杂度。

常见的时间复杂度，按数量级递增排列依次为：常量阶 $O(1)$、对数阶 $O(\log_2 n)$、线性阶 $O(n)$、线性对数阶 $O(n\log_2 n)$、平方阶 $O(n^2)$、立方阶 $O(n^3)$、k 次方阶 $O(n^k)$、指数阶 $O(2^n)$。这 6 种计算时间的多项式时间算法是最为常见的，其关系为：

$$O(1)<O(\log_2 n)<O(n)<O(n\log_2 n)<O(n^2)<O(n^3)$$

从这些函数可以看出，指数时间算法只有在 n 值非常小的情况下才实用。降低算法计算复杂度的数量级，是提高与扩大处理数据规模的关键。

在实际问题处理过程中，应该选择复杂度尽量低的算法，这样可以保证有效得到问题的解。降低算法的时间复杂度，可以从两方面入手：一是对代码进行优化，在算法确定的情况下，对代码进行适当的优化，减少代码重复执行次数，减少循环的次数等，都可以大大降低程序执行的时间；二是进行算法的转换，选择重复少的或没有重复的算法。有时，输入数据集的先后顺序不同也会使算法的复杂度有所不同，通常都是以输入数据集的最坏情况下的时间复杂度作为算法的时间复杂度。

2. 空间复杂度

算法的空间复杂度，主要是考虑算法所占用系统资源的情况。在算法设计过程中，应从多方面考虑，减少算法所占用的系统资源。降低算法的空间复杂度，应从以下两方面入手：一是数据结构，即算法中所用到的所有数据，不论是中间数据量，还是全程数据量，应考虑它们的实际范围，根据它们的实际范围，给它们定义适当的数据类型；二是从算法方面考虑，也可以用空间复杂度低的算法替代空间复杂度高的算法，当然，这样做也是有代价的，可能会提高算法的时间复杂度。

算法的时间复杂度和空间复杂度是一个有机整体，有时降低时间复杂度(或空间复杂度)是以牺牲空间复杂度(或时间复杂度)为代价的，对于不同的问题，我们应具体问题具体分析，找出问题的最佳算法。

7.2　结构化程序设计

结构化程序设计(Structured Programming)是进行以模块功能和处理过程设计为主的详细设计的基本原则。结构化程序设计是过程式程序设计的一个子集，它对写入的程序使用逻辑结构，使得理解和修改更有效更容易。

结构化程序设计的概念最早由迪杰斯特拉(E.W.Dijikstra)在 1965 年提出。它的主要观点是采用自顶向下、逐步求精及模块化的程序设计方法；使用 3 种基本控制结构构造程序，任何程序都可由顺序、选择、循环这 3 种基本控制结构构造。结构化程序设计主要强调的是程序的易读性。

7.2.1　结构化程序设计的基本思想及 3 种基本结构

结构化程序设计的基本思想是采用“自顶向下，逐步求精”的程序设计方法和“单入口单出口"的控制结构，其主要由以下 3 种基本结构组成。

1. 顺序结构

顺序结构是最简单、最基本的结构方式，各流程框依次按顺序执行。其传统流程图与 N-S 结构化流程图的表示方式分别如图 7-3 和图 7-4 所示。执行顺序为：开始→语句 1→语句 2…→结束。

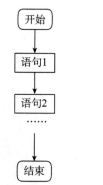

　图 7-3　顺序结构传统流程图　　　　　图 7-4　顺序结构 N-S 结构化流程图

2. 选择结构

选择结构就是对给定条件进行判断，条件为 True 时执行一个分支，条件为 False 时执行另一个分支。下面是双分支和单分支选择结构的传统流程图表示方式与 N-S 结构化流程图表示方式，如图 7-5 和图 7-6 所示。

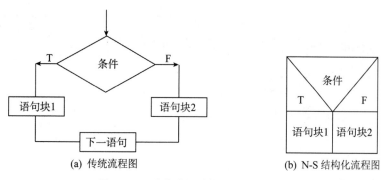

(a) 传统流程图　　　　　　　　　(b) N-S 结构化流程图

图 7-5　双分支选择结构的两种流程图

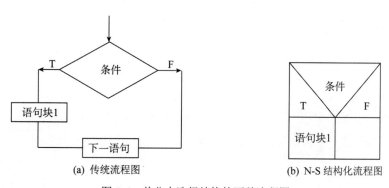

(a) 传统流程图　　　　　　　　　(b) N-S 结构化流程图

图 7-6　单分支选择结构的两种流程图

当选择的情况较多时，使用前面介绍的选择结构就会很麻烦而且不直观。这时可以使用多情况选择结构(即 Case 结构)，其传统流程表示方式与 N-S 结构化流程图表示方式分别如图 7-7 和图 7-8 所示。

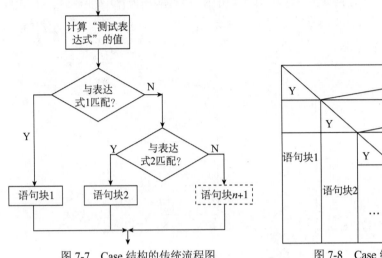

图 7-7　Case 结构的传统流程图

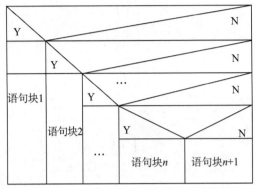

图 7-8　Case 结构的 N-S 结构化流程图

3. 循环结构

循环结构可以根据需要多次重复执行一行或多行代码。循环结构分为两种：当型循环和直到型循环。

(1) 当型循环先判断后执行。当条件为 True 时反复执行语句或语句块；条件为 False 时，跳出循环，继续执行循环后面的语句，其流程图如图 7-9 所示。

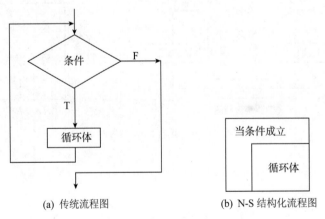

(a) 传统流程图　　　　(b) N-S 结构化流程图

图 7-9　当型循环流程图

(2) 直到型循环先执行后判断。先执行语句或语句块，再进行条件判断，直到条件为 False 时，跳出循环，继续执行循环后面的语句，否则一直执行语句或语句块，其流程图如图 7-10 所示。

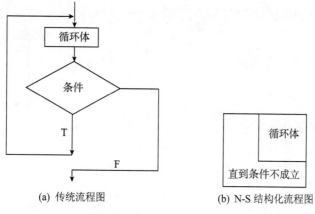

(a) 传统流程图　　　　　(b) N-S 结构化流程图

图 7-10　直到型循环流程图

7.2.2　顺序结构

顺序结构的语句主要包括赋值语句、输入/输出语句等，其中输入/输出一般可以通过文本框控件、标签控件、InputBox 函数、MsgBox 函数及 Print 方法来实现。

1. 赋值语句

赋值语句就是将表达式的值赋给变量或属性，即通过 Let 关键字使用赋值运算符 "=" 给变量或属性赋值。

语法格式如下：

```
[Let]<变量名> = <表达式>
```

- Let：可选参数。显示使用的Let关键字是一种格式，通常省略该关键字。
- 变量名：必要参数；变量或属性的名称，变量命名遵循标准的变量命名约定。
- 表达式：必要参数；赋给变量或属性的值。

例如，定义一个长整型变量，给这个变量赋值 2205，代码如下：

```
Dim a As Long                              '定义长整型变量
Let a = 2205                               '给变量赋值
```

上述代码中可以省略关键字 Let。例如，在文本框中显示文字，代码如下：

```
Text1.Text = "mingrisoft"                  '给变量赋值
```

赋值语句看起来简单，但使用时也要注意以下几点：

- 赋值号与表示等于的关系运算符都用 "=" 表示，VB系统会自动区分，即在条件表达式中出现的是等号，否则是赋值号。
- 赋值号左边只能是变量，不能是常量、常数符号和表达式。下面均是错误的赋值语句。

```
X+Y = 1                                    '左边是表达式
vbBlack = myColor                          '左边是常量，代表黑色
10 = abs(s)+x+y                            '左边是常量
```

- 当表达式为数值型并与变量精度不同时，需要强制转换为左边变量的精度。

```
n%=4.6                                     'n 为整型变量，转换时四舍五入，值为5
```

- 当表达式是数字字符串，左边变量是数值型时，右边值将自动转换成数值型再赋值。

如果表达式中有非数字字符或空字符串，则出错。

```
n%="123"                                                    '将字符串 123 转换为数值数据 123
```

下列情况运行时会出现错误。

```
n%="123mr"
n%=""
```

- 当逻辑值赋值给数值型变量时，True转换为-1，False转换为0；反之，当数值赋给逻辑型变量时，非0转换为True，0转换为False。

【例 7-6】用 VB 语言在立即窗口中将单选按钮被选择的状态赋值给整型变量。

```
Private Sub Command1_Click()
    Dim a As Integer, b As Integer                          '定义整型变量
    a = Option1.Value                                       '将逻辑值赋给整型变量 a
    b = Option2.Value                                       '将逻辑值赋给整型变量 b
    Debug.Print "Opt1 的值：" & a                           '输出结果
    Debug.Print "Opt2 的值：" & b                           '输出结果
End Sub
```

- 任何非字符型的值赋值给字符型变量，都将自动转换为字符型。

为了保证程序的政策允许，一般利用类型转换函数将表达式的类型转换成与左边变量匹配的类型。

2. 数据输入

在程序设计时，通常使用文本框(TextBox 控件)或输入对话框函数 InputBox 来输入数据。也可以使用其他对象或函数来输入数据。

1) 文本框

利用文本框控件的 Text 属性可以获得用户从键盘输入的数据，或将计算的结果输出。

【例 7-7】用 VB 语言在两个文本框中分别输入"单价"和"数量"，然后通过 Label 控件显示金额。

```
Private Sub Command1_Click()
    Dim mySum As Single                                     '定义单精度浮点型变量
    mySum = Val(Text1.Text) * Val(Text2.Text)              '计算"单价"和"数量"相乘
    Label1.Caption = "金额为：" & mySum                     '显示计算结果
End Sub
```

2) InputBox 函数

InputBox 函数提供了一个简单的对话框供用户输入信息。在该对话框中有一个输入框和两个命令按钮。显示对话框后，将等待用户输入；当用户单击对话框中的【确定】按钮后，将返回输入的内容。

InputBox 输入函数有两种表达方式，一种为带返回值的，另一种为不带返回值的。

带返回值的 InputBox 函数的使用方法举例如下：

```
MyValue = InputBox("请输入电话号码", , 12345678)           '将输入函数的返回值赋给变量
```

上述语句中 InputBox 函数后面的一对圆括号不能省略，其中各参数之间用逗号隔开。

不带返回值的 InputBox 函数的使用方法举例如下：

```
InputBox "请输入电话号码", , 12345678                       '输入函数的返回值赋给变量
```

3. 数据输出

输出数据可以通过 Label 控件、输出对话框函数 MsgBox 和 Print 方法等来实现。由于通过 Label 控件输出数据的方法非常简单，这里就不再详细阐述了，下面仅介绍 MsgBox 函数和 Print 方法。

1) MsgBox 函数

MsgBox 函数的功能是在对话框中显示消息，等待用户单击按钮，并返回一个整数告诉系统用户单击的是哪一个按钮。

MsgBox 函数有两种表达方式，一种为带返回值的，另一种为不带返回值的。

带返回值的 MsgBox 函数的使用方法举例如下：

```
myvalue = MsgBox("注意：请输入数值型数据", 2 + vbExclamation, "错误提示")
If myvalue = 3 Then End
```

上述语句中 MsgBox 函数后的一对圆括号不能省略，其中各参数之间用逗号隔开。

不带返回值的 MsgBox 函数的使用方法举例如下：

```
MsgBox "请输入数值型数据!", , "提示"
```

2) Print 方法

Print 方法是输出数据、文本的一个重要方法，其语法格式如下：

```
窗体名称.Print [<表达式>][,|;[<表达式>]...]]
```

<表达式>可以是数值或字符串表达式。对于数值表达式，先计算表达式的值，然后输出；而字符串表达式则原样输出。如果表达式为空，则输出一个空行。

当输出多个表达式时，各表达式间用分隔符(逗号、分号或空格)隔开。若用逗号分隔将以 14 个字符位置为单位把输出行分成若干个区段，每个区段输出一个表达式的值；而表达式之间若用分号或空格作为分隔符，则按紧凑格式输出。

一般情况下，每执行一次 Print 方法将自动换行，可以通过在末尾加上逗号或分号的方法使输出结果在同一行显示。

【例 7-8】用 VB 语言在窗体中输出商品销售排行数据。

```
Private Sub Form_Click()
    Print                                                                         '输出空行
    Font.Size = 14                                                                '输出字号
    Font.Name = "华文行楷"                                                        '设置字体
    Print Tab(45); Year(Date) & "年" & Month(Date) & "季度商品销售排行"            '打印标题
    CurrentY = 700                                                                '设置坐标
    Font.Size = 9                                                                 '设置字号
    Font.Name = "宋体"                                                            '设置字体
    Print Tab(15); "商品名称"; Tab(55); "供货商"; Tab(75); "销售数量"              '打印表头
    Print Tab(14); String(75, "-")                                               '输出线
    '打印内容
    Print Tab(15); "机械革命 深海幽灵 Z2"; Tab(55); "深海泰坦责任有限公司"; Tab(75); 1000
    Print Tab(15); "荣耀 MagicBook"; Tab(55); "深海泰坦责任有限公司"; Tab(75); 800
    Print Tab(15); "联想(Lenovo)拯救者 Y7000P"; Tab(55); "深海泰坦责任有限公司"; Tab(75); 600
End Sub
```

以上部分代码说明如下。

- Tab(n)：内部函数，用于将指定表达式从窗体第 n 列开始输出。
- Print：如果 Print 后面没有内容，则输出空行。

7.2.3　选择结构

选择结构属于分支结构中的一种，也可以成为判定结构。程序通过判断所给的条件和判断条件的结果执行不同的程序段。

1. 单分支 If...Then 语句

If...Then 语句用于判断表达式的值，满足条件时执行其包含的一组语句，执行流程如图 7-11 所示。

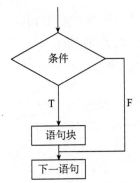

图 7-11　If...Then 语句执行流程图

If...Then 语句有两种形式，即单行形式和块形式。

1) 单行形式

顾名思义，单行形式的 If...Then 语句只能在一行内书写完毕，即一行不能超过 255 个字符的限度。

语法格式如下：

> If 条件表达式 Then 语句

If 和 Then 都是关键字；"条件表达式"应该是一个逻辑表达式，或者其值是可以转换为逻辑值的其他类型表达式。

当程序执行到单行形式的 If...Then 语句时，首先检查"条件表达式"以确定下一步的流向。如果"条件"为 True，则执行 Then 后面的语句；如果"条件"为 False，则不能执行"语句"中的任何语句，直接跳到下一条语句执行。

下面是一条单行形式的 If...Then 语句。

> If Text1.Text = "11" Then MsgBox "登录成功!"

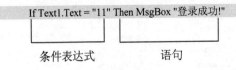

2) 块形式

块形式的 If...Then 语句是以连续数条语句的形式给出的。

语法格式如下：

> If 条件表达式 Then
> 　　语句块
> End If

其中，语句块可以是单个语句，也可以是多个语句。多个语句可以写在多行中，也可以写在同一行中，并用冒号 ":" 隔开。

例如，如果变量 a 等于 1，那么变量 b 等于 100，c 等于 100 且 d 等于 100，代码如下：

```
If a = 1 Then
        b = 100 : c = 100 : d = 100                    '给多个变量赋值，用冒号":"隔开
End If
```

当程序执行到块形式的 If…语句时，首先检查 "条件表达式"，以确定下一步的流向。如果 "条件" 为 True，则执行 Then 后面的语句块；如果 "条件" 为 False，则跳过 Then 后面的语句或语句块。如果逻辑表达式为数值表达式，计算结果非 0 时表示 True，计算结果为 0 时表示 False。

【例 7-9】使用 VB 语言判断 "密码" 文本框中的值是否为 11，如果是则提示用户登录成功。

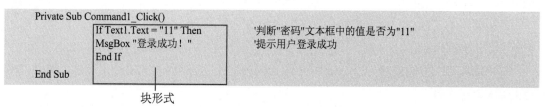

```
Private Sub Command1_Click()
    If Text1.Text = "11" Then              '判断"密码"文本框中的值是否为"11"
    MsgBox "登录成功！"                     '提示用户登录成功
    End If

End Sub
```

块形式

块形式的 If…Then…End If 语句必须使用 End If 关键字作为语句的结束标志，否则会出现语法错误或逻辑错误。

2. 双分支 If…Then…Else 语句

在 If…Then…Else 语句中，可以有若干组语句块，根据实际条件只执行其中的一组，其执行流程如图 7-12 所示。

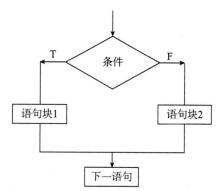

图 7-12　If…Then…Else 语句执行流程图

If…Then…Else 语句也分为单行形式和块形式。

1) 单行形式

语法格式如下：

```
If 条件表达式 Then 语句块 1 Else 语句块 2
```

当条件满足时(即 "条件表达式" 的值为 True)，执行 "语句块 1"，否则执行 "语句块 2"，然后继续执行 If 语句下面的语句。

例如，下面就是一个单行形式的 If…Then…Else 语句。

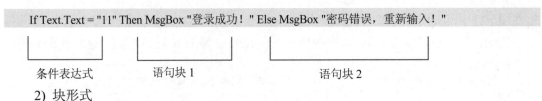

If Text.Text = "11" Then MsgBox "登录成功！" Else MsgBox "密码错误，重新输入！"

条件表达式　　　　　语句块 1　　　　　　　　　语句块 2

2) 块形式

如果单行形式中的两个语句块中的语句较多，则写成多个单行不易读且容易出错，这时就应该使用块形式的 If...Then...Else 语句。

语法格式如下：

```
If 条件表达式 Then
        语句块 1
Else
        语句块 2
End If
```

块形式的 If...Then...Else 语句与单行形式的 If...Then...Else 语句功能相同，只是块形式更便于阅读和理解。

另外，块形式中的最后一个 End If 关键字不能省略，它是块形式的结束标志，如果省略会出现编译错误。

【例 7-10】用块形式判断用户输入的密码，如果"密码"文本框中的值为 11，则提示用户登录成，否则提示用户"密码错误，请重新输入!"。

```
Private Sub Command1_Click()
    If Text1.Text = "11" Then                    '判断"密码"文本框中的值是否为"11"
        MsgBox "登录成功！", , "提示"            '提示登录成功
    Else
        MsgBox "密码错误，请重新输入！", , "提示"   '否则提示密码错误
    End If
End Sub
```

3. If 语句的嵌套

一个 If 语句的"语句块"中可以包括另一个 If 语句，这就是"嵌套"。在 VB 中允许 If 语句嵌套。If 语句的嵌套格式如下：

```
If 条件表达式 1 Then                                    '最外层 If 语句
    语句块 1
    If 条件表达式 2 Then                                '内层 If 语句
            语句块 2
    Else
            If 条件表达式 4 Then ...语句块 3 Else ...语句块 4   '最内层 If 语句
    End If                                              '内层 If 结束语句
    语句块 5
Else
    语句块 6
    If 条件表达式 3 Then                                '内层 If 语句
            语句块 7
    End If                                              '内层 If 结束语句
    语句块 7
End If                                                  '最外层 If 结束语句
```

上面的语句用流程图来表示，如图 7-13 所示。对于这种结构，书写时应该采用缩进形式，这样可以使程序代码看上去结构清晰，增强代码的刻度线，便于日后修改调试。另外，Else 或 End If 必须与它们相关的 If 语句相匹配，构成一个完整的 If 结构语句。

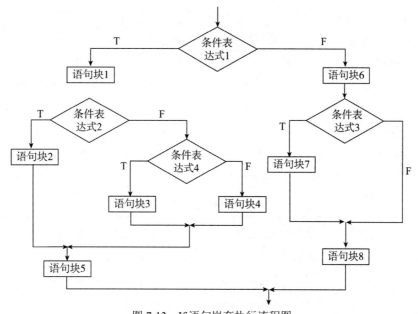

图 7-13　If 语句嵌套执行流程图

【例 7-11】通过一个典型的"用户登录"实例，介绍 If 语句的嵌套在实际项目开发中的应用。

```
Public intMyTimes As Integer
Const MaxTimes As Integer = 3
Private Sub Form_Load()
        intMyTimes = 1                                      '给变量赋初值
        cboUserName.AddItem "操作员"                         '向组合框添加内容
        cboUserName.AddItem "操作员 1"                       '向组合框添加内容
        cboUserName.AddItem "操作员 2"                       '向组合框添加内容
End Sub
Private Sub cmdO_Click()
        If cboUseName.Text <> "" Then                       '如果操作员不为空
            If txtPassword.Text = "" Then                   '判断密码是否为空
                MsgBox "请输入密码！",,"提示窗口"            '弹出提示对话框，提示输入密码
                txtPassword.SetFocus                        '设置焦点位置
            Else                                            '否则
                If txtPassword.Text <> "11" Then            '如果密码不是"11"
                    If intMyTimes > MaxTimes Then           '密码输入次数大于 3 次，弹出提示对话框，推出程序
                    MsgBox "您无权使用该软件！",,"提示窗口"
                    End                                     '结束
                Else                                        '否则提示密码输入不正确
                    intMyTimes = intMyTimes + 1             '每输入一次错误的密码，变量 intMyTimes 就加 1
                    MsgBox "密码不正确,请重新输入！",,"提示窗口"
                    txtPassword.SetFocus                    '设置焦点
                End If
            Else
                MsgBox "登录成功！",,"提示窗口"              '弹出提示对话框
            End If
            End If
        Else                                                '提示用户操作不能为空
            MsgBox "操作员不能为空！",,"提示窗口"            '弹出提示对话框
            Exit Sub                                        '退出过程
        End If
End Sub
Private Sub cmdCancel_Click()
        End                                                 '退出程序
End Sub
```

本例的具体执行过程如下:

(1) 判断操作员是否为空,如果操作员为空则提示用户。

(2) 判断密码是否为空,如果密码为空则提示用户,否则执行步骤(3)。

(3) 判断密码输入是否正确,如果正确则提示"登录成功";否则执行步骤(4)。

(4) 判断密码输入错误的次数是否大于 3 次,如果大于 3 次,则提示用户无权使用,否则执行步骤(5)。

(5) 每输入一次错误的密码,变量 intMyTimes 就加 1,并提示用户密码输入有误。

设置窗体和控件的相关属性如表 7-1 所示。

表 7-1　各窗体和控件的主要设置

公式	Name 属性	Caption 属性	Default 属性	Text 属性
Form	FrmLogin	用户属性		
TextBox	FrmPwd			为空
ComboBox	cboUserName			为空
CommandButton	CmdOk	确定	True	
CommandButton	CmdCancel	取消		
Label	LabPwd	操作员(&U)		
Label	LabKind	密码(&P)		

4. 多分支 If…Then…ElseIf 语句

多分支 If…Then…ElseIf 语句只有块形式写法,语法格式如下:

```
If 条件表达式 1 Then
        语句块 1
ElseIf 条件表达式 2 Then
        语句块 2
ElseIf 条件表达式 3 Then
        语句块 3
        …
ElseIf 条件表达式 n Then
        语句块 n
        …
[Else
        语句块 n+1]
End If
```

该语句的作用是根据不同的条件确定执行哪个语句块,其执行顺序为条件表达式 1、条件表达式 2……,一旦条件表达式的值为 True,则执行该条件下的语句块。

多分支 If…Then…ElseIf 语句的执行流程如图 7-14 所示。

该语句中的条件表达式和语句块的个数没有具体限制。另外,书写时应注意,在关键字 ElseIf 中间没有空格。

下面通过一个实例,介绍多分支 If 语句的应用。

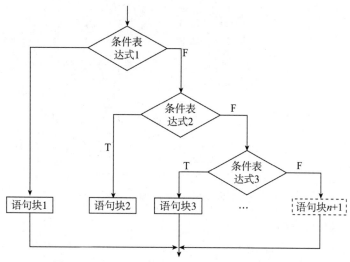

图 7-14　多分支 If...Then...ElseIf 语句执行流程图

【例 7-12】使用 VB 语言，将输入的分数进行不同程度的分类，即"优""良""及格"和"不及格"。先判断分数是否等于 100，再判断是否>=80，是否>=60……以此类推。程序代码如下：

```
Private Sub Command1_Click()
        Dim a As Integer                                '定义一个整型变量
        a = Val(Text1.Text)                             '给变量 a 赋值
        If a > 100 Or a < 0 Then                        '如果输入的数不在 0~100 之间
            MsgBox "只能输入 1-100 以为的数！"           '弹出提示对话框
            Exit Sub
        End If
        If a = 100 Then                                 '如果是 100
            lblResult.Caption = "优"                    '显示"优"
        ElseIf a >= 80 Then                             '如果大于 80
            lblResult.Caption = "良"                    '显示"良"
        ElseIf a >= 60 Then                             '如果大于 60
            lblResult.Caption = "及格"                  '显示"及格"
        Else                                            '否则
            lblResult.Caption = "不及格"                '显示"不及格"
        End If
End Sub
```

5. Select Case 语句

当选择的情况较多时，使用 If 语句实现，就会很麻烦而且不直观。对此 VB 提供了 Select Case 语句，使用该语句可以方便、直观地处理多分支的控制结构。具体语法如下：

```
Select Case  测试表达式
        Case  表达式 1
            语句块 1
        Case  表达式 2
            语句块 2
            …
        Case  表达式 n
            语句块 n
        [Case Else
            语句块 n+1]
End Select
```

Select Case 语句的执行流程如图 7-15 所示。

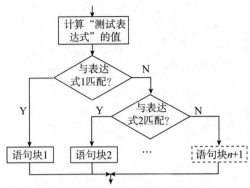

图 7-15　Select Case 语句的执行流程图

图 7-15 所示执行过程如下：

(1) 计算"测试表达式"的值。

(2) 用这个值与 Case 后面表达式 1、表达式 2……表达式 n 中的值进行比较。

(3) 若有相匹配的，则执行 Case 表达式后面的语句块，执行完该语句块则结束 Select Case 语句，不再与后面的表达式比较。

(4) 当"测试表达式"的值与后面所有表达式的值都不匹配，若有 Case Else 语句，则执行 Case Else 后面的语句块 $n+1$；若没有 Case Else 语句，则直接结束 Select Case 语句。

在 Select Case 语句中"表达式"通常是一个具体的值(如 Case 1)，每一个值确定一个分支。"表达式"的值称为域值，通过以下几种方法可以设定该值。

- 表达式列表为表达式，如X+100：

```
Case X + 100                      '表达式列表为表达式
```

- 一组值(用逗号隔开)，如：

```
Case 1,4,7                        '表示条件在 1、4、7 范围内取值
```

- 表达式1 To 表达式2，如：

```
Case 50 To 60                     '表示条件取值范围为 50~60
```

- Is关系表达式，如：

```
Case Is < 4                       '表示条件在小于 4 的范围内取值
```

【例 7-13】将例【7-12】所示的代码语句改写为 Select Case 语句形式。

```
Private Sub Command1_Click()
    Dim a As Integer                          '定义一个整型变量
    a = Val(Text1.Text)                       '给变量 a 赋值
    Select Case a                             '判断变量的值
        Case Is = 100                         '值是 100
            lblResult.Caption = "优"               '显示"优"
        Case Is >= 80                         '值大于 80
            lblResult.Caption = "良"               '显示"良"
        Case Is >= 60                         '值大于 60
            lblResult.Caption = "及格"            '显示"及格"
        Case Else                             '其余情况
            lblResult.Caption = "不及格"          '显示"不及格"
    End Select
End Sub
```

比较两者之间的区别，从中可以看出，在多分支选择的情况下，使用 Select Case 语句结

构更加清晰。当然，若只有两个分支或分支数很少的情况下，直接使用 If…Then…Else 语句
更好一些。

6．IIf 语句

IIf 函数的作用是根据表达式的值，返回两部分中的其中一个的值或表达。其语法格式
如下：

```
IIf(<表达式>,<值或表达式 1>,<值或表达式 2>)
```

"表达式"是必要参数，用来判断值的表达式；"值或表达式 1"是必要参数，如果表达
式为 True，则返回这个值或表达式；"值或表达式 2"是必要参数，如果表达式为 False，则
返回这个值或表达式。

【例 7-14】使用 IIf 函数实现【例 7-10】中的实例，如果"密码"文本框中的值为 11，
则提示用户输入正确，否则提示用户"密码不正确，请重新输入！"。

```
Private Sub Command1_Click()
    Dim str As String
    '如果"密码"文本框中的值为 11，则提示用户输入正确，否则提示用户"密码不正确，请重新输入！"
    str = IIf(Text1.Text = "11", "输入正确！", "密码不正确,请重新输入！")
    MsgBox str, , "提示"             '弹出提示对话框
End Sub
```

从【例 7-10】和【例 7-14】两个实例来看，虽然使用 IIf 函数比使用 If…Then…Else 语
句简化了代码，但代码并不直观。

7.2.4　循环结构

当程序中有重复的工作要做时，就需要用到循环结构。循环结构是指程序重复执行循环
语句中一行或多行代码。例如，在窗体上输出 10 次 1，每个 1 单独一行。如果使用顺序结构
实现，就需要书写 10 次"Print 1"这样的代码，而使用循环语句就简单多了。例如使用
For…Next 语句实现的代码如下：

```
For i = To 11                          '循环
    Print 1                            '输出 1
Next I
```

在上述代码中 i 是一个变量，用来控制循环次数。

VB 提供了 3 种循环语句来实现循环结构，即 For…Next、For Each…Next 和 Do…Loop，
下面分别介绍。

1．For…Next 循环语句

当循环次数确定时，可以使用 For…Next 语句，其语法格式如下：

```
For 循环变量 = 初值 To 终值 [Step 步长]
    循环体
    [Exit For]
    循环体
Next 循环变量
```

For…Next 语句执行流程图如图 7-16 所示。

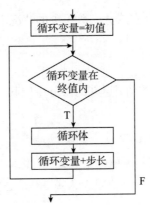

图 7-16　For…Next 语句的执行流程图

(1) 如果指定"步长"，则系统默认步长为 1；当"初值<终值"时，"步长"应大于 0；当"初值>终值"时，"步长"应小于 0。

(2) Exit For 用来退出循环，执行 Next 后面的语句。

(3) 如果出现循环变量的值总是不超出终值的情况，则会产生死循环。此时，可按 Ctrl+Break 快捷键，强制终止程序的运行。

(4) 循环次数 N=Int((终值−初值)/步长+1)。

(5) Next 后面的循环变量名必须与 For 语句中的循环变量名相同，并且可以省略。

【例 7-15】在 ListBox 控件列表中添加 1~12 月。

```
Private Sub Form_Load()
        Dim i%                              '定义一个整型变量
        For i = 1 To 12
             List1.AddItem i & "月"          '在列表中添加月份
        Next i
End Sub
```

通过上面的例子，用户可以掌握 For…Next 语句的使用方法，但要注意一点，即 For…Next 循环中有个最常见的错误，即"差 1 错误"。当这种错误发生时，如果涉及的目的是进行 100 次循环，则可能执行的循环次数是 99 或 101 次。

2. For Each…Next 循环语句

For Each…Next 语句用于依照一个数组或集合中的每个元素，循环执行一组语句。语法格式如下：

```
For Each 数组或集合中元素 In 数组或集合
        循环体
        [Exit For]
        循环体
Next 数组或集合中元素
```

参数说明如下：

● 数组或集合中元素：必要参数，是用来遍历集合或数组中所有元素的变量。对于集合，可能是一个 Variant 类型变量、一个通用对象变量或任何特殊对象变量；对于数组，这个变量只能是一个 Variant 类型变量。

● 数组或集合：必要参数，对象集合或数组的名称(不包括用户定义类型的数组)。

● 循环体：可选参数，循环执行的一条或多条语句。

【例 7-16】单击窗体时使用 For Each…Next 语句列出窗体上所有控件名称。

```
Private Sub Form_Click()
        Dim Myctl As Control                '定义集合对象
        For Each Myctl In Me.Controls       '遍历窗体中的控件
        Print Myctl.Name                    '在窗体上显示控件名称
    Next Myctl
End Sub
```

3．Do…Loop 循环语句

在循环次数难以确定，但控制循环的条件或循环结束的条件已知的情况下，常常使用 Do…Loop 语句。Do…Loop 语句是最常用、最有效、最灵活的一种循环结构，具有以下 4 种不同的形式。

1）Do While…Loop

使用 Do While…Loop 语句计算 1+2+3+…+50 的值。

代码如下：

```
Private Sub Form_Click()
        Dim i%, mySum%                      '定义整型变量
        Do While i <= 50
            mySum = mySum + i               '每循环一次，变量 mySum 就加变量 i
            i = i + 1                       '每循环一次，变量 i 就加 1
        Loop
        Print mySum                         '输出计算结果
End Sub
```

2）Do…Loop While

这是"当型循环"的第 2 种形式，其与第一种形式的区别在于 While 关键字与<循环条件>在 Loop 关键字后面。

语法格式如下：

```
Do
    循环体 1
    <Exit Do>
    循环体 2
Loop While <循环条件>
```

该语句的执行流程如图 7-17 所示。

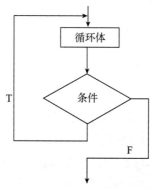

图 7-17　Do…Loop While 语句的执行流程图

从图 7-17 所示的流程图可以看出，Do…Loop While 语句的执行过程如下：当程序执行 Do…Loop While 语句时，首先执行一次循环体，然后判断 While 后面的<循环条件>。如果

其值为 True，则返回到循环开始处再次执行循环体，否则跳出循环，执行 Loop 后面的语句。

【例 7-17】使用 Do…Loop While 语句计算 1+2+3+…myVal 的值，myVal 值通过 InputBox 输入对话框输入。

```
Private Sub Form_Click()
    Dim i%, mySum%, myVal%                    '定义整型变量
    myVal = Val(InputBox("请输入一个数："))    '得到输入的值
    Do
        i = i + 1                             '每循环一次，变量 i 就加 1
        mySum = mySum + i                     '每循环一次，变量 mySum 就加变量 i
    Loop While i < myVal
    Print mySum                               '输出计算结果
End Sub
```

上述代码中，如果 myVal 的值大于或等于 256，程序会出现"溢出错误"，因为代码中变量 myVal 定义是整型，整型有效范围是-32 768~32 768，因此出现错误。

解决办法有两种：一种是将变量 myVal 定义为长整型，这样输入值的有效范围会大些；另一种就是在代码 i = i+1 后面加上代码 If my Val >=256 Then Exit Do，判断如果变量 myVal 的值大于或等于 256，则使用 Exit Do 语句退出循环。

3）Do Until…Loop

使用 Until 关键字的 Do…Loop 循环被称为"直到型循环"。

语法格式如下：

```
Do Until <循环条件>
    循环体 1
    <Exit Do>
    循环体 2
Loop
```

该语句的执行流程图如图 7-18 所示。

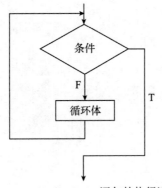

图 7-18　Do Until…Loop 语句的执行流程图

从图 7-18 所示的流程图可以看出，用 Until 关键字代替 While 关键字的区别在于，当循环条件的值为 False 时才进行循环，否则退出循环。

【例 7-18】使用 Do Until…Loop 语句计算阶乘 n!，n 值通过 InputBox 输入对话框输入。

```
Private Sub Form_Click()
    Dim i%, n%, mySum&                        '定义整型变量
    n = Val(InputBox("输入一个数："))          '得到输入的值
    mySum = 1                                 '给变量 mySum 赋初值
    Do Until i = n
        i = i + 1                             '每循环一次，变量 i 就加 1
```

```
        mySum = 1                               '每循环一次, 变量 mySum 就乘以变量 i
        If n > 12 Then Exit Do                  '如果输入数大于 12, 就退出循环
    Loop
    Print mySum                                 '输出计算结果
End Sub
```

4) Do…Loop Until

Do…Loop Until 语句是"直到型循环"的第 2 种形式。

语法格式如下:

```
Do
    循环体 1
    <Exit Do>
    循环体 2
Loop Until <循环条件>
```

该语句的执行流程如图 7-19 所示。

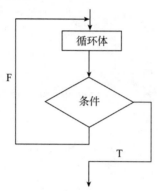

图 7-19　Do…Loop Until 语句的执行流程图

4. 循环嵌套

有时一层循环不能很好地解决问题, 这时就需要利用嵌套循环来解决问题。这种在一个循环体内又包含了循环的结构称为多重循环或循环嵌套。例如, 地球是围绕太阳旋转的, 可以将其称为一个循环, 而月亮又是围绕地球旋转的, 这又是另一个循环。这样, 太阳、地球、月亮就形成了一个嵌套的循环。

嵌套循环对 For…Next 语句、Do…Loop 语句均适用。在 VB 中, 对嵌套的层数没有限制, 可以嵌套任意多层。嵌套一层称为二重循环, 嵌套两层称为三重循环。

下面介绍几种合法且常用的二重循环形式, 如表 7-2 所示。

表 7-2　合法的循环嵌套形式

(1) For I =初值 To 终值 　For j = 初值 To 终值 　　循环体 　Next j Next i	(2) For I = 初值 To 终值 　Do While/Until 　　循环体 　Loop Next i	(3) Do While/Until 　For i = 初值 To 终值 　　循环体 　Next i Loop
(4) Do While/Until 　Do While/Until 　　循环体 　Loop Loop	(5) Do 　For i = 初值 To 终值 　　循环体 　Next i Loop While/Until	(6) Do 　Do While/Until 　　循环体 　Loop Loop While/Until

【例 7-19】通过一个简单的例子演示二重 For…Next 循环。

第 1 种形式代码如下：

```
Private Sub Form_Click()
    Dim i%, j%                          '定义整型变量
    For i = 1 To 3                      '外层循环
        Print "i="; i                   '输出变量 i
        For j = 1 To 3                  '内层循环
            Print Tab; "j="; j          '输出变量 j
        Next j
    Next i
End Sub
```

第 2 种形式代码如下：

```
Private Sub Form_Click()
    Dim i%, j%                          '定义整型变量
    For i = 1 To 3                      '外层循环
        For j = 1 To 3                  '内层循环
            Print "i="; i; "j="; j      '输出变量 i 和 j
        Next j
        Print                           '输出空行
    Next i
End Sub
```

以上两段程序只是输出形式不同(即输出语句上有些区别)。从这两段程序的执行情况可以看出，外层循环执行一次(如 i=1)，内层循环要从头循环一遍(如 j=1、j=2 和 j=3)。

5. 选择结构与循环结构的嵌套

在 VB 中，所有的控制结构(包括 If 语句、Select Case 语句、Do…Loop 语句、For…Next 语句等)都可以嵌套使用。

【例 7-20】将 100 元钱换成零钱(5 元、10 元、20 元中的任意多个面值)有很多种换法。组成 100 元的零钱中，最多有 20 个 5 元、10 个 10 元和 5 个 20 元。判断所有组合中，总和正好是 100 元有多少种换法(这类方法称为"穷举法"，也称为"列举法")。代码如下文所示。

```
Private Sub Form_Click()
    Dim x%, y%, z%, n%                          '定义整型变量
    Print "5 元个数", "10 元个数", "20 元个数"    '输出标题
    For x = 0 To 20                             '5 元的个数
        For y = 0 To 10                         '10 元的个数
            For z = 0 To 5                      '20 元的个数
                If 5 * x + y * 10 + z * 20 = 100 Then    '满足条件
                    n = n + 1                   '满足条件的组合数
                    Print x, y, z               '输出结果
                End If
            Next z
        Next y
    Next x
    Print "共有" & n & "种换法"                  '输出满足条件的组合数
End Sub
```

以上程序使用三重 For…Next 循环，循环计数器变量分别为 x、y、z，代表 5 元、10 元和 20 元的个数，20 个 5 元、10 个 10 元和 5 个 20 元之内共有 21×11×6=1386 种组合，内嵌 If…Then 判断总和正好等于 100 元的只有 36 种。

7.3　面向对象程序设计简介

面向对象程序设计(Object Oriented Programming)作为一种新方法，其本质是以建立模型

体现出来的抽象思维过程和面向对象的方法。模型是用来反映现实世界中事物特征的。任何一个模型都不可能反映客观事物的一切具体特征，只是对事物特征和变化规律的一种抽象，且在它所涉及的范围内更普遍、更集中、更深刻地描述客体的特征。通过建立模型而达到的抽象是人们对客体认识的深化。

1. 对象

在现实世界中，对象是一个实体或者一个事物的概念，可以看作一种具有自身属性和功能的构件。对象不关心其内部结构及实现方法，仅仅关心它的功能和它的使用方法，也就是该对象提供给用户的接口。类似于电视机这个对象，用户只关心如何通过按钮来使用它，这些按钮就是电视机提供给用户的接口，用户不关心电视机的内部结构或其实现原理。

对象将其属性和操作的一部分对外界开放，作为对外接口，将大部分实现细节封装起来，这是对象的封装性。外界只能通过对象提供的接口来与对象交互。

一个系统由多个对象组成，复杂的对象可由简单对象组成，称为聚合。对象之间的相互作用(通信)构成了软件系统的结构。

2. 类

类是同样类型对象的抽象描述。对象是类的实例(具体化)。对相关类进行分析，抽取其共有的特点形成基类。

通过继承，派生类可以包含基类的所有属性和操作，增加属于自己的一些特性。通过继承还可以将原来一个个孤立的类联系起来，形成层次清晰的结构关系，形成类族。

综上所述，面向对象的方法就是利用抽象、封装等机制，借助于对象、类、继承、消息传递等概念进行软件系统构造的软件开发方法。

3. 抽象

抽象是面向对象方法的核心。抽象分为数据抽象和行为抽象。

- 数据抽象：为程序员提供了对对象属性和状态的描述。
- 行为抽象：对这些数据所需要的操作的抽象。

4. 封装

封装是将一个事物包装起来，不让外界了解它的详细内情。它有效实现了两个目标：对数据和行为的包装和信息隐藏。

5. 继承

继承是软件复用的一种方式，一个对象通过继承可以获得另一个对象的属性，并且可以加入属于自己的一些特性。继承使得原本孤立的类有效组织起来，形成层次结构关系。

通过继承可复用已有的类，将开发好的类作为构件放入构件库中可供以后开发时直接使用或继承(生成特殊类)。

6. 多态

多态性是指一个接口对应多种方式。多态意味着同一属性或操作在一般类和特殊类中具有不同的语意。

7.4　课后习题

1. 简述结构化程序设计的基本思想。

2. 简述面向对象程序设计的基本思想。

3. 请描述枚举法的基本思想并应用该算法解决问题：鸡狗49只，有100只脚，问鸡狗各多少只？

4. 请用递归法解决汉诺塔问题。

5. 针对求和问题：$s=1+2+3+...+100$，请分别用递推法和递归法予以解决。

6. 谈谈你对"算法将会统治世界"这句话的理解。

第8章 计算机应用新技术

学习目标

通过本章的学习与实践，读者应掌握以下内容：

(1) 了解云计算的概念、特点和服务层次。

(2) 了解大数据的概念、特征和大数据处理的基本流程。

(3) 了解云计算与大数据之间的关系。

(4) 了解物联网的概念、特点和应用。

(5) 了解人工智能的概念、应用和发展。

本章重点

本章主要介绍目前发展迅速的一些计算机新技术，主要知识点如下：

(1) 云计算的概念和特点。

(2) 大数据技术及其应用。

(3) 物联网技术及其应用。

(4) 人工智能技术的应用与发展。

8.1 云计算

计算机技术的发展日新月异，传统的计算模式越来越难适应当今大数据的处理以及各类工程或科学的计算任务。事实上，伴随着计算机的普及和软硬件技术的进步，计算模式经历了几次大的变革，主要包括 4 个阶段：字符哑终端—主机、客户—服务器、集群计算和云计算。

8.1.1 云计算的概念

云计算(Cloud Computing)是由分布式计算、并行处理、网格计算、网络存储、虚拟化等传统计算机技术和网络技术发展融合的产物，是一种新兴的计算模型。云计算方便地实现了对共享可配置计算资源(网络、服务器、存储、应用和服务等)的按需访问；这些资源可以通过极小的管理代价或者与服务提供者的交互，被快速地部署和释放。

提供资源的网络被称为"云"，"云"是网络、互联网的一种比喻说法，是互联网和底层基础设施的抽象。云计算概念图如图 8-1 所示。

不同于传统的计算模式，云计算引入了一种全新使用计算资源的模式，即云计算能让人们方便、快捷地自助使用远程计算资源。计算资源所在地称为云端(也称为云基础设施)，输入/输出设备称为云终端。云终端就在人们触手可及的地方，而云端位于"远方"(与地理位置远近无关，需要通过网络才能到达)，两者通过网络连接在一起。云终端和云端之间是标准的 C/S 模式，客户端通过网络向云端发送请求消息，云端计算处理后返回结果。云计算可视化模型如图 8-2 所示。

图 8-1　云计算概念图

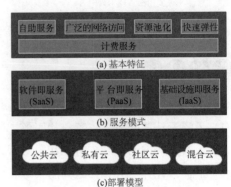

图 8-2　云计算可视化模型

8.1.2　云计算的发展

"云计算"的变革和发展基本可以分为 4 个阶段。

(1) 理论完善阶段。SaaS/IaaS 云服务出现，并被市场接受。1959 年 6 月，克里斯托弗(Christopher Strachey)发表虚拟化论文，虚拟化是今天"云计算"基础架构的基石。1984 年，Sun 公司的联合创始人约翰·盖奇(John Gage)说出了"网络就是计算机"的名言，用于描述分布式计算技术带来的新世界，今天的"云计算"正在将这一理念变成现实。1997 年，南加州大学教授拉姆纳特·切拉帕(Ramnath K. Chellappa)提出"云计算"的第 1 个学术定义，认为计算的边界可以不是技术局限，而是经济合理性。1999 年，马克·安德森(Marc Andreessen)创建 LoudCloud，是第 1 个商业化的 IaaS 平台。1999 年 3 月，Salesforce 成立，成为最早出现的云服务，即 SaaS 服务。2005 年，Amazon 发布 Amazon Web Services "云计算"平台。

(2) 发展准备阶段。云服务的 3 种形式全部出现，即 IT 企业、电信运营商、互联网企业等纷纷推出云服务。2007 年，Salesforce 发布 Force.com，即 PaaS 服务。2007 年 11 月，IBM首次发布"云计算"商业解决方案，推出"蓝云"(BlueCloud)计划。2008 年 4 月，Google App Engine 发布。2008 年中，Gartner 发布报告，认为"云计算"代表了未来计算的方向。2008 年 8 月 3 日，美国专利商标局(简称 USPTO)网站信息显示，戴尔正在申请"云计算"(Cloud Computing)商标。2008 年 10 月，微软发布其公共"云计算"平台——Windows Azure Platform，由此拉开了微软的"云计算"大幕。2008 年 12 月，Gartner 披露 10 大数据中心突破性技术，虚拟化和"云计算"上榜。

(3) 稳步成长阶段。云服务功能日趋完善，种类日趋多样；传统企业开始通过自身能力扩展、收购等模式，纷纷投入云服务之中。2009 年，中国"云计算"进入实质性发展阶段。2009 年 4 月，VMware 推出业界首款云操作系统 VMware vSphere 4。2009 年 7 月，中国诞行首个企业"云计算"平台——中化企业"云计算"平台。2009 年 9 月，VMware 启动 vCloud

计划，构建全新云服务。2009 年 11 月，中国移动"云计算"平台"大云"计划启动。2010 年
1 月，IBM 与松下达成迄今为止全球最大的"云计算"交易。2010 年 1 月，Microsoft 正式
发布 Microsoft Azure 云平台服务。2013 年，甲骨文公司全面展示了甲骨文最新"云计算"
产品。

(4) 高速发展阶段。通过深度竞争，逐渐形成主流平台产品和标准；产品功能比较健全，
市场格局相对稳定；同时技术方面也已经基本成熟，云计算进入高速发展阶段。2014 年，阿
里云启动云合计划。2015 年，华为在北京正式对外宣布"企业云"战略。2016 年，腾讯云
战略升级，并宣布云出海计划等。

除此之外，在云计算的关键技术领域，开源的力量也无处不在，KVM 虚拟化技术、Ceph
存储技术、Container 技术在开源社区独树一帜，社区空前活跃，影响力也不容小觑，生态体
系建设俨然成形。

8.1.3 云计算的特点与层次架构

"云计算"具有如下特点。

(1) 超大规模：大多数云计算数据中心都具有相当的规模，Google 云计算中心已经拥有
几百万台服务器，而 Amazon、IBM、Microsoft、Yahoo 等企业所掌控的云计算规模也毫不逊
色，均拥有几十万台服务器。

(2) 虚拟化：云计算支持用户在任意位置使用各种终端获取应用服务。所请求的资源来
自云，而不是固定的有形的实体。资源以共享资源池的方式统一管理，利用虚拟化技术，将
资源分享给不同用户，资源的放置、管理与分配策略对用户透明。

(3) 高可靠性：云计算中心在软硬件层面采用了诸如数据多副本容错、心跳检测和计算
节点同构可互换等措施，保障服务的高可靠性。它还在设施层面上的能源、制冷和网络连接
等方面采用了冗余设计来进一步确保服务的可靠性。

(4) 通用性与高可用性：云计算不针对特定的应用，云计算中心很少为特定的应用存在，
但它有效支持业界的大多数主流应用，并且一个云可以支撑多个不同类型的应用同时运行，
在云的支撑下可以构造出千变万化的应用，并保证这些服务的运行质量。

(5) 高可扩展性：云计算系统是可以随着用户的规模进行扩张的，可以保证支持客户业务
的发展。因为用户所使用的云资源可以根据其应用的需要进行调整和动态伸缩，再加上云计算
数据中心本身的超大规模，云能够有效地满足应用和用户的大规模增长需要。

(6) 按需服务：云是一个庞大的资源池，用户可以支付不同的费用，以获得不同级别的
服务等。同时，服务的实现机制对用户透明，用户无须了解云计算的具体机制，就可以获得
需要的服务。

(7) 经济性：云的特殊容错措施使得可以采用极其廉价的节点来构成云，云的自动化集
中式管理使大量企业无须负担日益高昂的数据中心管理成本，云的通用性使资源的利用率较
传统系统大幅提升，因此用户可以充分享受云的低成本优势。

(8) 自动化：在云中，无论是应用、服务和资源的部署，还是软硬件的管理，主要通过
自动化的方式来执行和管理，极大地降低了整个云计算中心的人力成本。

(9) 节能环保：云计算技术能将许许多多分散在低利用率服务器上的工作负载整合到云

中，提升了资源的使用效率，而且云由专业管理团队运维，所以其电源使用效率(PUE)值比普通企业的数据中心出色很多。

(10) 高层次的编程模型：云计算系统提供高层次的编程模型，用户通过简单学习，就可以编写自己的云计算程序，在云系统上执行，满足自己的需求。

(11) 完善的运维机制：在云的另一端，有全世界最专业的团队帮助用户管理信息，有全世界最先进的数据中心帮助用户保存数据。同时，严格的权限管理策略可以保证这些数据的安全，用户无须花费重金就可以享受最专业的服务。

"云计算"的层次架构如下。

(1) 基础架构即服务(Infrastructure as a Service)：位于云计算3层服务的最底端，也是云计算狭义定义所覆盖的范围，就是把IT基础设施像水、电一样以服务的形式提供给用户，提供基于服务器和存储等硬件资源的可高度扩展和按需变化的IT能力，通常按照所消耗资源的成本进行收费。

(2) 平台即服务(Platform as a Service)：位于云计算3层服务的最中间，通常也称为"云计算操作系统"。它提供给终端用户基于互联网的应用开发环境，包括应用编程接口和运行平台等，并且支持应用从创建到运行整个生命周期所需的各种软硬件资源和工具。

(3) 软件即服务(Software as a Service)：是最常见的云计算服务，位于云计算3层服务的顶端。用户通过标准的Web浏览器来使用Internet上的软件，服务供应商负责维护和管理软硬件设施，并以免费(提供商可以从网络广告之类的项目中生成收入)或按需租用方式向最终用户提供服务。

8.1.4　云计算系统的分类

云计算的精髓就是把有形的产品(网络设备、服务器、存储设备、软件等)转化为服务产品，并通过网络让人们远距离在线使用，使产品的所有权和使用权分离。

依据云计算的服务范围，可以将云计算系统分为私有云、公有云、混合云及行业云4种类型。

(1) 公有云：指的是面向公众提供的云服务，大部分互联网公司提供的云服务都属于公有云。公有云是现在最主流的，也是最受欢迎的一种云计算部署模式，其主要特征包括基于互联网获取和使用服务、关注盈利模式、关注安全性与可靠性、具有强大的可扩展性和较好的规模共享经济性等。

(2) 私有云：是云基础设施被某单一组织拥有或租用，可以坐落在本地或防火墙外的异地，该基础设施只为该组织服务。私有云主要是为企业内部提供云服务，不对公众开放，大多在企业的防火墙内工作，并且企业IT人员能对其数据、安全性和服务质量进行有效的控制。与传统的企业数据中心相比，私有云可以支持动态灵活的基础设施，从而降低IT架构的复杂度，使各种IT资源得以整合和标准化，因此这种模式在数据安全、服务质量和支持定制等方面表现了出色的优势。

(3) 混合云：是云基础设施由两种或两种以上的云(私有云、公有云或行业云)组成，每种云仍然保持独立实体，但使用标准或专有的技术将它们组合起来，具有数据和应用程序的可移植性，可通过负载均衡技术来应对处理突发负载等。混合云的构建方式有外包企业的数据中心和购买私有云服务两种。

(4) 行业云：虽然较少提及，但具有一定的潜力，主要指的是专门为某个行业的业务设计的云，并且开放给多个同属于这个行业的企业。行业云主要有独自构建和联合构建两种创建方式。

8.1.5　云计算的应用

随着云计算的发展，其应用范围不断拓展，以下是云计算 10 个比较典型的应用场景。

(1) IDC 云：是对入驻企业、商户或网站服务器群托管的场所，是各种模式电子商务赖以安全运作的基础设施，也是支持企业及其商业联盟(其分销商、供应商、客户等)实施价值链管理的平台。通过 IDC 云平台，用户能够使用虚拟机和存储等资源。

(2) 企业云：对于那些需要提升内部数据中心运维水平、希望能使整个 IT 服务紧密围绕业务展开的大中型企业非常适合。相关的产品和解决方案有 IBM 的 WebSphere CloudBurst Appliance、Cisco 的 UCS 和 VMware 的 vSphere 等。

(3) 云存储系统：可以解决本地存储在管理上的缺失，降低数据的丢失率。云存储系统通过整合网络中多种存储设备，提供云存储服务，并管理数据的存储、备份、复制和存档。

(4) 虚拟桌面云：利用成熟的桌面虚拟化技术，解决了传统桌面系统高成本的问题，更加稳定和灵活，而且系统管理员可以统一管理用户在服务器端的桌面环境。

(5) 开发测试云：通过友好的 Web 界面，可以预约、部署、管理和回收整个开发测试的环境，通过预先配置好的虚拟镜像(包括操作系统、中间件和开发测试软件)，快速构建一个个异构的开发测试环境，通过快速备份/恢复等虚拟化技术重现问题，并利用云强大的计算能力对应用进行压力测试，解决开发测试过程中的棘手问题。

(6) 大规模数据处理云：能对海量的数据进行大规模处理，快速进行数据分析，发现可能存在的商机和存在的问题，从而做出更好、更快和更全面的决策。

(7) 协作云：是云供应商在 IDC 云的基础上，直接构建一个专属的云，搭建整套的协作软件，并将这些软件共享给用户。

(8) 游戏云：是将游戏部署至云中的技术。目前主要有两种应用模式，一种是基于 Web 游戏模式，比如使用 JavaScript、Flash 和 Silverlight 等技术，并将这些游戏部署到云中，这种解决方案比较适合休闲游戏；另一种是为大容量和高画质的专业游戏设计的，整个游戏都将运行在云中，但会将最新生成的画面传至客户端，比较适合专业玩家。

(9) HPC 云：能够为用户提供可以完全定制的高性能计算环境，用户可以根据自己的需求，改变计算环境的操作系统、软件版本和节点规模，成为网格计算的支撑平台，以提升计算的灵活性和便捷性。HPC 云特别适合需要使用高性能计算，但缺乏巨资投入的普通企业和学校。

(10) 云杀毒：可以在云中安装附带庞大的病毒特征库的杀毒软件，当发现有嫌疑的数据时，杀毒软件可以将有嫌疑的数据上传至云中，并通过云中庞大的特征库和强大的处理能力，分析这个数据是否含有病毒。

8.2　大数据

随着互联网的飞速发展和近年来社交网络、物联网、云计算及多种传感器的广泛应用，以数量庞大、种类众多、时效性强为特征的非结构化数据不断涌现，数据的重要性愈发凸显，传统的数据存储和分析技术难以实时处理大量的非结构化信息，大数据的概念应运而生。如何获取、聚集、分析大数据，成为广泛关注的热点问题。

8.2.1　大数据的概念

大数据(Big Data)指无法用常规软件工具在一定时间范围内进行捕捉、管理和处理的数据集合，需要新处理模式才能具有更强的决策力、洞察发现力和流程优化能力来适应海量、高增长率和多样化的信息资产。

与传统海量数据的处理流程类似，大数据的处理流程包括以下主要过程：获取特定应用的有用数据，并将数据聚合成便于存储、分析、查询的形式；分析数据的相关性，得出相关属性；采用合适的方式将数据分析的结果展示出来；及时从大量复杂的数据中获取有意义的相关性，找出规律等。

(1) 获取有用数据。数据是大数据要处理的对象，大数据处理流程应该从对数据的分析开始。规模巨大、种类繁多、包含大量信息的数据是大数据的基础，数据本身的优劣对分析结果有很大的影响。对于实际应用来说，并不是数据越多越好，获取大量数据的目的是尽可能正确、详尽地描述事物的属性。对于特定的应用数据必须包含有用的信息，拥有包含足够信息的有效数据才是大数据的关键。

(2) 数据分析。数据分析是大数据处理的关键，大量的数据本身并没有实际意义，只有针对特定的应用分析这些数据，使之转化成有用的结果，海量的数据才能发挥作用。数据是广泛可用的，我们所缺乏的是从数据中提取知识的能力。价值被隐藏起来的数据量和价值被真正挖掘出来的数据量之间的差距巨大，产生了大数据鸿沟。对多种数据类型构成的异构数据集进行交叉分析的技术，是大数据的核心技术之一。同时，大数据的一类重要应用是利用海量数据，通过运算分析事物的相关性和规律，预测发展方向，指导决策部署。

(3) 数据显示。数据显示是将分析数据的结果以可见或可读形式输出，以方便用户获取相关信息。数据显示以准确、方便地向用户传递有效信息为目标，显示方法可以根据具体应用的需要来选择。对于传统的结构化数据，可以采用数据值直接显示、数据表显示、各种统计图形显示等形式来表示数据。大数据处理的非结构化数据，种类繁多，关系复杂，传统的显示方法通常难以表现，利用计算机图形学和图像处理的可视计算技术成为大数据显示的重要手段之一。

(4) 实时处理数据的能力。数据处理的实时要求是大数据区别于传统数据处理技术的重要差别之一，大数据需要充分、及时地从大量复杂的数据中获取有意义的相关性，找出规律。由于这些数据的价值会随着时间的推移不断减少，实时性成了此类数据处理的关键。数据的实时处理，要求实时获取数据、实时分析数据、实时绘制数据，任何一个环节的效率都会影响系统的实时性。当前，互联网络以及各种传感器快速普及，实时获取数据难度不大；实时分析大规模复杂数据是系统的瓶颈,也是大数据领域亟待解决的核心问题;数据的实时绘制是可视计算领域的热点问题,GPU 以及分布式并行计算的飞速发展,使得复杂数据的实时绘制成为可能,同时数据的绘制可以根据实际应用和硬件条件选择合适的方式。

云计算与大数据之间是相辅相成,相得益彰的关系。大数据挖掘处理需要云计算作为平台,而大数据涵盖的价值和规律则能够使云计算更好地与行业应用结合,并发挥更大的作用。

8.2.2　大数据的发展

大数据已经渗透到当今每一个行业和业务职能领域,成为重要的生产因素。人们对于海量数据的挖掘和运用,预示着新一波生产率增长和消费者盈余浪潮的到来。通常将“大数据”的发展历程划分为 4 个四大阶段,即出现阶段、热门阶段、时代特征阶段和爆发阶段。

(1) 出现阶段(1980—2008 年)。1980 年著名未来学家阿尔文·托夫勒在《第三次浪潮》书中将“大数据”称为“第三次浪潮的华彩乐章”。1997 年美国宇航局研究员迈克尔·考克斯和大卫·埃尔斯沃斯首次使用“大数据”这一术语描述 20 世纪 90 年代的挑战:模拟飞机周围的气流数据,不能被处理和可视化,数据集之大,超出了主存储器、本地磁盘,甚至远程磁盘的承载能力,称之为“大数据问题”。谷歌在 2006 年首先提出云计算的概念,“大数据”在云计算出现之后才凸显其真正价值。2007—2008 年随着社交网络的激增,技术博客和专业人士为“大数据”概念注入新的生机。2008 年 9 月,《自然》杂志推出了名为“大数据”的封面专栏。

(2) 热门阶段(2009—2011 年)。从 2009 年至 2010 年,“大数据”成为互联网技术行业中的热门词汇。2009 年,印度建立了用于身份识别管理的生物识别数据库;联合国全球脉冲项目研究了如何利用手机和社交网站的数据源,分析预测从螺旋价格到疾病爆发之类的问题;欧洲一些领先的研究型图书馆和科技信息研究机构建立了伙伴关系,致力于改善在互联网上获取科学数据的简易性。2011 年 2 月,扫描 2 亿年的页面信息,或 4 兆兆字节磁盘存储,只需几秒即可完成。“大数据时代已经到来”出现在 2011 年 6 月麦肯锡发布的关于“大数据”的报告中,正式定义了“大数据”的概念,后逐渐受到各行各业关注。2011 年 12 月,我国工信部发布的物联网“十二五”规划,把信息处理技术作为 4 项关键技术创新工程之一,包括海量数据存储、数据挖掘、图像视频智能分析等,这些都是大数据的重要组成部分。

(3) 时代特征阶段(2012—2016 年)。随着 2012 年维克托·迈尔-舍恩伯格和肯尼斯·库克耶的《大数据时代》一书出版,大数据一词越来越多地被提及,人们用它来描述和定义信息爆炸时代产生的海量数据,并命名与之相关的技术发展与创新。2012 年 1 月,瑞士达沃斯召开的世界经济论坛上,大数据是主题之一,会上发布的报告《大数据,大影响》宣称,数据已经成为一种新的经济资产类别。2012 年,美国奥巴马政府在白宫网站发布了《大数据研究和发展倡议》,这一倡议标志着大数据已经成为重要的时代特征。2012 年 7 月,联合国在纽约发布了一份关于大数据政务的白皮书《大数据促发展,挑战与机遇》,总结了各国政府如何利用大数据更好地服务和保护人民。2012 年 7 月,为挖掘大数据的价值,阿里巴巴在管理层设立“首席数据官”一职,负责全面推进“数据分享平台”战略,并推出大型的数据分享平台——“聚石塔”,为天猫、淘宝平台上的电商及电商服务商等提供数据云服务。

(4) 爆发阶段(2017—2022 年)。2018 年,达沃斯世界经济论坛等全球性重要会议都把

"大数据"作为重要议题，进行讨论和展望，许多国家的政府对大数据产业发展有着高度的热情，大数据发展浪潮席卷全球。2018 年，美国希望利用大数据技术实现在多个领域的突破，包括科研教学、环境保护、工程技术、国土安全、生物医药等。2018 年，欧盟在大数据方面的活动主要涉及 4 方面内容：研究数据价值链战略因素；资助"大数据"和"开放数据"领域的研究和创新活动；实施开放数据政策；促进公共资助科研实验成果和数据的使用及再利用。随着全球各经济社会系统采集、处理、积累的数据迅猛增长，大数据产业市场规模逐步提升，逐步呈现以产业应用为主旋律的 7 大发展趋势：开源大数据商业化进一步深化，打包的大数据行业分析应用开拓新市场，大数据细分市场规模进一步增大，大数据推动公司并购的规模和数量进一步提升，大数据分析的革命性方法出现，大数据与云计算将深度融合，大数据一体机将陆续发布。大数据应用渗透各行各业，数据驱动决策，信息社会智能化程度大幅提高。

8.2.3　大数据的特点

大数据有 4 个基本特征：数据规模大(Volume)，数据类型多样(Variety)，数据处理速度快(Velocity)，数据价值密度低(Value)，即所谓的四 V 特性。

(1) 数据量大。大数据聚合在一起的数据量非常庞大，根据互联网数据中心(Internet Data Center，IDC)的定义，至少要有超过 100TB 的可供分析的数据。数据量大是大数据的基本属性。导致数据规模激增的原因有很多：首先，随着互联网络的广泛应用，数据获取、分享变得相对容易，用户可以通过网络非常方便地获取数据，同时用户有意分享和无意点击、浏览都可以快速地提供大量数据；其次，随着各种传感器获取数据能力的大幅提高，获取的数据越来越接近原始事物本身，数据维度越来越高，描述相同事物所需的数据量越来越大；最后，数据量大还体现在人们处理数据的方法和理念发生了根本的改变，直接处理所有数据而不是只考虑采样数据是必然趋势。

(2) 数据类型多样。数据类型繁多、复杂多变是大数据的重要特性。随着互联网络与传感器技术的飞速发展，非结构化数据大量涌现，已占到数据总量的 75%以上，逐渐成为主流数据。在数据激增的同时，新的数据类型层出不穷，已经很难用一种或几种规定的模式来表征日趋复杂、类型多样的数据形式。各种半结构化、非结构化数据在记录数据数值的同时还需要存储数据的结构，增加了数据存储、处理的难度，使得传统的数据处理方式面临巨大的挑战。

(3) 数据处理速度快。大数据区别于传统海量数据处理的重要特性之一，是数据的快速处理能力。快速增长的数据量要求数据处理速度也要相应提升，才能有效利用海量数据及其有用信息，否则不断激增的数据不但不能为解决问题带来优势，反而成了快速解决问题的负担。同时，数据的价值是随着时间的推移而迅速降低的，如果数据尚未得到有效的处理，就失去了价值，大量的数据就没有意义。此外，在许多应用中要求能够实时处理新增的大量数据，具有很强的时效性，对不断激增的海量数据提出实时处理要求，是大数据与传统海量数据处理技术的关键差别之一。

(4) 数据价值密度低。数据价值密度低是非结构化大数据的重要属性。传统的结构化数据，依据特定的应用，对事物进行了相应的抽象，每一条数据都包含该应用需要考量的信息。

而大数据为了获取事物的全部细节，不对事物进行抽象、归纳等处理，直接采用原始的数据，保留了数据的原貌，且通常不对数据进行采样，直接采用全体数据。因此，相对于特定的应用，大数据关注非结构化数据的价值密度偏低，有效信息相对于数据整体偏少。

8.2.4　大数据的应用

大数据无处不在，包括金融、汽车、餐饮、电信、能源等在内的社会各行各业都已经融入了大数据的印记。

(1) 了解和定位客户。这是大数据目前最广为人知的应用领域。很多企业热衷于社交媒体数据、浏览器日志、文本挖掘等各类数据集，通过大数据技术创建预测模型，从而更全面地了解客户以及他们的行为、喜好。利用大数据，美国零售商 Target 公司甚至能推测出客户何时会有小孩，电信公司可以更好地预测客户流失，沃尔玛可以更准确地预测产品销售情况，汽车保险公司能更真实地了解客户实际驾驶情况。

(2) 了解和优化业务流程。大数据也越来越多地应用于优化业务流程，比如供应链或配送路径优化，通过定位和识别系统来跟踪货物或运输车辆，并根据实时交通路况数据优化运输路线。人力资源业务流程也在使用大数据进行优化。Sociometric Solutions 公司通过在员工工牌里植入传感器，检测其工作场所及社交活动——员工在哪些工作场所走动，与谁交谈，甚至交流时的语气如何。

(3) 提供个性化服务。大数据不仅适用于公司和政府，也适用于我们每个人，比如从智能手表或智能手环等可穿戴设备采集的数据中获益。Jawbone 公司的智能手环可以分析人们的卡路里消耗、活动量和睡眠质量等。Jawbone 公司已经能够收集长达 60 年的睡眠数据，从中分析出一些独到的见解反馈给每个用户。从中受益的还有网络平台，大多数婚恋网站都使用大数据分析工具和算法为用户匹配最合适的对象。

(4) 改善医疗保健和公共卫生。大数据分析的能力可以在几分钟内解码整个 DNA 序列，有助于找到新的治疗方法，更好地理解和预测疾病模式。大数据技术也开始用于监测早产儿和患病婴儿的身体状况，通过记录和分析每个婴儿的每一次心跳和呼吸模式，提前 24 小时预测出身体感染的症状，从而及早干预，拯救那些脆弱的、随时可能有生命危险的婴儿。更重要的是，大数据分析有助于我们监测和预测流行性或传染性疾病的暴发时期，可以将医疗记录的数据与有些社交媒体的数据结合起来分析，这种大数据分析的影响力越来越为人所知。

(5) 提高体育运动技能。如今大多数顶尖的体育赛事都采用了大数据分析技术。例如，用于球类比赛的 IBM SlamTracker 工具，通过视频分析跟踪足球落点或者棒球比赛中每个球员的表现。许多优秀的运动队也在训练之外跟踪运动员的营养和睡眠情况。美式橄榄球联盟(NFL)开发了专门的应用平台，帮助所有球队根据球场上的草地状况、天气状况，以及学习期间球员的个人表现做出最佳决策，以减少球员不必要的受伤。

(6) 提升科学研究。大数据带来的无限可能性正在改变科学研究。欧洲核子研究中心(CERN)在全球遍布了 150 个数据中心，有 65 000 个处理器，能同时分析 30pb 的数据量，这样的计算能力影响着很多领域的科学研究。比如，政府需要的人口普查数据、自然灾害数据等，更容易获取和分析。

(7) 提升机械设备性能。大数据使机械设备更加智能化、自动化。例如，丰田普锐斯配备了摄像头、全球定位系统以及强大的计算机和传感器，可在无人干预的条件下实现自动驾驶。Xcel Energy 公司在科罗拉多州启动了"智能电网"的首批测试，在用户家中安装智能电表，只需登录网站就可实时查看用电情况。"智能电网"还能够预测使用情况，以便电力公司为未来的基础设施需求进行规划，并防止出现电力耗尽的情况。

(8) 强化安全和执法能力。大数据在改善安全和执法方面得到了广泛应用，例如：美国国家安全局(NSA)利用大数据技术，检测和防止网络攻击；警察运用大数据来抓捕罪犯，预测犯罪活动；信用卡公司使用大数据来检测欺诈交易等。

(9) 改善城市和国家建设。目前大数据被用于改善城市和国家的方方面面，很多大城市致力于构建智慧交通，车辆、行人、道路基础设施、公共服务场所等都被整合在智慧交通网络中，提升资源运用的效率，优化城市管理和服务。

(10) 金融交易。大数据在金融交易领域应用也非常广泛，大多数股票交易都是通过一定的算法模型进行决策的。这些算法的输入会考虑来自社交媒体、新闻网络的数据，同时考虑客户的需求和愿望，随着市场的变化而变化。

8.3　物联网

物联网(Internet of Things)起源于传媒领域，是信息科学技术产业的第三次革命。物联网是基于互联网、广播电视网、传统电信网等的信息承载体，是使所有能够被独立寻址的普通物理对象实现互联互通的网络。

8.3.1　物联网的概念

物联网是物物相连的互联网，是互联网的延伸，它利用局部网络或互联网等通信技术把传感器、控制器、机器、人员和物等通过新的方式连在一起，形成人与物、物与物相连，实现信息化和远程管理控制。

顾名思义，物联网就是物物相连的互联网。这有两层意思：第一层意思是物联网的核心和基础仍然是互联网，是在互联网基础上的延伸和扩展的网络；第二层意思是物联网的用户端延伸和扩展到了任何物品与物品之间，进行信息交换和通信，也就是物物相息。

从技术架构上看，物联网可以分为感知层、网络层、处理层和应用层 4 层，如图 8-3 所示。

(1) 感知层：如果把物联网体系比喻为一个人体，那么感知层就好比人体的神经末梢，用来感知物理世界，采集来自物理世界的各种信息。感知层包含大量的传感器，如温度传感器、湿度传感器、应力传感器、加速度传感器、重力传感器等。

(2) 网络层：相当于人体的神经中枢，起到信息传输的作用。网络层包含各种类型的网络，如互联网、移动通信网络、卫星通信网络等。

(3) 处理层：相当于人体的大脑，起到存储和处理的作用，包括数据存储、管理和分析平台。

(4) 应用层：直接面向用户，满足各种应用需求，如智能交通、智慧农业、智慧医疗、智能工业等。

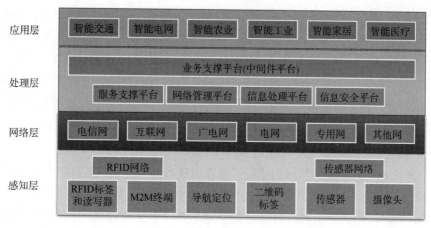

图 8-3 物联网体系架构

8.3.2 物联网的发展

物联网的实践最早可以追溯到 1990 年施乐公司的网络可乐贩售机(Networked Coke Machine)。

1999 年，在美国召开的移动计算和网络国际会议首先提出物联网(Internet of Things)这个概念。1999 年，麻省理工学院 Auto-ID 中心的艾什顿(Ashton)教授在研究 RFID 时，提出了结合物品编码、RFID 和互联网技术的解决方案，并基于互联网、RFID 技术、EPC 标准，在计算机互联网的基础上，利用射频识别技术、无线数据通信技术等，构造了一个实现全球物品信息实时共享的实物互联网 Internet of things(简称物联网)。

2003 年，美国《技术评论》提出传感网络技术将是未来改变人们生活的十大技术之首。传感网是基于感知技术建立起来的网络。中国科学院早在 1999 年就启动了传感网的研究，并已取得了一些科研成果，建立了一些适用的传感网。1999 年，在美国召开的移动计算和网络国际会议提出，"传感网是下一个世纪人类面临的又一个发展机遇"。

2005 年 11 月 17 日，在突尼斯举行的信息社会世界峰会(World Summit on the Information Society，WSIS)上，国际电信联盟(ITU)发布《ITU 互联网报告 2005：物联网》，引用了"物联网"的概念。物联网的定义和范围已经发生了变化，覆盖范围有了较大的拓展，不再只是指基于 RFID 技术的物联网。

2008 年后，为了促进科技发展，寻找经济新的增长点，各国政府开始重视下一代的技术规划，将目光放在了物联网上。

8.3.3 物联网的特征与关键技术

和传统的互联网相比，物联网有其鲜明的特征，全面感知、可靠传输和智能处理是物联网的 3 个显著特点。

(1) 它是各种感知技术的广泛应用。物联网上部署了海量的多种类型的传感器，每个传感器都是一个信息源，不同类别的传感器所捕获的信息内容和信息格式不同。传感器获得的数据具有实时性，按一定频率周期性地采集环境信息，不断更新数据。

(2) 它是一种建立在互联网上的泛在网络。物联网技术的重要基础和核心仍旧是互联网，通过各种有线和无线网络与互联网融合,将物体的信息实时准确地传递出去。在物联网上的传感器定时采集的信息需要通过网络传输,由于其数量极其庞大,形成了海量信息,在传输过程中,为了保障数据的正确性和及时性,必须适应各种异构网络和协议。

(3) 物联网不仅仅提供了传感器的连接,其本身也具有智能处理的能力,能够对物体实施智能控制。物联网将传感器和智能处理相结合,利用云计算、模式识别等各种智能技术,扩充其应用领域。从传感器获得的海量信息中分析、加工和处理出有意义的数据,以适应不同用户的不同需求,发现新的应用领域和应用模式。

"物联网技术"的核心和基础仍然是"互联网技术",在物联网应用中有 5 项关键技术。

(1) 网络通信技术:包含很多重要技术,其中 M2M 技术最为关键。M2M 是 Machine-to-Machine 的缩写,用来表示机器对机器之间的连接与通信。从功能和潜在用途角度看,M2M 引起了整个"物联网"的产生。

(2) 传感器技术:是摄取信息的关键器件,是物联网中不可缺少的信息采集手段。目前传感器技术已渗透到科学和国民经济的各个领域,在工农业生产、科学研究及改善人民生活等方面,起着越来越重要的作用。

(3) RFID 标签:是一种传感器技术,也称为射频识别技术。该技术利用射频信号通过空间电磁耦合实现无接触信息传递,并通过所传递的信息实现物体识别。由于 RFID 具有无须接触、自动化程度高、耐用可靠、识别速度快、适应各种工作环境、可实现高速和多标签同时识别等优势,因此 RFID 在自动识别、物品物流管理有着广阔的应用前景。

(4) 嵌入式系统技术:是综合了计算机软硬件、传感器技术、集成电路技术、电子应用技术为一体的复杂技术。经过几十年的演变,以嵌入式系统为特征的智能终端产品随处可见。如果把物联网用人体做一个简单比喻,传感器相当于人的眼睛、鼻子、皮肤等感官,网络就是神经系统用来传递信息,嵌入式系统则是人的大脑,在接收到信息后要进行分类处理。

(5) 云计算:是一种按使用量付费的模式,这种模式提供可用的、便捷的、按需的网络访问,进入可配置的计算资源共享池(资源包括网络、服务器、存储、应用软件、服务),这些资源能够被快速提供,只需投入很少的管理工作,或与服务供应商进行很少的交互。

8.3.4 物联网的应用

亿欧智库在《2018 中国物联网行业应用研究报告》中,根据实际情况,对物联网产业的发展进行了梳理,总结出了 10 大应用领域,分别为物流、交通、安防、能源、医疗、建筑、制造、家居、零售和农业。

(1) 智慧物流。智慧物流指的是以物联网、大数据、人工智能等信息技术为支撑,在物流的运输、仓储、运输、配送等各个环节实现系统感知、全面分析及处理等功能。当前,物联网应用主要体现在 3 个方面:仓储、运输监测及快递终端等领域,通过物联网技术实现对货物的监测以及运输车辆的监测,包括货物车辆位置、状态及货物温湿度、油耗和车速等,物联网技术的使用能提高运输效率,提升整个物流行业的智能化水平。

(2) 智能交通。智能交通是物联网的一种重要体现形式,利用信息技术将人、车和路紧密地结合起来,改善交通运输环境,保障交通安全以及提高资源利用率。运用物联网技术的应用领域,包括智能公交车、共享单车、车联网、充电桩监测、智能红绿灯及智慧停车等。

其中，车联网是近些年来各大厂商及互联网企业争相进入的领域。

(3) 智能安防。安防是物联网的一大应用市场，因为安全永远都是人们的最基本需求。传统安防对人员的依赖性比较大，非常耗费人力，而智能安防能够通过设备实现智能判断。目前，智能安防最核心的部分在于智能安防系统，该系统是对拍摄的图像进行传输与存储，并对其分析与处理。一个完整的智能安防系统主要包括 3 大部分：门禁、报警和监控。行业中主要以视频监控为主。

(4) 智慧能源环保。智慧能源环保属于智慧城市的一个部分，其物联网应用主要集中在水能、电能、燃气、路灯等能源以及井盖、垃圾桶等环保装置。例如，智慧井盖监测水位及其状态，智能水电表实现远程抄表，智能垃圾桶自动感应等。将物联网技术应用于传统的水、电、光能设备进行联网，通过监测提升利用效率，减少能源损耗。

(5) 智能医疗。在智能医疗领域，新技术的应用必须以人为中心。物联网技术是数据获取的主要途径，能有效帮助医院实现对人和物的智能化管理。对人的智能化管理指的是通过传感器对人的生理状态(如心跳频率、体力消耗、血压高低等)进行监测，将获取的数据记录到电子健康文件中，方便个人或医生查阅。除此之外，通过RFID技术还能对医疗设备、物品进行监控与管理，实现医疗设备、用品可视化，主要表现为数字化医院。

(6) 智慧建筑。建筑是城市的基石，技术的进步促进了建筑的智能化发展，以物联网等新技术为主的智慧建筑越来越受到人们的关注。当前的智慧建筑主要体现在节能方面，将设备进行感知、传输并实现远程监控，不仅能够节约能源，同时也能减少楼宇人员的运维。目前，智慧建筑主要体现在用电照明、消防监测、智慧电梯、楼宇监测以及运用于古建筑领域的白蚁监测。

(7) 智能制造。智能制造概念范围很广，涉及很多行业。制造领域的市场体量巨大，是物联网的一个重要应用领域，主要体现在数字化及智能化的工厂改造上，包括工厂机械设备监控和工厂的环境监控。通过在设备上加装相应的传感器，设备厂商可以远程随时随地对设备进行监控、升级和维护等操作，更好地了解产品的使用状况，完成产品全生命周期的信息收集，指导产品设计和售后服务。

(8) 智能家居。智能家居指的是使用不同的方法和设备，提高人们的生活能力和质量，使家庭变得更舒适、安全和高效。物联网应用于智能家居领域，能够对家居类产品的位置、状态、变化进行监测，分析其变化特征，同时根据人的需要，在一定的程度上进行反馈。智能家居行业发展主要分为 3 个阶段：单品连接、物物联动和平台集成。发展方向首先是连接智能家居单品，随后走向不同单品之间的联动，最后向智能家居系统平台发展。当前，各个智能家居类企业正在从单品向物物联动过渡。

(9) 智能零售。行业内将零售按照距离分为 3 种不同的形式：远场零售、中场零售、近场零售，三者分别以电商、商场/超市和便利店/自动售货机为代表。物联网技术可以用于近场和中场零售，且主要应用于近场零售，即无人便利店和自动(无人)售货机。智能零售通过将传统的售货机和便利店进行数字化升级、改造，打造无人零售模式。通过数据分析，运用门店内的客流和活动，为用户提供更好的服务，给商家提供更高的经营效率。

(10) 智慧农业。智慧农业指的是利用物联网、人工智能、大数据等现代信息技术与农业进行深度融合，实现农业生产全过程的信息感知、精准管理和智能控制的一种全新的农业生产方式，可实现农业可视化诊断、远程控制及灾害预警等功能。物联网应用于农业主要体现在两个方面：农业种植和畜牧养殖。农业种植通过传感器、摄像头和卫星等收集数据，实现农作物数字化和机械装备数字化发展。畜牧养殖指的是利用传统的耳标、可穿戴设备及摄像头等收集畜禽产品的数据，通过对收集到的数据进行分析，运用算法判断畜禽产品的健康状况、喂养情况、位置信息及发情期预测等，对其进行精准管理。

8.4　人工智能

人工智能是计算机学科的一个分支，是一门综合了计算机科学、生理学、哲学的交叉学科，20 世纪 70 年代以来被称为世界三大尖端技术(空间技术、能源技术、人工智能)之一，也被认为 21 世纪三大尖端技术(基因工程、纳米科学、人工智能)之一。近 30 年来，人工智能获得了迅速的发展，在很多学科领域都得到广泛应用，并取得了丰硕的成果。人工智能已逐步成为一个独立的计算机学科分支，在理论和实践上都已自成系统。

8.4.1　人工智能的概念

人工智能是(Artificial Intelligence，AI)是研究、开发用于模拟、延伸和扩展人的智能的理论、方法、技术及应用系统的一门新的技术科学，是计算机科学的一个分支。人工智能企图了解智能的实质，并生产出一种新的、能以人类智能相似的方式做出反应的智能机器。该领域的研究包括机器人、语言识别、图像识别、自然语言处理和专家系统等。人工智能从诞生以来，理论和技术日益成熟，应用领域也不断扩大。可以设想，未来人工智能带来的科技产品，将会是人类智慧的"容器"。人工智能就其本质而言，是对人的思维的信息过程的模拟。人工智能虽然不是人的智能，但能像人那样思考，也可能超过人的智能。人工智能是研究使计算机模拟人的某些思维过程和智能行为(如学习、推理、思考、规划等)的学科，主要包括计算机实现智能的原理、制造类似于人脑智能的计算机，使计算机能实现更高层次的应用。人工智能涉及计算机科学、心理学、哲学和语言学等学科，其范围已远远超出了计算机科学的范畴。人工智能与思维科学的关系是实践和理论的关系，人工智能是处于思维科学的技术应用层次，是它的一个应用分支。从思维观点看，人工智能不能仅仅局限于逻辑思维，更要充分考虑形象思维、灵感思维，才能促进人工智能的突破性发展。数学常被认为是多种学科的基础科学，不仅在标准逻辑、模糊数学等范围发挥作用，也已进入语言、思维领域，人工智能学科必须借用数学工具。数学进入人工智能学科，将互相促进更快发展。

8.4.2　人工智能的发展

1940—1950 年：一群来自数学、心理学、工程学、经济学和政治学领域的科学家在一起讨论人工智能的可能性，当时已经研究出了人脑的工作原理是神经元电脉冲工作。

1950—1956 年：艾伦·图灵(Alan Turing)发表了一篇具有里程碑意义的论文，其中预见了创造思考机器的可能性。曼彻斯特大学的克里斯托弗·斯特雷奇(Christopher Strachey)使用 Ferranti Mark1 机器写了一个跳棋程序，迪特里希·普林茨(Dietrich Prinz)写了一个国际象棋程序。

1956 年：达特茅斯会议召开，人工智能诞生。约翰·麦卡锡(John McCarthy)首次提出了

"人工智能"这一术语，并且演示了卡耐基梅隆大学首个人工智能程序，它标志着"人工智能"这门新兴学科的正式诞生。

1956—1974 年：进行推理研究，主要使用推理算法，应用在棋类等游戏中。此外，还进行了自然语言研究，目的是让计算机能够理解人的语言。日本早稻田大学于 1967 年启动了 WABOT 项目，并于 1972 年完成了世界上第一个全尺寸智能人形机器人 WABOT-1。

1974—1980 年：由于当时的计算机技术限制，很多研究迟迟不能得到预期的成就，这时候 AI 处于研究低潮。

1980—1987 年：20 世纪 80 年代，世界各地的企业采用了一种称为"专家系统"的人工智能程序，知识表达系统成为主流人工智能研究的焦点。同年，日本政府通过其第五代计算机项目积极资助人工智能。1982 年，物理学家约翰·霍普菲尔德(John Hopfield)发明了一种神经网络，可以以全新的方式学习和处理信息。

1987—1993 年：处于第 2 次 AI 研究低潮。

1993—2011 年：智能代理出现，它是感知周围环境并采取最大限度提高成功机会的系统。这个时期的自然语言理解和翻译、数据挖掘、Web 爬虫有了较大发展。1997 年深蓝击败了当时的世界象棋冠军加里·卡斯帕罗夫(Garry Kasparov)，是人工智能发展史的里程碑的事件。2005 年，斯坦福大学的机器人在一条没有走过的沙漠小路上自动驾驶 131 英里。

2011 年至今：随着人工智能技术的突破，以及互联网、大数据、并行计算等相关技术群的成批成熟，人工智能技术在快速的更替换代中不断成熟，在深度学习、大数据和强人工智能领域的发展迅速。

未来人工智能技术可能会沿一个"之"字形路线发展。现有人工智能技术将继续完善和产业化，在经济和社会发展中实现价值创造并形成强大的经济增长引擎。经历一段时间的积累和探索将实现科技突破，新的智能模型和颠覆性方法有望再次出现，引发人工智能技术体系和技术路线的新一轮变革。

8.4.3　人工智能的特点

经过 60 多年的发展演进，人工智能具有以下 5 个特点：一是从人工知识表达到大数据驱动的知识学习技术；二是从分类型处理的多媒体数据转向跨媒体的认知、学习、推理，这里讲的"媒体"不是新闻媒体，而是界面或者环境；三是从追求智能机器到高水平的人机、脑机相互协同和融合；四是从聚焦个体智能到基于互联网和大数据的群体智能，它可以把很多人的智能集聚融合起来变成群体智能；五是从拟人化的机器人转向更加广阔的智能自主系统，比如智能工厂、智能无人机系统等。

国际普遍认为人工智能分为 3 类：弱人工智能、强人工智能和超级人工智能。

(1) 弱人工智能：即利用现有智能化技术，来改善经济社会发展所需要的一些技术条件和发展功能。弱人工智能通常指应用到专一领域，只具备专一功能的人工智能系统，例如股价预测、无人驾驶、智能推送和 Alpha 狗等。这类应用涉及的领域非常专一，重复劳动量大，训练数据体量异常庞大，涉及复杂决策或分类难题。

(2) 强人工智能：是指通用型人工智能。目前，人工智能系统受限于学习能力、算法、数据来源等，只适合训练针对单一工作的弱人工智能系统。强人工智能阶段非常接近于人的智能，这需要脑科学的突破，国际上普遍认为这个阶段要到 2050 年前后才能实现。

(3) 超级人工智能：是脑科学和类脑智能有极大发展后，人工智能成为的一个超强的智能系统。从技术发展看，从脑科学突破角度发展人工智能，现在还有局限性。新一代人工智能不但以更高水平接近人的智能形态存在，而且以提高人的智力和能力为主要目标来融入人们的日常生活，比如跨媒体智能、大数据智能、自主智能系统等。在越来越多的一些专门领域，人工智能的博弈、识别、控制、预测甚至超过人脑的能力，比如人脸识别技术。新一代人工智能技术正在引发链式突破，推动经济社会从数字化、网络化向智能化加速跃进。

8.4.4　人工智能的应用

人工智能应用的范围很广，在以下各个领域占据主导地位。

(1) 游戏：人工智能在国际象棋、扑克、围棋等游戏中起着至关重要的作用，机器可以根据启发式知识，思考大量可能的位置，并计算出最优的下棋落子。

(2) 自然语言处理：可以与理解人类自然语言的计算机进行交互，比如常见的机器翻译系统、人机对话系统。

(3) 专家系统：有一些应用程序集成了机器、软件和特殊信息，以传授推理和建议，为用户提供解释和建议，比如分析股票行情、进行量化交易等。

(4) 视觉系统：系统理解、解释计算机上的视觉输入。例如，间谍飞机拍摄照片，计算空间信息或区域地图，医生使用临床专家系统来诊断患者，常用的车牌识别等。再比如，警方使用的相关计算机软件可以识别数据库里面存储的肖像，从而识别犯罪者。

(5) 语音识别：智能系统能够与人类对话，通过句子及其含义，听取和理解人的语言。语音识别系统可以处理不同的重音、俚语、背景噪音和不同人的声调变化等。

(6) 手写识别：手写识别软件可以通过笔在屏幕上书写文本，也可以识别字母的形状并将其转换为可编辑的文本。

(7) 智能机器人：机器人能够执行人类给出的任务，它们具有传感器，能够检测到来自现实世界的光、热、温度、运动、声音、碰撞和压力等数据。机器人拥有高效的处理器、多个传感器和巨大的内存，以展示它的智能，并且能够从错误中吸取教训来适应新的环境。

除了上面的应用之外，人工智能技术还朝着越来越多的分支领域发展。医疗、教育、金融、衣食住行等涉及人类生活的各个方面都会有所渗透。

8.5　课后习题

1. 与传统的资源提供方式比较，云计算具有哪些特点？
2. 谈谈你对大数据概念的理解。简述大数据处理的基本流程。
3. 如何理解云计算与大数据之间的关系？
4. 互联网与物联网有哪些异同点？给出一个你所熟悉的物联网应用。
5. 从"阿尔法狗"事件你受到哪些启发？就你的理解，你认为人工智能未来会超越人类吗？

参考文献

[1] 刁树民，郭吉平，李华. 大学计算机基础[M]. 5 版. 北京：清华大学出版社，2014.

[2] 唐永华. 大学计算机基础[M]. 2 版. 北京：清华大学出版社，2015.

[3] 蒋加伏，孟爱国. 大学计算机互联网+ [M]. 4 版. 北京：北京邮电大学出版社，2017.

[4] 李暾等. 大学计算机基础[M]. 3 版. 北京：清华大学出版社，2018.

[5] 唐朔飞. 计算机组成原理[M]. 北京：高等教育出版社，2005.

[6] 教育部考试中心. 全国计算机等级考试[M]. 北京：高等教育出版社，2018.

[7] 于占龙. 计算机文化基础[M]. 北京：清华大学出版社，2005.

[8] 娄岩. 计算机与信息技术应用基础[M]. 北京：清华大学出版社，2016.